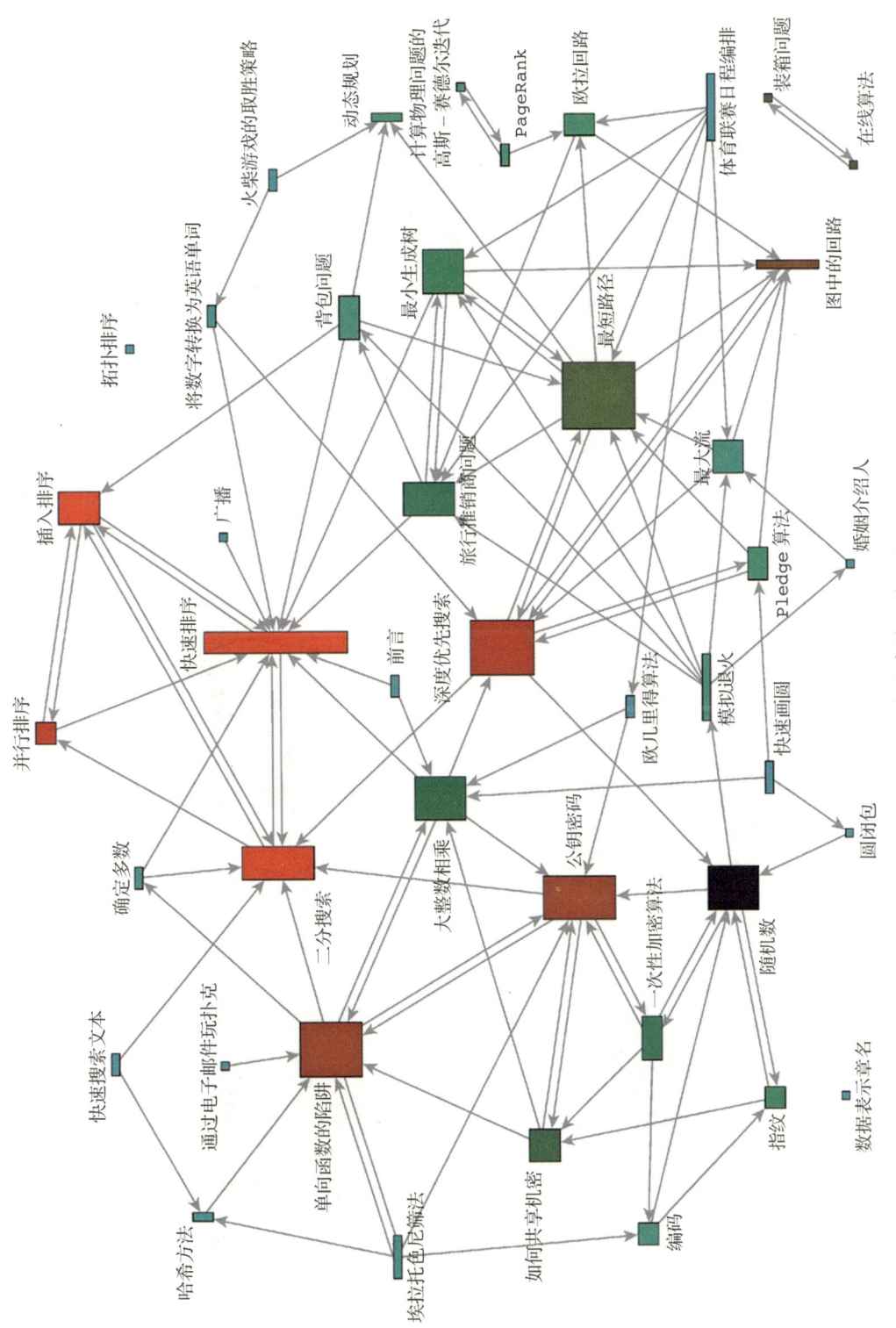

图 10-4　本书章节浏览示例

(17 + 47 + 31 + 34) ： 53 = 2 余数 23
部分密码：
密码：

图 17-2 采用模除运算的机密共享方法示例

图 17-3 三条交于一点的直线，交点是密文

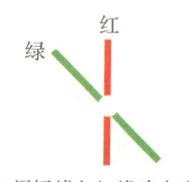

a) 用绿线与蓝线确定密文　　b) 用绿线与红线确定密文　　c) 用蓝线与红线确定密文

图 17-4 平面上的机密共享

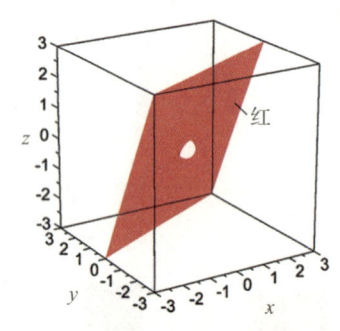

a) 中间的白点表示密文 P。
P 位于红色平面上

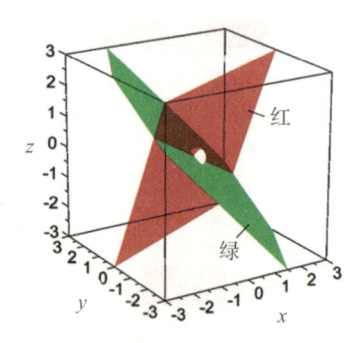

b) 密文在绿色与红色平面相交处，
也就是两个平面的交线上

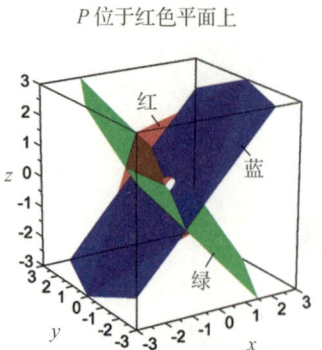

c) 密文位于绿色、红色与蓝色平面相交
处，三个平面可以确定密文

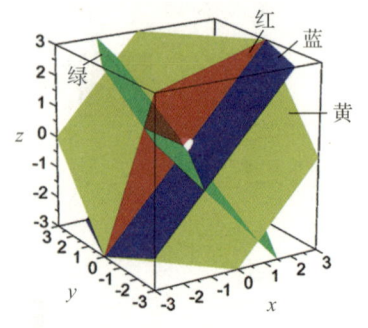

d) 密文位于四个平面（绿，红，蓝，黄）相
交处。其中任意三个平面可以确定密文

图 17-5 空间的机密共享

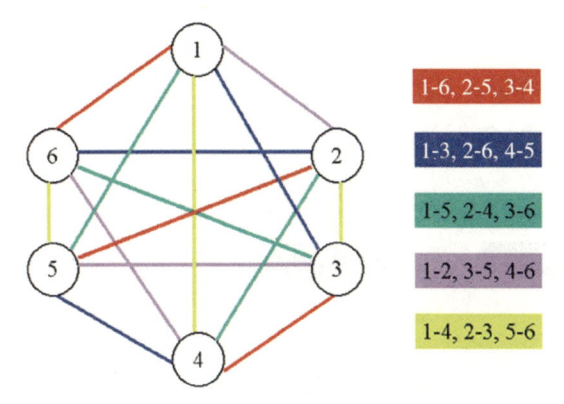

图 27-2　6 个顶点图中的边着色

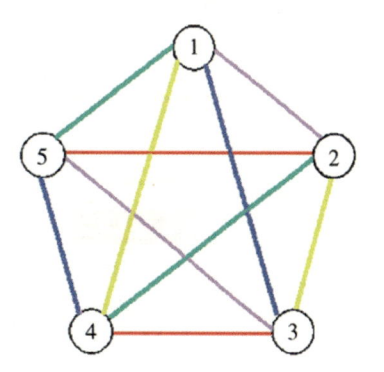

1-6, 2-5, 3-4
1-3, 2-6, 4-5
1-5, 2-4, 3-6
1-2, 3-5, 4-6
1-4, 2-3, 5-6

图 27-3　删除 6 号顶点得到的五边形

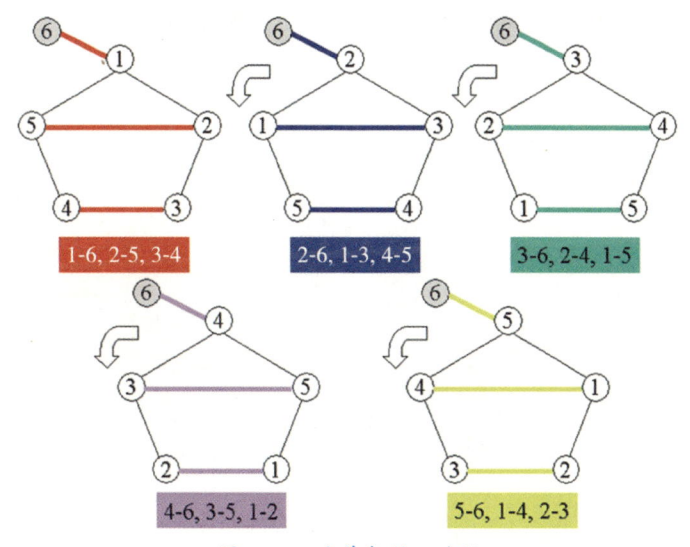

1-6, 2-5, 3-4

2-6, 1-3, 4-5

3-6, 2-4, 1-5

4-6, 3-5, 1-2

5-6, 1-4, 2-3

图 27-4　边着色循环过程

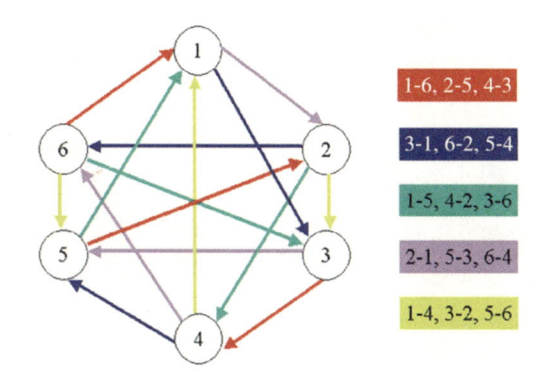

1-6, 2-5, 4-3
3-1, 6-2, 5-4
1-5, 4-2, 3-6
2-1, 5-3, 6-4
1-4, 3-2, 5-6

图 27-5　含 $n-2$ 个断裂的赛程

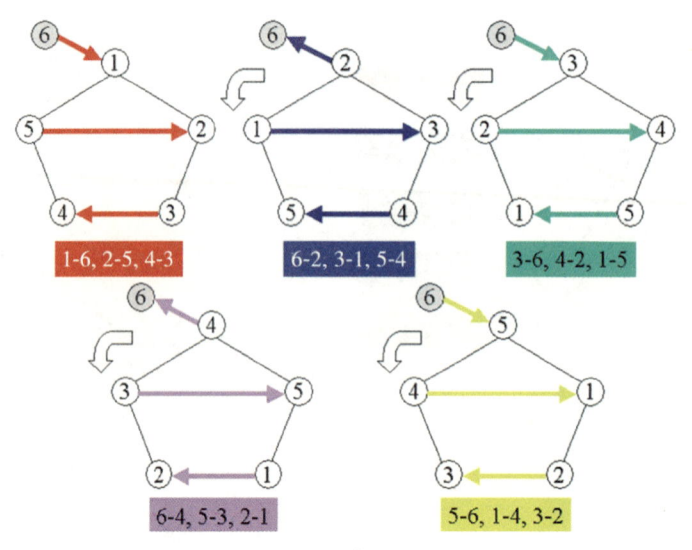

图 27-6　扩展算法中的循环

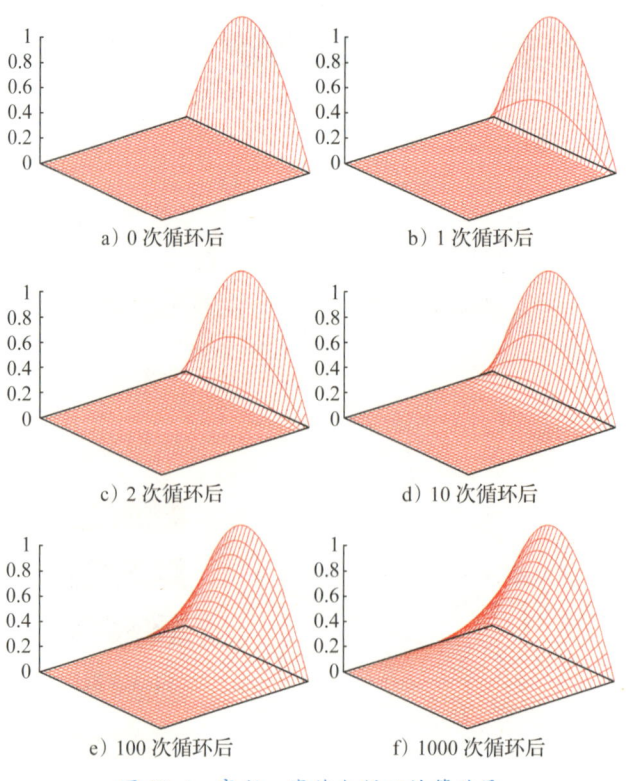

图 30-4　高斯-赛德尔循环计算进展

a) 100 次循环后的差异

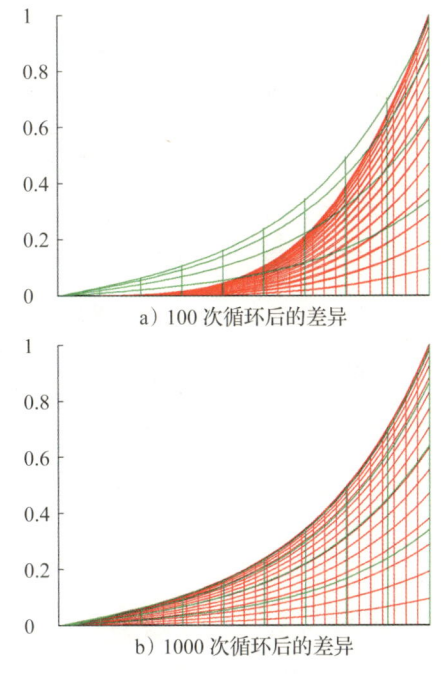

b) 1000 次循环后的差异

图 30-5　近似值（红色）和精确值（绿色）之间的差异

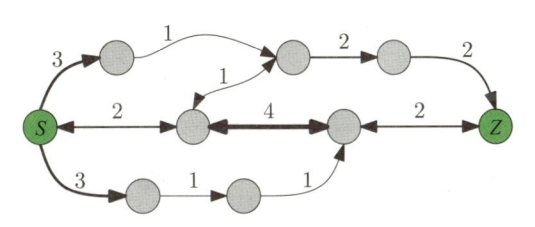

图 34-2　简化版的道路示图

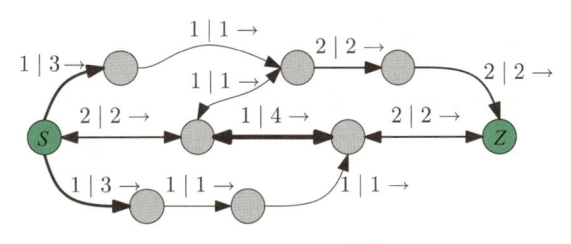

图 34-3　示例的解

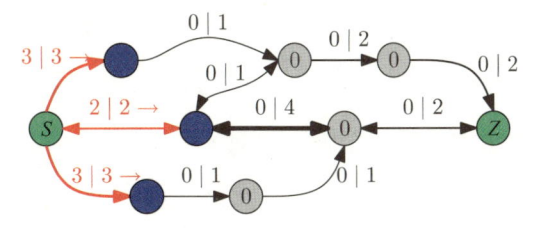

图 34-4　尽可能多的车从 S 出发

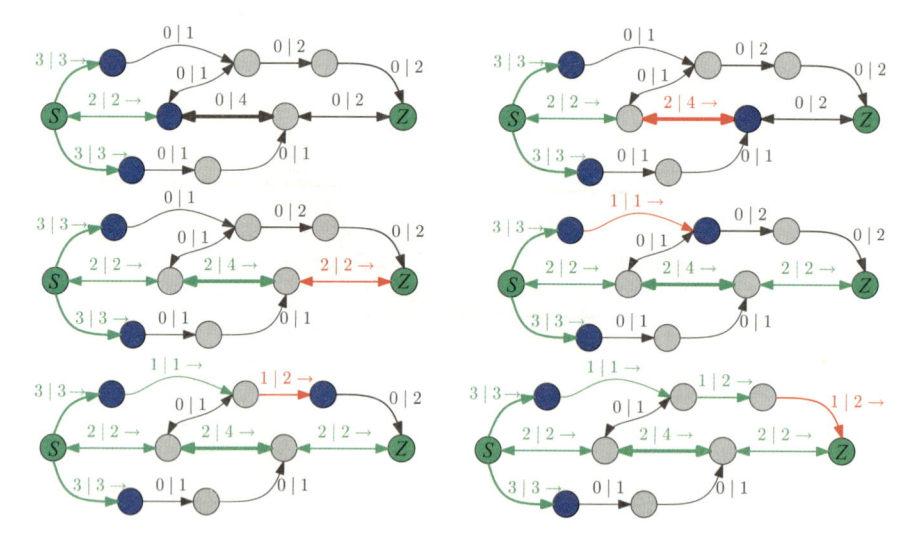

图 34-5 示例道路图

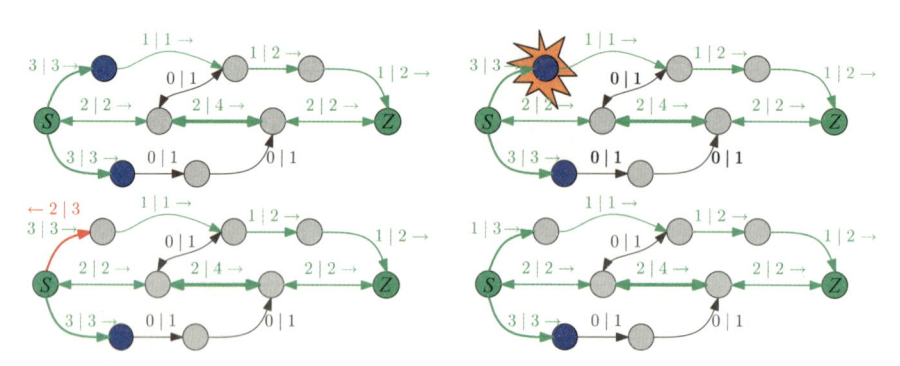

图 34-6 允许"退回去"的道路网示例

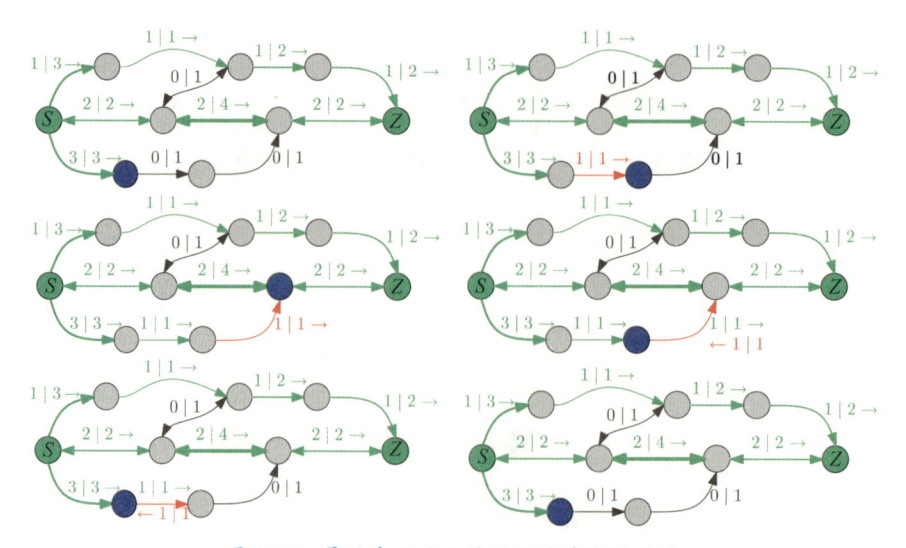

图 34-7 导致永不终止的往返的道路网示例

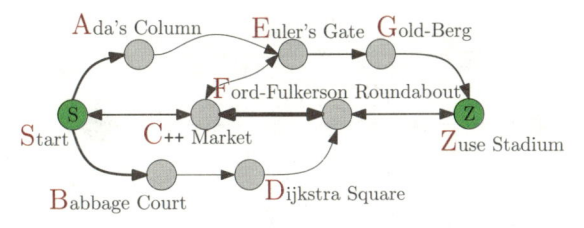

图 34-8　标有路口名的示例道路图

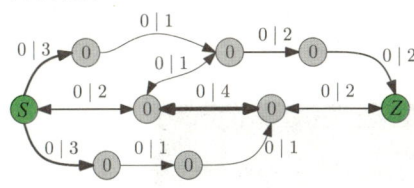

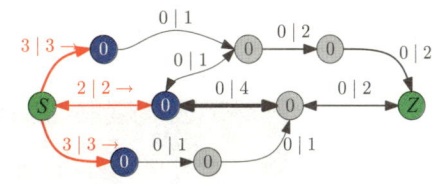

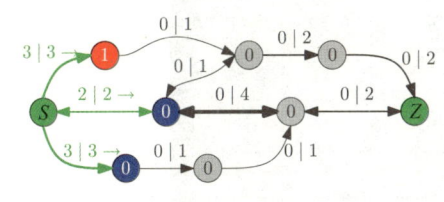

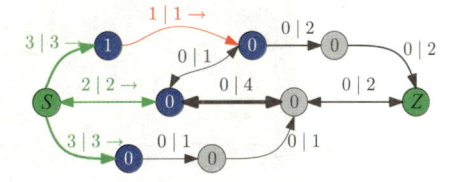

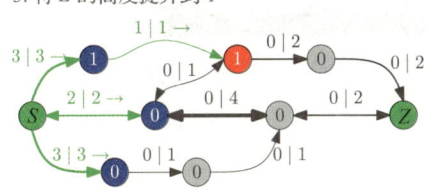

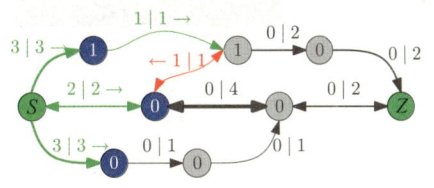

图 34-9　算法执行过程示意图（前 4 步）

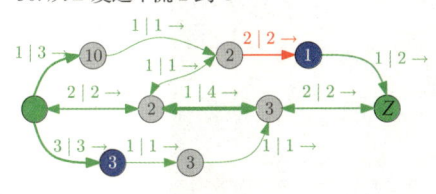

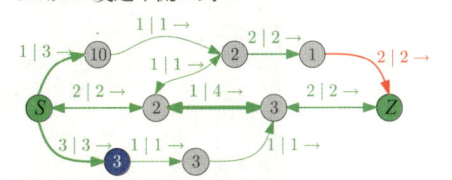

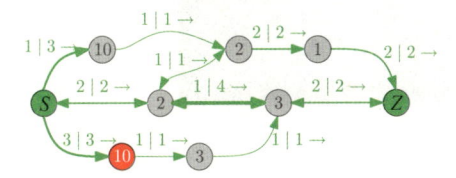

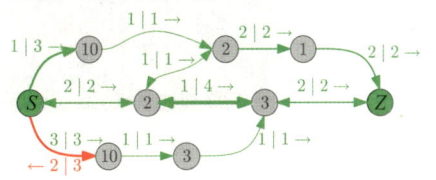

图 34-10　算法执行过程示意图（第 30～33 步）

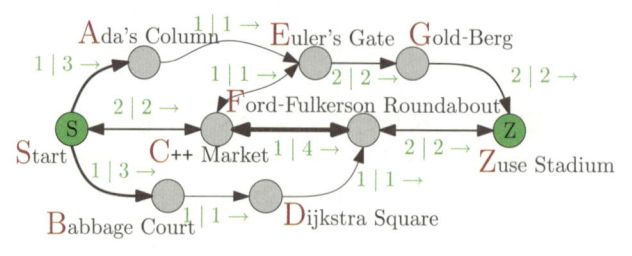

图 34-11 道路网问题的最终解

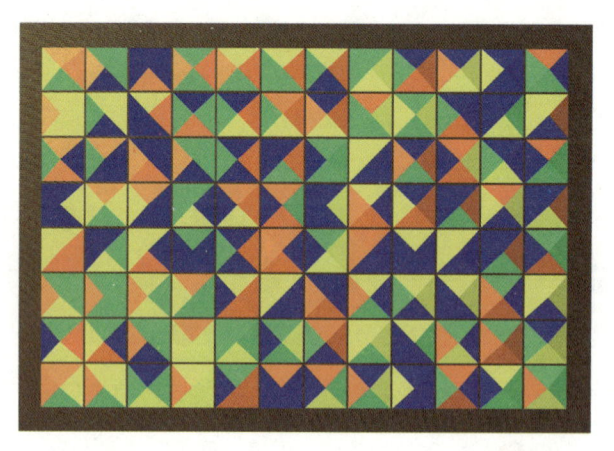

图 41-1 多米诺游戏的背景,花砖是随意放置的,可以看出得分为 36

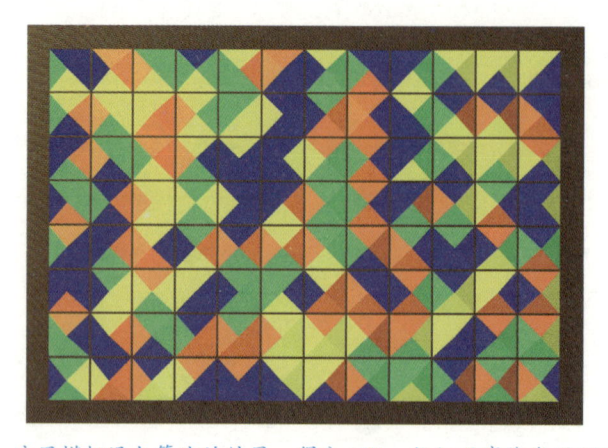

图 41-3 应用模拟退火算法的结果:得分 171,仔细观察能发现只漏掉 1 分

信息技术科普丛书

无处不在的算法

（双色版）

[德]
贝特霍尔德·弗金　赫尔穆特·阿尔特　马丁·迪茨费尔宾格　吕迪格·赖舒科
Berthold Vöcking　Helmut Alt　Martin Dietzfelbinger　Rüdiger Reischuk

克里斯蒂安·沙伊德勒　黑里贝特·沃尔默　多萝西娅·瓦格纳
Christian Scheideler　Heribert Vollmer　Dorothea Wagner

编著

陈道蓄　译

ALGORITHMS
UNPLUGGED

机械工业出版社
CHINA MACHINE PRESS

Translation from the English language edition:
Algorithm Unplugged
by Berthold Vöcking, Helmut Alt, Martin Dietzfelbinger, Rüdiger Reischuk, Christian Scheideler, Heribert Vollmer and Dorothea Wagner.
Copyright © Springer Berlin Heidelberg 2011.
This edition has been translated and published under licence from Springer-Verlag GmbH, part of Springer Nature.
All Rights Reserved.

本书中文简体字版由 Springer 授权机械工业出版社独家出版。未经出版者书面许可，不得以任何方式复制或抄袭本书内容。

北京市版权局著作权合同登记　图字：01-2012-8919 号。

图书在版编目（CIP）数据

无处不在的算法：双色版 /（德）贝特霍尔德·弗金等编著；陈道蓄译 . —北京：机械工业出版社，2024.2

（信息技术科普丛书）

书名原文：Algorithms Unplugged

ISBN 978-7-111-74947-9

Ⅰ. ①无…　Ⅱ. ①贝…　②陈…　Ⅲ. ①算法理论　Ⅳ. ① O141.3

中国国家版本馆 CIP 数据核字（2024）第 024875 号

机械工业出版社（北京市百万庄大街 22 号　邮政编码 100037）
策划编辑：朱　劼　　　　　责任编辑：朱　劼
责任校对：张爱妮　陈立辉　责任印制：李　昂
涿州市京南印刷厂印刷
2025 年 5 月第 1 版第 1 次印刷
186mm×240mm・18 印张・5 插页・399 千字
标准书号：ISBN 978-7-111-74947-9
定价：89.00 元

电话服务　　　　　　　　网络服务
客服电话：010-88361066　　机　工　官　网：www.cmpbook.com
　　　　　010-88379833　　机　工　官　博：weibo.com/cmp1952
　　　　　010-68326294　　金　书　网：www.golden-book.com
封底无防伪标均为盗版　　　机工教育服务网：www.cmpedu.com

译 者 序

我问一些刚刚进入大学的新生为什么选择计算机类专业，几乎每个人都提到对人工智能感兴趣，但似乎其中多数人对人工智能并没有多少了解。

本书第41章讨论"模拟退火"算法，用来作为例子的是一个几何拼图类的组合游戏，大多数人会将其视为一种智力游戏。当实验证明计算机可以得到比绝大多数人更高的分数，这是否就体现了计算机的"智能"呢？

一个有好奇心的中学生不难理解第41章的内容。其实机器并不知道自己在做什么，它只是执行几个一点都不复杂的动作。告诉机器以什么样的顺序去执行某些（其实很基本的）动作，这就是我们通常说的"算法"。

现在，我们的日常生活已经高度依赖信息技术，似乎计算机什么都能干，但稍稍了解计算机内部结构的人都知道"机器本身"其实只能做为数不多的基本动作。让计算机系统（不仅仅是你能看见的硬件设备）似乎无所不能的关键是各种各样的算法。

人用"智慧"设计算法，能够让机器表现出"智能"。但是我们还不知道如何在可以预见的时间段内让机器具有智慧（尽管我们相信科学技术会以超出所有人的想象的速度迅速地发展）。

前些年开始流行一个词：计算思维。究竟什么是计算思维，计算机工作者至今并没有给出一个明确的定义。至少我们可以将计算思维理解成人的一种思维方式，它应该能使得计算机更好地（包括通过表现出"智能"的方式）服务于人类。

从当前计算机应用的水平来看，算法是计算思维的一种具体体现。人们已经设计出许多非常"聪明"的算法，极大地提高了我们解决问题的能力，但应用中复杂的问题仍然需要我们给出更有效的算法。这是计算机科学家工作的一个重要方面。

任何学科的发展都依赖于一代又一代优秀的年轻人的加入，其他学科的经验表明，科学技术普及是引导青少年走向探索未知、创造未来的科学技术道路的重要举措。

坦率地说，计算机科学普及工作与一些传统学科相比差距巨大。一方面是因为计算机科学历史较短，更深层的一个原因应该是认识层面的。信息技术发展迅速，渗透面极广，但社会公众更多的是从技术与实用的角度，而不是从思维方式的角度看待它。现在有非常多的中小学生，甚至幼儿园的小朋友在学习编程。这是很好的事，但只是学会用某种语言（不管是 C++、Java 还是 Python）编程只是"技术"，充其量说是"智能"，却绝不是"智慧"。

我曾经听一位钢琴教师说起一位琴童的家长问她："我的孩子通过钢琴十级了，下面该做什么？"这位教师的评论多少反映了她对当前社会公众对待学习的急功近利态度的不认同。思维能力的培养是一个过程，目的是培养应对不可预知问题的基础能力。而应对题型和使用工具尽管也是学习中不可或缺的部分，但却不能替代思维能力的培养。

思维方式不是可以用某种模式描述的，如何将计算思维培养融入基础教育中是当前一个重要的问题。本书是在一系列给中学生普及计算思维的讲座的基础上整理编写的，选择了计算机科学中一些有重要应用价值的典型问题，但讲述方式充分体现了趣味性。当我第一次看到此书时就被它吸引。

计算机专业是中国工程类专业中规模最为庞大的。时时听到有教师埋怨现在的学生"不好学"。中国传统的教育相对忽视学生的兴趣，强调学习是责任，学习应该刻苦。其实兴趣是最好的学习动力，激发学生的兴趣本就是教师的责任。

本书提供了一个提高学生兴趣的很好例子。讨论的每个话题都能体现作者"深入浅出"的用心。每个话题都用日常有趣的问题引入，介绍算法时注意引导读者考虑算法背后的基本思想。但作者又不局限于简单的"问题–答案"描述。尽管是普及读物，作者仍然会在可以理解的范围内引导读者考虑算法的正确性以及复杂性等可以更深入探讨的方面。在若干章节中，作者还通过实验数据来分析结果，注意到体现计算机算法工程性的一面。这甚至做到了当前我们大多数算法课程都没有做到的事。但我特别要强调一点，这都是在不牺牲普及读物的基本可理解性的要求下做到的。尽管本书是多位作者讲稿的合集，但显然出版前还是注意到风格的统一，避免给读者带来阅读上的不适。

广大青少年读者，特别是那些学习过一点编程的中小学生，一定会通过阅读本书而使计算思维素养得到提升。

但绝不仅限于此。本书同样适合已经进入大学计算机类专业学习的学生阅读，帮助他们欣赏计算机科学有趣的一面，也能对如何解题有更深入的理解。

我多年来一直从事计算机算法方面的教学，对本书中涉及的内容都很熟悉。但是整个翻译过程仍然让我觉得受益匪浅。我感到尽管本书是针对中学生的普及读物，但是对于从事计算机教学的广大教师来说，本书也是很值得阅读的。我甚至将其中部分内容用于中国计算机学会每年举办的"计算机教学改革导教班"。我希望计算机专业教师（特别是基础课教师）更关注这样的普及读物，并能从中得到启发。

陈道蓄
2018 年 8 月于南京

前　　言

最近几十年来许多技术创新和成果都依赖于算法思想，这些成果广泛应用于科学、医药、生产、物流、交通、通信、娱乐等领域。高效的算法使得你的个人计算机得以运行新一代的游戏，这些复杂的游戏在几年前可能都难以想象。更重要的是，这些算法为一些重大科学突破提供了基础。例如，人类基因组图谱解码得以实现与新算法的发明是分不开的，这些算法能将计算速度提高几个数量级。

算法告诉计算机如何处理信息，如何执行任务。算法组织数据，使得我们能有效地搜索。如果没有聪明的算法，我们一定会迷失在互联网这个巨大的数据丛林中。同样，如果没有天才的编码和加密算法，我们也不可能在网络上安全地通信。天气预报与气候变化分析也依靠高效模拟算法。工厂生产线和物流系统有大量复杂的优化问题，只有奇巧的算法能帮助我们解决这类问题。甚至当你利用GPS寻找附近的餐厅或咖啡馆时，也要靠有效的最短路径计算才能获得满意的结果。

并非像很多人认为的，只有计算机中才需要算法。在工业机器人、汽车、飞机以及几乎所有家用电器中都包含许多微处理器，它们也都依赖算法才能发挥作用。例如，你的音乐播放器中使用聪明的压缩算法，否则小小的播放器会因为存储量不足而无法使用。现在的汽车和飞机中有成百上千的微处理器，算法能帮助控制引擎，减少能耗，降低污染。它们还能控制制动器和方向盘，提高稳定性与安全性。不久的将来，微处理器可能完全替代人，实现汽车的全自动驾驶。目前的飞机已经能做到在从起飞到降落的全过程中不需要人工干预。

算法领域最大的进步都来自美好的思想，它指引我们更有效地解决计算问题。我们面对的问题绝不局限于狭义的算术计算，还有很多表面上不是那么"数学化"的问题。例如：

- 如何走出迷宫？
- 如何分割一张藏宝图让不同的人分别保存，但只有重新拼合才可能找到宝藏？
- 如何规划路径，用最小的成本访问多个地方？

这些问题极具挑战，需要逻辑推理、几何与组合想象力，还需要创造力才能解决。这些就是设计算法所需要的主要能力。

本书包括不同作者撰写的41篇文章，用非技术化的语言介绍了一些最著名的算法思想。多数文章源自德国大学中发起的科普活动，初衷是让高中生领会算法和计算机科学的奇妙与魅力。阅读本书不需要任何关于算法和计算的预备知识。我们希望不仅学生能从本书中得到启发和乐趣，那些希望了解迷人的算法世界的成年人也能有所收获。

目 录

译者序
前言

第一部分　搜索与排序

第 1 章　二分搜索 ……………………………… 3
第 2 章　插入排序 ……………………………… 8
第 3 章　快速排序 ……………………………… 11
第 4 章　并行排序——追求速度 …………… 18
第 5 章　拓扑排序——合理安排任务
　　　　执行次序 ……………………………… 26
第 6 章　快速搜索文本——Boyer-Moore-
　　　　Horspool 算法 ………………………… 32
第 7 章　深度优先搜索 ……………………… 39
第 8 章　Pledge 算法——如何从黑暗的
　　　　迷宫中逃脱 …………………………… 48
第 9 章　图中的回路 ………………………… 52
第 10 章　PageRank——搜索万维网 ……… 60

第二部分　算术与密码

第 11 章　大整数相乘——比长乘更快 …… 69
第 12 章　欧几里得算法 ……………………… 76
第 13 章　埃拉托色尼筛法——计算素数表
　　　　能有多快 ……………………………… 81

第 14 章　单向函数的陷阱——掉下去就
　　　　出不来了 ……………………………… 91
第 15 章　一次性加密算法——最简单、
　　　　最安全的保密方式 …………………… 98
第 16 章　公钥密码 …………………………… 103
第 17 章　如何共享机密 ……………………… 112
第 18 章　通过电子邮件玩扑克 ……………… 119
第 19 章　指纹 ………………………………… 128
第 20 章　哈希方法 …………………………… 138
第 21 章　编码——防止数据出错或丢失 … 143

第三部分　规划、协同与模拟

第 22 章　广播——如何迅速发布信息 …… 155
第 23 章　将数字转换为英语单词 …………… 161
第 24 章　确定多数——谁当选为班级代表 … 166
第 25 章　随机数——如何在计算机中
　　　　创造随机 ……………………………… 172
第 26 章　火柴游戏的取胜策略 ……………… 179
第 27 章　体育联赛日程编排 ………………… 184
第 28 章　欧拉回路 …………………………… 190
第 29 章　快速画圆 …………………………… 195
第 30 章　计算物理问题的高斯–赛德尔
　　　　迭代 …………………………………… 202
第 31 章　动态规划——计算进化距离 …… 208

第四部分 优　化

第 32 章　最短路径 ································· *215*

第 33 章　最小生成树——有时贪心
　　　　　也有回报 ····························· *221*

第 34 章　最大流——在高峰时刻去
　　　　　体育场 ································· *226*

第 35 章　婚姻介绍人 ····························· *235*

第 36 章　圆闭包 ···································· *243*

第 37 章　在线算法 ································ *246*

第 38 章　装箱问题 ································ *251*

第 39 章　背包问题 ································ *257*

第 40 章　旅行推销商问题 ····················· *263*

第 41 章　模拟退火 ································ *270*

第一部分

搜索与排序

Martin Dietzfelbinger，德国伊尔梅瑙工业大学
Christian Scheideler，德国帕德博恩大学

每个孩子都知道排好次序的东西找起来比较容易，至少数量很多时一定如此。经验告诉人们，通过给物体定义次序，我们可以把拥有的东西分门别类地分别放置，而且很容易记住什么东西在什么地方。当然你可以将所有的袜子随意放在某个抽屉里。对于像 DVD 之类的碟片，要想在许多碟片中很快找到想要的那个，最好还是排好次序。但这里说的"很快"究竟是什么意思呢？我们究竟能多快地排序，又能多快地找到呢？这就是本书第一部分要讨论的重要话题。

第 1 章讨论的是一种称为二分搜索的快速搜索策略。这种策略假设我们已经将要搜寻的所有对象（这里是 CD）排好了序。第 2 章介绍简单的排序策略。其原理是两两比较相邻的对象，需要时就交换它们的位置，直到所有对象排好序。不过当对象数量增大时，这些策略需要的工作量迅速增加，所以它们只有在对象数量不多时才有效。第 3 章介绍两种算法，即使对象数量很多仍然能够较快地实现排序。第 4 章介绍并行排序算法。所谓"并行"是指我们可以同时执行多个比较操作，这样所需的时间显然就会少于逐个进行比较的算法。这样的算法特别适合有多个处理器（或多核处理器）能够同时执行不同任务的计算机，它们也能用来设计专门用于排序的芯片或者机器。第 5 章是讨论排序的最后一

章，介绍拓扑排序的方法。拓扑排序在下面的情况下很有必要：我们有一系列任务需要完成，任务之间存在依赖关系，比如任务 B 只能在任务 A 完成之后开始执行。拓扑排序的目的是给出所有任务顺序执行的列表，不会与存在的依赖关系发生冲突。

第 6 章又回到搜索问题。这次考虑的是文本搜索。具体地说，就是判断在某个文本中是否存在给定的字符串。在文本不是太长、要找的字符串很短的情况下，人们能很快做出判断，但给计算机设计一个高效的搜索过程就不那么简单了。第 6 章介绍了一种算法，它在实际应用中速度非常快，但在某些特别的情况下也需要很长的搜索时间。

本部分的剩余章节讨论一些看上去差异很大的搜索问题。如何能找到迷宫出口，而且不至于无休止地兜圈子或者反复走同一条路？第 7 章表明如果能沿途设置标记（如同我们在现实中用粉笔画线），就能利用一种称为深度优先搜索的基本方法解决这个问题。有趣的是，如果你想系统地搜索万维网的某个部分，甚至想自己生成一个迷宫，深度优先搜索方法也有效。第 8 章我们再次考虑迷宫问题。不过这次只能使用指南针（因此有方向的概念），但不能设置标记。解决这个问题也有非常聪明的算法，称为 `Pledge` 算法。`Pledge` 算法还可以用于机器人在不规则地放置了障碍物的平面迷宫中寻找路径。第 9 章介绍的算法是深度优先搜索的特殊应用，能够在迷宫、街道网络或者社会关系网络中找出回路。有时候识别是否有回路非常重要，它有助于解决死锁问题。例如有时候有依赖关系的任务之间形成相互等待的状态，结果谁也动不了，这被称为"死锁"。令人惊奇的是有非常简单而聪明的算法能发现网络中所有可能存在的回路。

第 10 章是第一部分的最后一章，讨论的是万维网的搜索引擎。这里的场景是用户提出搜索要求，期待搜索引擎返回尽可能与搜索要求相关的网页链接的列表。这可不是简单的任务，可能有数千甚至数十万网页中包含用户提出的关键字，重要的是搜索引擎需要确定其中哪些是与用户要求最相关的。那么搜索引擎究竟该怎么做呢？第 10 章解释了其基本原理。

第 1 章

二分搜索

Thomas Seidl，德国亚琛工业大学
Jost Enderle，德国亚琛工业大学

我新买的 Nelly 的唱片哪儿去啦？我那专横的妹妹 Linda 有整洁癖，肯定是她将唱片又插进唱片架上了。我告诉她新买的唱片别插上去。这下我得在架子上的 500 张唱片中一张一张地找了，这该找到什么时候啊！

不过，走运的话也可能并不需要查看所有唱片就碰到了。但最坏的情况是 Linda 又把唱片借给朋友了，那得查完所有唱片才知道不在这里了，然后只好去听广播啦。

找找看吧！Aaliyah，AC/DC，Alicia Keys……嗯，Linda 好像按字母顺序给唱片排过序了。这样的话我找 Nelly 的唱片就容易多了。我先在中间试试。Kelly Family，这太偏左了，必须往右边找。Rachmaninov，这又太偏右了，再往左一点儿……Lionel Hampton，右了点儿，但不远了。Nancy Sinatra……Nelly，找到啦！

这倒很快！因为唱片已经排了序，我只要来回跳几次就找到目标了！即使我要的唱片不在架子上，我也能很快发现。不过如果唱片很多，比如说 10 000 张，那可能得来回跳上几百次吧。我很想知道如何计算次数。图 1-1 给出了不同搜索方法的示意。

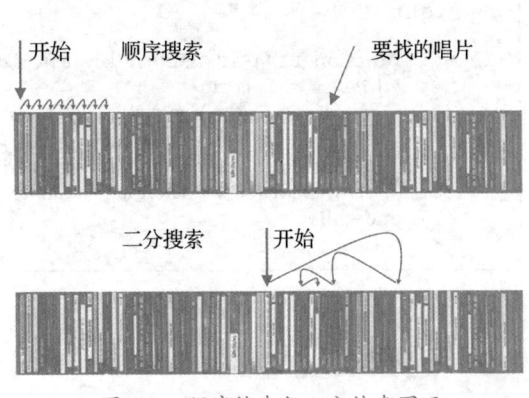

图 1-1 顺序搜索与二分搜索图示

1.1 顺序搜索

Linda 从去年开始学习计算机科学；她应该有些书能告诉我答案。我看看，"搜索算法"可能有用。这里说了如何在一个给定集合（这里是唱片）中按照关键字（这里用艺术家的名字）找一个对象。我刚才的做法应该是"顺序搜索"，又叫"线性搜索"。就像我想的一样，为了找一个关键字，平均得检查一半的唱片。搜索的步数和唱片数成正比，换句话说，唱片数增加一倍，搜索时间也就增加一倍。

1.2 二分搜索

我用的第二种技术好像有个特别的名字，叫"二分搜索"。给定要找的关键字以及排好次序的对象列表，搜索从中间那个对象开始，和关键字进行比较。如何中间那个对象就是要找的，搜索就结束了。否则，按照要找的关键字是小于还是大于当前检查的对象决定该向左还是该向右继续搜索。接下来就是重复上面的过程。如果找到了搜寻的对象，或者当前可能搜索的区间已经不能再切分了（也就是说如果表中有要找的对象，当前位置就该是目标应该在的位置），搜索就终止。我妹妹的书中有相应的程序代码。

在这段代码中，`A` 表示一个"数组"，也就是由带编号的对象（我们称其为数组的元素）构成的数据列表，编号就像唱片在架子上的位置。例如，数组中第 5 个元素写为 `A[5]`。如果我们的架子上放了 500 张唱片，我们要找的关键字是 `"Nelly"`，那就得调用 `BINARYSEARCH(rack, "Nelly", 1, 500)` 搜索要找的唱片所在位置。程序执行时，开始的 `left` 值为 251，`right` 值为 375，以此类推。

函数 BINARYSEARCH 返回的值是 key 在数组 A 中的位置，位置介于当前的 left 和 right 之间。

```
1  function BINARYSEARCH(A, key, left, right)
2  while left ≤ right do
3      middle := (left + right)/2    // 求 middle，取整数值
4      if A[middle] = key then return middle
5      if A[middle] > key then right := middle − 1
6      if A[middle] < key then left := middle + 1
7  endwhile
8  return "未发现"
```

1.3 递归实现

在 Linda 的书中还有另外一个二分搜索算法。同样的功能为什么需要不同算法呢？书上说第二种算法采用"递归方法"，那又是什么呢？

我再仔细看看……"递归函数是一种利用自身来定义或者调用自己的函数。"求和函数 sum 就是个例子。函数 sum 的定义如下：

$$\text{sum}(n) = 1 + 2 + \cdots + n$$

也就是前 n 个自然数相加，所以，当 $n = 4$，可得：

$$\text{sum}(4) = 1 + 2 + 3 + 4 = 10$$

如果我们想计算对于某个 n 的 sum 函数值，而且已经知道对于 $n-1$ 的函数值，那只要再加上 n 就可以了：

$$\text{sum}(n) = \text{sum}(n-1) + n$$

这样的定义式就称为"递归步"。当要计算对于某个 n 的 sum 函数值时，我们还需要一个最小的 n 对应的函数值，这称为奠基：

$$\text{sum}(1) = 1$$

按照递归定义，我们现在计算 sum 函数值的过程如下：

$$\begin{aligned}
\text{sum}(4) &= \text{sum}(3) + 4 \\
&= (\text{sum}(2) + 3) + 4 \\
&= ((\text{sum}(1) + 2) + 3) + 4 \\
&= ((1 + 2) + 3) + 4 \\
&= 10
\end{aligned}$$

二分搜索的递归定义是一样的：函数在函数体中调用自己，而不是反复执行一组操作（那称为循环实现）。

函数 BINSEARCHRECURSIVE 返回的值是 key 在数组 A 中的位置，位置介于当前的 left 和 right 之间。

```
1  function BINSEARCHRECURSIVE(A, key, left, right)
2    if left > right return not found
3    middle := (left + right)/2    // 找到介于中间的值
4    if A[middle] = key then return middle
5    if A[middle] > key then
6      return BINSEARCHRECURSIVE(A, key, left, middle − 1)
7    if A[middle] < key then
8      return BINSEARCHRECURSIVE(A, key, middle + 1, right)
```

和前面一样，A 是要搜索的数组，key 是要找的关键字，left 和 right 分别是搜索区域的左右边界。如果我们要在包含 500 个元素的数组 rack 中找 Nelly，我们采用类似的函数调用 BINSEARCHRECURSIVE(rack,"Nelly",1,500)。但这里不再通过程序循环使得搜索区域左右边界逐步靠近，而是直接修改边界值执行递归调用。实际执行的递归调用序列如下：

```
BINSEARCHRECURSIVE (rack, "Nelly", 1, 500)
BINSEARCHRECURSIVE (rack, "Nelly", 251, 500)
```

```
BINSEARCHRECURSIVE (rack,"Nelly", 251, 374)
BINSEARCHRECURSIVE (rack,"Nelly", 313, 374)
BINSEARCHRECURSIVE (rack,"Nelly", 344, 374)
...
```

1.4 搜索的步数

至此，我们仍然不知道要找到所需的对象究竟该执行多少搜索步。如果运气好，一步就能找到。反之，如果要找的对象不存在，我们必须来回跳动直至对象应该处于的位置。这样就需要考虑究竟数组能够被切为两半多少次，或者反过来说，当执行了一定数量的比较操作后，究竟多少元素可以被确定是或者不是目标对象。假设要找的对象确实在表中，一次比较可以确定 2 个元素，两次比较可以确定 4 个元素，三次比较就能确定 8 个元素。因此执行 k 次比较操作能够确定 $2 \cdot 2 \cdots 2$（k 次）$= 2^k$ 个元素。由此可知 10 次比较可以确定 1024 个元素，20 次比较能确定的元素超过 100 万个，而 30 次比较能确定的元素多达 10 亿个以上。如果目标对象不在数组中，则需要多比较一次。为了能根据元素个数确定比较次数，我们需要逆运算，也就是 2 的乘幂的反函数，即"以 2 为底的对数"，记作 $\log_2$。一般地说：

$$假设\ a = b^x，则\ x = \log_b a \tag{1-1}$$

对于以 2 为底的对数，$b = 2$：

$$2^0 = 1, \qquad \log_2 1 = 0$$
$$2^1 = 2, \qquad \log_2 2 = 1$$
$$2^2 = 4, \qquad \log_2 4 = 2$$
$$2^3 = 8, \qquad \log_2 8 = 3$$
$$\vdots \qquad\qquad \vdots$$
$$2^{10} = 1\ 024, \qquad \log_2 1\ 024 = 10$$
$$\vdots \qquad\qquad \vdots$$
$$2^{13} = 8\ 192, \qquad \log_2 8\ 192 = 13$$
$$2^{14} = 16\ 384, \qquad \log_2 16\ 384 = 14$$
$$\vdots \qquad\qquad \vdots$$
$$2^{20} = 1\ 048\ 576, \qquad \log_2 1\ 048\ 576 = 20$$

因此，若 k 次比较操作能确定 $N\ (= 2^k)$ 个元素，那么对于含 N 个元素的数组，二分搜索需要执行 $\log_2 N = k$ 次比较操作。如果我们的架子上放了 10 000 张唱片，我们需要比较 $\log_2 10\ 000 \approx 13.29$ 次。因为不可能比较"半次"，需要的次数为 14。要想进一步减少二分搜索需要的步数，可以在搜索过程中不是简单地选择中间元素进行比较，而是尝试在搜索区域内更准确地"猜测"可能的位置。假设在已排序的唱片中搜索的对象名按字母顺序更靠近区域开始处，例如找 Eminem，显然选择前部的某个位置进行比较更好些。反之，要找

"Roy Black",从靠后的地方开始更合理。若要更好地改进,就得考虑每个字母可能出现的频率,例如首字母是 D 或 S 的艺术家通常比首字母是 X 或 Y 的更常见。

1.5 猜数游戏

今晚我要考考 Linda,让她猜 1 到 1000 之间的某个数。只要上课没睡觉,她就应该能最多通过 10 个"是/否"的问题得到结果。(图 1-2 显示如何只问 4 个问题就猜出 1 到 16 之间的某个数。)

为了避免反复问那些"是小于某个数吗?"或者"是大于某个数吗?"那样乏味的问题,我们可以选择问"是奇数吗?"或"是偶数吗?"。因为一个回答就可以让我们排除一半的可能性。类似的问题包括"十(百)位数是奇(偶)数吗?",像这样的问题同样可以使搜索空间(大致)缩小一半。不过要确认考虑了所有可能的数,我们还得回到通常采用的减半方法(那些已经被排除的数实际上已考虑在内)。

如果采用二进制表示数,这个过程甚至会更简单。十进制系统是用"10 的乘幂的和"的形式表示数,例如:

$$107 = 1 \cdot 10^2 + 0 \cdot 10^1 + 7 \cdot 10^0$$
$$= 1 \cdot 100 + 0 \cdot 10 + 7 \cdot 1$$

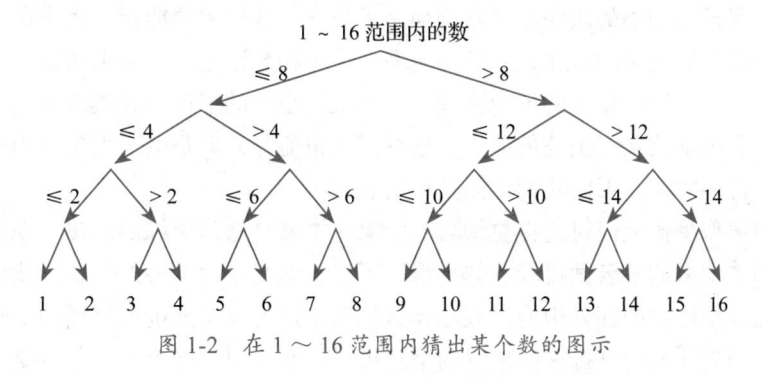

图 1-2 在 1~16 范围内猜出某个数的图示

而在二进制系统中数是用"2 的乘幂的和"的形式表示的:

$$107 = 1 \cdot 2^6 + 1 \cdot 2^5 + 0 \cdot 2^4 + 1 \cdot 2^3 + 0 \cdot 2^2 + 1 \cdot 2^1 + 1 \cdot 2^0$$
$$= 1 \cdot 64 + 1 \cdot 32 + 0 \cdot 16 + 1 \cdot 8 + 0 \cdot 4 + 1 \cdot 2 + 1 \cdot 1$$

因此 107 的二进制表示为 1101011。要猜出一个二进制表示的数只要知道它最多多少位就足够了。位数用以 2 为底的对数很容易计算。如果猜一个 1 到 1000 之间的数,可以计算如下:

$$\log_2 1000 \approx 9.97 \ (向上取整)$$

也就是说共有 10 位。因此问 10 个问题足够了:"第 1 位数是 1 吗?""第 2 位数是 1 吗?""第 3 位数是 1 吗?"等等。最后所有位都知道了还必须转换为十进制数,用一个掌上的计算器就能解决了。

第 2 章

插入排序

Wolfgang P. Kowalk，德国奥尔登堡大学

我们要把书架上所有的书按照书名排序，这样需要哪本书时很快就能找到。

如何快速地实现排序呢？我们可以有几种不同的想法。例如我们可以依次查看每本书，一旦发现两本紧挨着的书的次序不对就交换一下位置。这种想法能行，因为最终任何两本书的先后都不会错，但这平均要花费太长的时间。另一种想法是先找出书名最"小"的那本书放在第一个位置，然后在剩下的书中再找出书名最"小"的书放在紧挨着的后面位置，以此类推，直到所有书都放在了正确的地方。这种想法也能行；但是由于大量有用的线索没有利用，多花费了许多时间。下面我们试试其他的想法。

下面的想法似乎比上面讨论得更加自然。第一本书自然是排好的。接下来我们拿第一本书的书名与第二本书的书名做比较，如果次序不对，就交换两本书的位置。然后我们看下一本书在前面已经排好序的部分中应该放在什么位置。这可以反复进行直到为所有的书安排了正确的位置。因为前面的书排序时提供的信息可供后面使用，这个方法应该效率高一些。

现在把这个算法再细细看一下。第一本书单独考虑可以看作排好了序。我们假设当前考虑的书是第 i 本书，而它左边所有的书都已排好序了。要将第 i 本书加入序列中，我们首先查找它正确的位置，随后将书插入即可；为此要将在正确位置右边的所有书向右移动一个位置。接下来对第 $i+1$ 本书重复以上过程，以此类推直到所有的书放到了正确位置。这个方法能快速产生正确结果，特别是如果我们采用第 1 章介绍的二分搜索寻找正确插入位置则效果更明显。

我们现在来看看对任意数量的书，这个直观的方法如何实现。为了描述起来简单一些，我们用数字代替书名。

图 2-1 中左边的 5 本书（1，6，7，9，11）已经排好序，而书名为 5 的书位置不正确。

为了将 5 放入正确位置，首先与 11 交换位置，再与 9 交换位置，以此类推直到 5 到达正确位置。然后我们再处理书名为 3 的书，同样通过与左侧的书交换来到达正确位置。显然最终所有的书都会放到正确的地方（见图 2-2）。

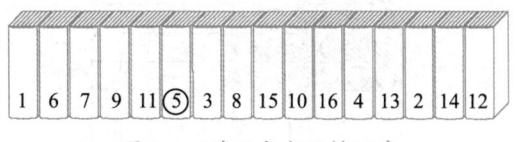

| 1 | 6 | 7 | 9 | 11 | ⑤ | 3 | 8 | 15 | 10 | 16 | 4 | 13 | 2 | 14 | 12 |

图 2-1　前 5 本书已排好序

| 1 | 6 | 7 | 9 | 11 | 5 | 3 | 8 | 15 | 10 | 16 | 4 | 13 | 2 | 14 | 12 |

图 2-2　书名为"5"的书移动到正确位置

以下是算法的代码。这里使用数组 A，其元素标号为 1，2，3，…。$A[i]$ 表示数组中第 i 个元素的值。给 n 本书排序使用长度为 n 的数组，元素 $A[1]$，$A[2]$，$A[3]$，…，$A[n-1]$，$A[n]$ 存放所有的书名。

```
    相邻的书交换位置
1   输入 A：含 n 个元素的数组
2   for i := 2 to n do
3       j := i;      // 在未找到正确位置前，所查看的书当前位置为 i
4       while j ⩾ 2 and A[j − 1] > A[j] do
5           Hand := A[j];        // 当前的书与左边邻居交换位置
6           A[j] := A[j − 1];
7           A[j − 1] := Hand;
8           j := j − 1
9       endwhile
10  endfor
```

现在考虑算法执行花费的时间。我们考虑最坏的情况，所有书放置的位置正好与期望的次序相反，即书名最小的在最后的位置上，而书名最大的却在最前面的位置上。我们的算法让第 1 本书与第 2 本书交换位置，第 3 本书要和前两本书中每一本交换位置，第 4 本书则要和前面 3 本书中每一本交换位置，以此类推，最后的一本书得和前面 $n-1$ 本书中的每一本交换位置。交换的总次数是：

$$1+2+3+\cdots+(n-1)=\frac{n\cdot(n-1)}{2}$$

利用图 2-3 很容易推导出上述公式。整个矩形中含 $n\cdot(n-1)$ 个单元格，其中一半用于比较与交换。图中显示的是绝对的最坏情况。考虑平均情况，我们可以假设只需要一半的比较与交换。如果开始时书就几乎是排好序的，需要的工作量会少很多；最好的情况是开始时所有的书都在正确的位置上，那只需要进行 $n-1$ 次比较即可。

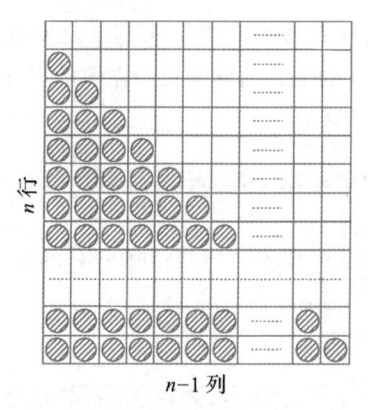

图 2-3 计算交换次数

你也许会看出算法还可以更简洁些。不用交换相邻的两本书，而是将多本书向右移动，使得需要的插入位置空出来。如果 2-4 所示。

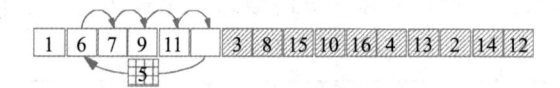

图 2-4 书名为 "5" 的书移动到正确位置（另一种方法）

原来的 k 次两两置换操作，现在可以用 $k+1$ 次移动一本书的操作替代。算法修改如下：

```
插入排序
1   输入 A：含 n 个元素的数组
2   for i := 2 to n do
        // 通过移位将位置 i 上的书置于适当位置
3       Hand := A[i];      // 取当前书籍
4       j := i - 1;
        // 为找到适当位置前反复执行
5       while j ≥ 1 and A[j] > Hand do
6           A[j + 1] := A[j];    // 将书右移至位置 j
7           j := j - 1
8       endwhile
9       A[j] := Hand       // 当前书籍被插入正确位置
10  endfor
```

关于能够同时移动多本书的计算机硬件的考虑见第 4 章。

尽管在串行的计算机上此算法排序效率不高，但它的实现非常简单，所以当需要排序的对象数量不太大，或者可以假设多数对象次序不错的情况下还是会经常使用插入排序算法。要对大量对象进行排序就会使用其他算法，如 mergeSort 和 quickSort。那些算法理解起来会难一些，实现也更复杂。我们在第 3 章中讨论那些算法。

第 3 章

快速排序

Helmut Alt,德国柏林自由大学

排序的重要性在第 2 章中已经说明。要高效地搜索数据集,比如采用第 1 章中介绍的二分搜索,数据集必须是有序的。就像大城市的电话号码簿,如果没有按照字母顺序排序,想象一下你该如何找一个需要的号码。实际生活中的大多数情况如同上述例子,得处理数百万的对象。因此排序算法的效率非常重要,换句话说,即使数据集很大,我们也需要能在相对短的时间内进行排序。对同一个数据集,不同的算法可能差别很大。

本章将介绍两种排序算法。它们看上去很不直观,但当要排序的对象数量很大时,它们需要的运行时间与第 2 章中介绍的插入排序相比会缩短很多。

为了讨论简单,我们假设待排序的是号码卡片。不过就像插入排序一样,这样的算法并非只能处理数字,对于按照字母顺序给书名排序的问题同样有效,甚至可以推广到更一般的情况,只要处理对象能够按照某种意义上的"尺寸"或"价值"比较大小,同样可以使用这里介绍的算法。执行这些算法也未必非得计算机不可。例如,你可以按照算法给轻重不等的包裹排序,每次基本操作是用天平比较两个包裹。我本人通常使用算法 1 按照姓名的字母顺序给学生的考试排序。

为此,我们首先用自然语言描述算法,而不用标准程序设计语言或者伪代码表示的程序。

3.1 算法

简单地说,设想你的老师给你送来一叠卡片,上面写有数字。你要按照数字从小到大给卡片排好序再交给老师。

你可以按照如下的方法做：

> **算法 1**
> 1. 如果总共只有 1 张卡片，直接交给老师。否则：
> 2. 将所有卡片分为数量相等的两部分，将每部分交给一个助手并要求助手按照递归的方式给各部分排序，即完全按照这里描述的算法排序。
> 3. 等两个助手都上交了各自完成排序的卡片部分，从头到尾遍历这两部分卡片，并按照"拉链闭合"的原理将这两部分合并为完全排好序的一叠卡片。
> 4. 将这叠卡片上交。

图 3-1 显示了算法的执行过程。

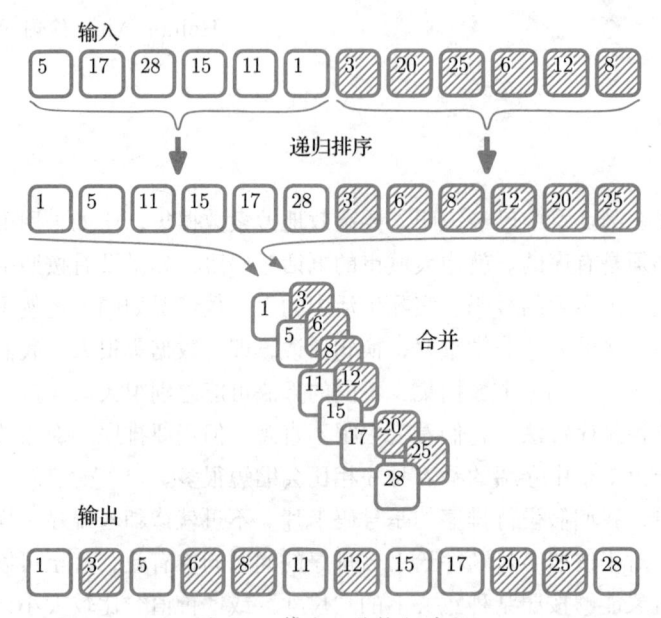

图 3-1 算法 1 的执行过程

算法 2 采用完全不同的方式解决同样的问题：

> **算法 2**
> 1. 如果总共只有 1 张卡片，直接交给老师。否则：
> 2. 取出第 1 张卡片。遍历所有其他卡片并将它们分为两部分，一部分是数字不大于第 1 张卡片上数字的那些卡片（称为 Stack 1），另一部分则是数字大于第一张卡片上数字的那些卡片（称为 Stack 2）。
> 3. 如果每一部分至少有一张卡片，将它们分别交给两个助手，要求各自以递归的方式排序，即完全按照本算法描述的方式执行。

4. 等两个助手上交了各自的结果后，先将已排好序的 Stack 1 放在最下面，接着放上开始取出的那张卡片，然后再将排好序的 Stack 2 放上去。将一整叠卡片上交，自底向上一定是数字从小到大排好序的。

图 3-2 显示了算法的执行过程。

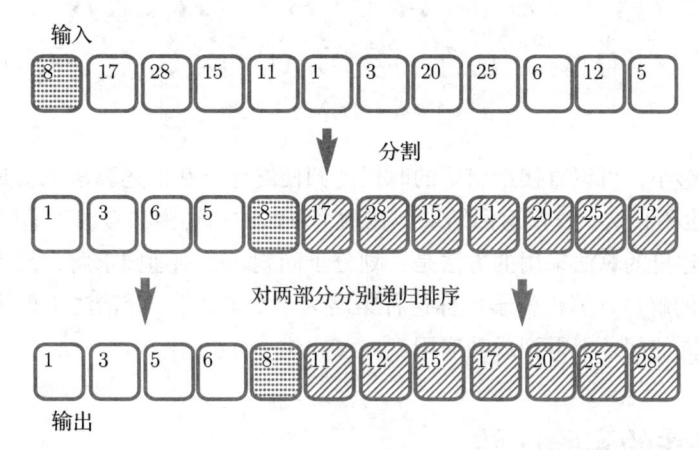

图 3-2　算法 2 的执行过程

3.2　两个算法的详细解释

算法 1 称为合并排序（`mergeSort`）。早在计算机科学尚未作为独立学科出现时，著名的匈牙利数学家冯·诺依曼（1903—1957）[一]就已经发明了这个算法。当时它是在机械计算装置上使用的。

算法 2 称为快速排序（`quickSort`）。它是在 1962 年由著名的英国计算机科学家 C. A. R. 霍尔[二]提出的。

前面我们说过这些算法不一定非得由计算机执行。你不妨试试"手动"执行这些算法，并自己充当"助手"的角色，这样就能更好地理解算法了。

所有高级程序设计语言（诸如 C、C++、Java 等）都允许程序调用其自身，以完全相同的方式解决规模较小的子问题。这种方式称为递归，在计算机科学中起着重要的作用。例如，你要用合并排序处理含 16 个元素的序列，两个助手各自领取的任务是给含 8 个元素的子序列排序。而他们再调用各自的助手，让每人给含 4 个元素的子序列排序，依次类推。形如图 3-3 的图在计算机科学中称为"树"，它描述了合并排序算法对 16 个元素的序列排序的整个过程。

㊀ 参见 http://en.wikipedia.org/wiki/John_von_Neumann。

㊁ 参见 http://en.wikipedia.org/wiki/C._A._R._Hoare。

图 3-3 合并排序的递归树

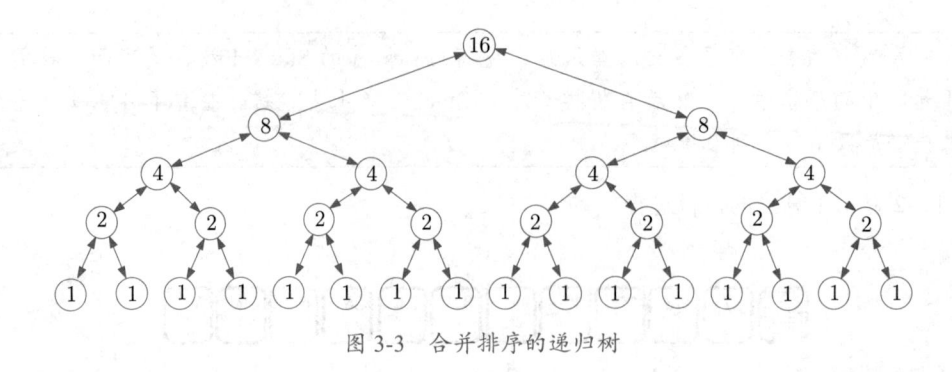

当子问题足够小,可以直接给出解的时候递归便终止。在上述算法中就是当序列长度为 1 时,这时什么也不必做,直接返回结果。在两个算法的描述中都考虑了递归终止条件。

综上所述,这里的算法采用的方法是:划分子问题,分别递归求解,然后再将子问题的解合并为原问题的解。计算机科学中称这种策略为"分治法"。分治法不仅用于排序,也在大量其他完全不同的问题上得到成功应用。

3.3 排序算法的实验比较

有人会问,排序这么简单的问题,为什么要用那么奇怪的算法。为了解释这个问题,我们将上述两种算法以及第 2 章中的插入排序均编为程序在计算机上运行,采用长度不等的序列作为输入。图 3-4 显示了执行结果。很显然,合并排序比插入排序快得多,而快速排序也明显快于合并排序。

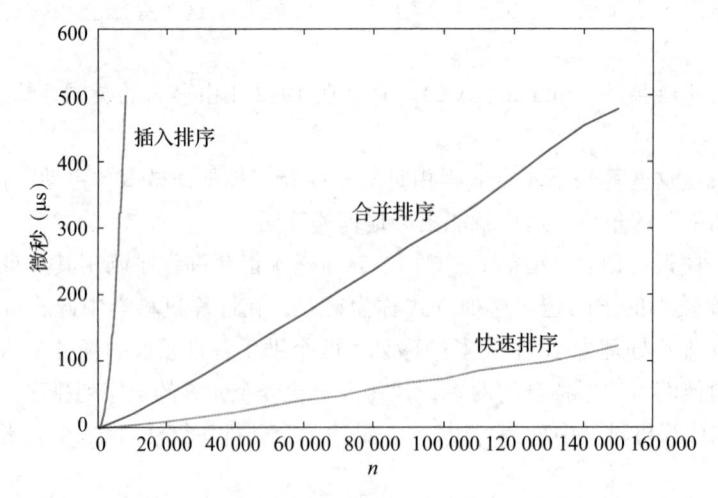

图 3-4 对于长度为 1 到 150 000 的序列,三种算法的实验执行时间(微秒)

在半秒(500ms)时间内,插入排序最多处理 8000 个对象,而合并排序能处理的对象数多 20 倍。快速排序则比合并排序快 4 倍。

3.4　确定算法的理论运行时间

正如第 2 章中讨论的，我们能用数学方法确定对 n 个对象排序所需要的算法运行时间，不必将算法编程后去度量计算机上的运行时间。数学方法表明插入排序等简单排序算法运行时间与 n^2 成正比。

现在我们对合并排序进行类似的运行时间的理论估计（又称为运行时间分析）。

首先考虑算法第 3 步，即合并两个已排序长度为 n/2 的子序列需要执行多少次比较。合并过程首先比较每个子序列最下面的两张卡片，然后将其中小的一张放入新的合并序列中。对两个子序列中余下的卡片按照同样过程处理。每一步均比较两张卡片并将较小的那张放入合并序列中。由于合并序列最终会含 n 张卡片，所以比较次数不会超过 n（严格地说，最多 n−1 次）。

考虑整个算法的递归结构，我们再看看图 3-3 中的树。

在顶端老师要处理 16 张卡片。他交给两个助手每人 8 张卡片；而助手们又交给他们各自的助手每人 4 张卡片，以此类推。第 3 步中顶端的老师必须将两个 8 张卡片（一般来说是 n/2 张）合并为一叠，这样就完成了整个 16 张卡片（n 张）的排序。我们前面说过这最多用 16（n）次比较。而两个助手在下一层各自合并 n/2 张卡片，因此每人最多进行 n/2 次比较，加起来也是 n 次。类似地，第 3 层中的 4 个助手每人要合并 n/4 张卡片，总共也最多执行 n 次比较操作。

因此在递归树的每一层最多需要 n 次比较。剩下的问题就是计算共有多少层了。图中显示当 n = 16 时递归树有 4 层。递归树从上往下看，很容易看出每往下一层，子序列的长度会由上一层的 n 缩小为 n/2；再往下，则进一步缩小为 n/4，n/8，等等。总之，每往下一层，子序列长度减半，直到长度为 1 时到达树的底层。因此树的层数也就是 n 每次减半直到 1 所能够减半的次数。第 1 章中我们已经知道这就是以 2 为底的 n 的对数 $\log_2 n$。由于每层最多进行 n 次比较，所以对长度为 n 的序列做合并排序，最多需要执行 $n \log_2(n)$ 次比较。

考虑得简单些，可以假设分析时遇到的 n 每次除以 2 直到 1 为止总能整除。换句话说，n 是 2 的整次幂，也就是 1，2，4，8，16，…。如果 n 的取值并非 2 的整次幂，分析会稍微复杂一些。原理还是一样的，结果是最多执行 $n \lceil \log_2(n) \rceil$ 次比较。这里 $\lceil \log_2(n) \rceil$ 表示 $\log_2 n$ 向上取整，也就是不小于 $\log_2 n$ 的最小整数。

上面我们仅仅估计比较操作的次数。将此数乘以执行算法的计算机做一次比较的时间就得到比较操作的总时间⊖。但这还不是总的运行时间，因为除了比较，计算机还得做别的操作，例如存取对象的时间、组织递归的时间等。尽管如此，分析可知总的运行时间和比较操

⊖ 在现代计算机上，比较两个整数需要 1 纳秒，即十亿分之一秒。

作时间是成正比的。因此，我们通过分析至少可以知道合并排序算法的运行时间与 $n \log_2(n)$ 成正比。

以上分析解释了为什么前面的实验反映出合并排序优于插入排序。第 2 章中得到的结果告诉我们，插入排序的比较次数是 $n(n-1)/2$，当 n 增大时，这个函数的值增长速度快于 $n \log_2(n)$。

至于快速排序，情况就更复杂了。可以证明，对某些输入（比如一个已经从小到大排好的序列），快速排序执行时间会很长，与 n^2 成正比。如果你"手动"试过一些例子，可能也会得到类似的印象。只有当输入完全排好了序，而算法选择用来分割序列的元素 x（所谓的支点（pivot））恰好是第一个或最后一个元素时才会发生这样"最坏"情况。假如算法从整个序列中随机地选择支点 x，算法执行很慢的概率会很小。快速排序平均运行时间也与 $n \log_2(n)$ 成正比。从前面的实验结果可以看出，$n \log_2(n)$ 前面的常数因子明显优于合并排序。在实际应用中，快速排序确实是最快的排序算法，这和前面的实验结果一致。

3.5　Java 语言实现

3.1 节中已明确定义了算法，也给出了清楚的解释。不过熟悉 Java 语言的读者可能对技术细节有兴趣，本节给出算法的实现。其实 Java 语言中提供了这两个算法，可以直接使用。合并排序在类 Collections 中，用的名是 Collections.sort；快速排序在类 Arrays 中，用的名是 Arrays.sort。这些方法不仅可用于数，也能用于任何可以进行两两比较操作的对象。

不过以下给出的是我们自己编写的处理整数的程序，比较容易理解。3.3 节实验中用的也是这些程序。每次调用这些方法总是用在数组 A 的一部分上，边界作为参数。

我们先看合并排序。首先列出的是将两个已排序的序列合并为一个有序序列的方法：

```java
public static void merge (int[] A, int al, int ar,
                          int[] B, int bl, int br,
                          int[] C)
    // 合并两个已排序的数组 A[al]..A[ar] 和
    // B[bl]..B[br]，用于排序 C[0]...
    
    { int i = al, j = bl;
      for(int k = 0; k <= ar-al+br-bl+1; k++)
            { if (i>ar)       // A 排完
                    {C[k]=B[j++]; continue;}
              if (j>br)       // B 排完
                    {C[k]=A[i++]; continue;}
              
              C[k] = (A[i]<B[j]) ? A[i++]:B[j++];
            }}
```

合并排序本身也很容易写为 Java 中的一个方法：

```java
public static void mergeSort (int[] A, int al, int ar)
    { // 对数组 A[al]..A[ar] 排序
    
      if(ar>al) {int m = (ar+al)/2;
```

```
        // 递归排序
            mergeSort(A,al,m);
            mergeSort(A,m+1,ar);

        // 与数组B合并:
            int[] B = new int[ar-al+1];
            merge(A,al,m,  A,m+1,ar,  B);

        // 存回数组A:
            for(int i=0;i<ar-al+1;i++) A[al+i] = B[i];
        }
    }
```

这段程序还可以改进以运行得更快：不是仅对数组 A 应用递归，而是让递归交替地用于 A 和 B，就可以避免将数组 B 存入数组 A。这里不再详细讨论了。

相比合并排序，快速排序还有个优点，它不需要辅助数组 B，只在输入的数组 A 上操作。分割序列（算法第 2 步）是通过"指针变量" i 来实现的。开始时 i 指向待排序区间的起始位置，一旦发现一个大于支点的 A[i]（这说明 A[i] 不该属于左侧的子序列），i 就不再移动；此时从待排序区间右端开始的变量 j 向左移动，一旦发现 A[j] 小于支点 j 便停止。当两个指针都停止时，交换 A[i] 和 A[j]。这样的过程一直持续到两个指针相遇。

```
    public static void swap (int[] A, int i, int j)
                    {int t = A[i]; A[i] = A[j]; A[j]=t;}

    public static void quickSort (int[] A, int al, int ar)
    // 对数组A[al]..A[ar]排序
    {if(al<ar)
        {
          int pivot = A[al], // 第一个元素作为支点
              i=al, j=ar+1;

        //    交换:
            while(true)
              {   while (A[++i] < pivot && i<ar){}
                  while (A[--j] > pivot && j>al){}
                  if (i<j) swap(A,i,j);
                  else
                      break;
              }
              swap(A,j,al);

              quickSort(A,al,j-1);
              quickSort(A,j+1,ar);
        }
    }
```

第 4 章

并行排序——追求速度

Rolf Wanka，德国埃尔朗根–纽伦堡大学

在开发"通用"计算机器的早期就有人设想制造出能以特别高的效率解决排序问题（第 2～3 章介绍了排序问题）的专用装置。本章介绍排序问题的一种解决方法，它特别适合在芯片上实现专用硬件，这就是所谓的"并行排序算法"。

19 世纪 90 年代，为了处理和分析美国人口统计调查数据，Herman Hollerith 发明了著名的制表机器，同时他也设计与制造出配套的设备用于给存放、收集数据的穿孔卡片排序。图 4-1 显示了最初的 Hollerith 机器。右边的"小"设备是穿孔卡片排序机。当然你看到的电缆不用于传输数据，只是电源线。穿孔卡片用第 2 章介绍的插入排序方法进行排序。进入大规模集成电路时代后，排序的数据用位和字节的方式保存，不再使用穿孔卡片。我们将讨论用现代芯片实现排序的算法。

图 4-1　来自海恩茨·尼克斯多夫博物馆论坛，德国帕特伯恩市

4.1 硬件排序：比较单元与排序电路

下面我们描述硬件分类器的结构。分类器通过 n 条线路读取 n 个任意混合的非负整数。这些整数称为关键字。所有的关键字可以同时读取。我们希望分类器仅由单一的比较单元构成。每个比较单元有两个输入 $e[1]$ 和 $e[2]$，也有两个输出 $x[1]$ 和 $x[2]$。两个任意关键字 a、b 进入比较单元，$x[1]$ 输出较小的关键字，$x[2]$ 输出较大的关键字；也就是说 $x[1] = \min\{a, b\}$，$x[2] = \max\{a, b\}$。图 4-2 显示了比较单元的两种图示，本章中采用右边较为简单的那种。我们的目的是讲清原理，因此略去比较单元的实现电路。

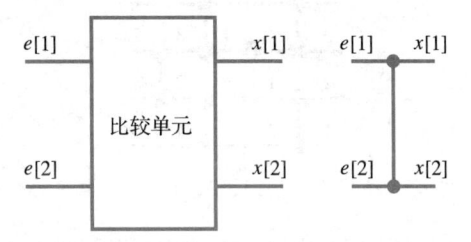

图 4-2　比较单元的两种图示

假设输入的关键字 $a = 7$，$b = 4$，则处理过程如图 4-3 所示。

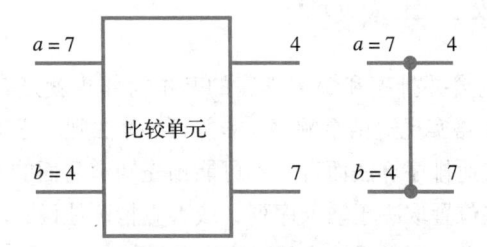

图 4-3　当 $a = 7$，$b = 4$ 时，比较单元的处理过程图示

假如只有一个比较单元，我们可以用它实现合并排序和快速排序算法（见第 3 章）中按大小交换元素的操作。不过因为只有一个比较单元，所有操作只能一个一个地顺序执行。

接下来我们设计一个多比较单元构成的电路。比起顺序算法，它对由 n 个关键字组成的序列排序会快很多。开始是一个仅仅由比较单元组成的小例子，但它很能说明基本思想，如图 4-4 所示。

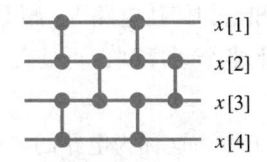

图 4-4　由比较单元组成的电路图示

左边接收到的是长度为 4 的输入。经过电路传输送到右边。我们常常会用网络这个词替代电路。以下的论述表明这个由 6 个比较单元构成的电路能够对 4 个关键字组成的任意序列排序：无论最小的关键字是从左边哪个线路读入的，它总会从右边最上方的 $x[1]$ 输出；类似地，最大的关键字也总是从最下方的 $x[4]$ 输出。最后的一个比较单元会确保 $x[2] \leq x[3]$。因此，此电路能够对任意输入序列排序，它被称为排序电路。

图 4-5 显示上述电路如何处理输入序列（4，3，2，1）。注意每一步会实际执行一次交换。这也意味着该电路没有多余的比较单元。

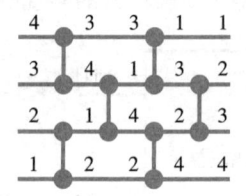

图 4-5 当输入序列为（4，3，2，1）时，电路的处理图示

从图中我们也能理解没有画在同一水平线上的均可以同时工作。因此，整个排序过程只需要 4 个时间单位。我们不用时间单位这个说法，而是说并行步。

4.2 双调排序电路：基本架构

既然第 3 章中介绍的合并排序和快速排序的基本操作也就是有条件交换，那我们是否可以用比较单元构成的电路实现这两个顺序（非并行）算法呢？很遗憾，直接实现是不可能的。因为就合并排序和快速排序算法而言，不可能预先知道后面的条件交换操作会在什么位置的对象之间进行。这些位置取决于输入序列，或者更精确地说，取决于前面执行的比较操作。而在比较单元电路中必须不考虑输入就确定电路结构。

1968 年，肯特州立大学的计算机科学家 Kenneth Batcher 设计出一种具体的比较单元电路，可以用少至 $0.5 \log_2 n \cdot (\log_2 n + 1)$ 并行步完成任意长度为 n 的序列的排序。这就是说如果处理 $2^{20} = 1\,048\,576$ 个关键字只需要 $0.5 \cdot 20 \cdot 21 = 210$ 并行步。采用的方法是第 3 章中我们已经遇到过的分治法。

假设我们要对 n 个关键字排序。为此，我们设计一个排序电路 S_n。根据分治法策略，输入序列被反复切半成两个长度相等的子序列。为简单起见，假设 n 是 2 的整次幂，因此可以反复地整除 2。再假设我们已经知道如何让电路 $S_{n/2}$ 帮我们给 $n/2 = 2^{k-1}$ 个关键字排序。那我们就可以调用两次 $S_{n/2}$，先处理上半个子序列，再处理下半个子序列。这是分治法中的子问题划分部分。

图 4-6 显示了我们的电路如何工作。这称为电路的架构。方框内部由比较单元构成的电路当然还必须设计。

S_n 的两个"减半版"$S_{n/2}$ 分别生成序列 $a[1], \cdots, a[n/2]$ 以及 $b[1], \cdots, b[n/2]$。在分治法的第二阶段，如同第 3 章中介绍的合并排序算法，我们需要将结果合并为一个完整的输出序列。因此要设计一个合并电路，其输入是上述两个已排序的子序列 $a[1], \cdots, a[n/2]$ 和 $b[1], \cdots, b[n/2]$，输出是排好序的整个序列 $x[1], \cdots, x[n]$。Kenneth Batcher 发明了一个电路，并给它命名为双调合并电路（bitonic merger）。电路结构如图 4-7 所示。后面分析中你会领会为什么叫这个名字。这个电路嵌入 S_n 架构中，也就是图 4-6 中右边标有"合并电路"的部分。

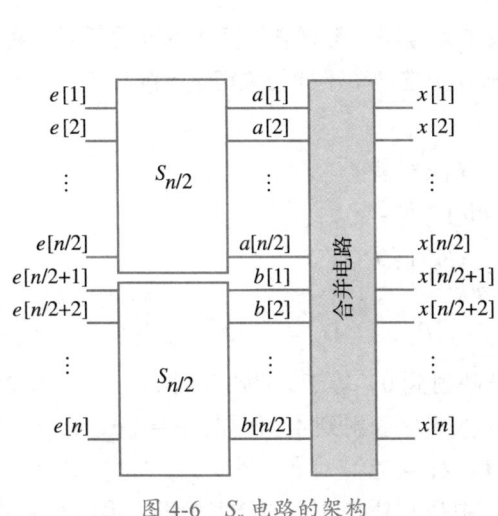

图 4-6　S_n 电路的架构

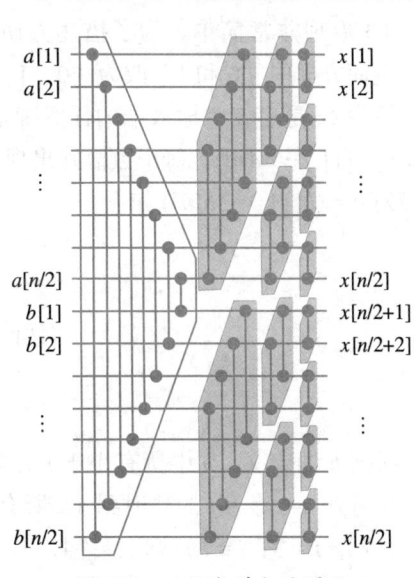

图 4-7　双调合并电路图示

双调合并电路总是从左半部分开始执行（即左边的"三角区"，其实整个左半部分就是一个并行步；将比较单元画成这样是为了看上去更清楚）。然后执行右半部分（蓝灰色部分）中的并行步序列（每个并行步画成一个长斜方形。总体上看，双调合并电路由左边的三角形和右边的斜方形序列构成，而右边的斜方形的高度总是其前面紧挨着的斜方形高度的一半。你可以试着画出 $n = 32$ 的双调合并电路，那一定可以理解得更清晰。

4.3　双调排序电路：正确性和运行时间

双调合并电路是否能确保输入的两个已经排序的子序列 $a = (a[1], \cdots, a[n/2])$ 和 $b = (b[1], \cdots, b[n/2])$ 被合并为一个完整的有序序列输出，这一点并不明显。为了证明这一点，我们利用比较电路一个良好的性质，即所谓的 0-1 原理。

> 比较单元能够对由**任意关键字**组成的长度为 n 的序列排序，当且仅当它能够对由 0 和 1 构成的长度为 n 的序列排序。

这就意味着我们只要能针对所有可能的 0-1 字符串输入证明排序电路的正确性，就可以证明它对任意关键字序列排序的正确性。

下面描述证明的概要。在证明双调排序电路正确性时，我们只需要用 0-1 原理的结论，可以忽略其证明。初学者可以忽略接下来的部分，直接从后面带有（**）标记的地方继续阅读。

0-1 原理的证明

0-1 原理非常简单。为了描述方便，我们不直接证明 0-1 原理，而是证明 0-1-2-3-4 原理。上面方框中"0 和 1"改为"0、1、2、3 和 4"。

假设 C_n 是有 n 个输入端的任意确定的比较单元电路。考虑含数字 1 到 n 的任意一种序列 $a = (a[1], \cdots, a[n])$。每个数恰好出现一次。从 a 中选两个不同的关键字 i 和 j，$i < j$，并构造序列 $b = (b[1], \cdots, b[n])$ 如下：

$$b[k] = \begin{cases} 0, & a[k] < i \\ 1, & a[k] = i \\ 2, & i < a[k] < j \\ 3, & a[k] = j \\ 4, & j < a[i] \end{cases}$$

根据 b 的定义，b 中所有小于 i 的关键字被映射到 0，等于 i 的映射到 1，介于 i 和 j 之间的映射到 2，等于 j 的映射到 3，所有大于 j 的关键字映射到 4。例如，$a = (6, 1, 5, 2, 3, 4, 7)$，$i = 3$，$j = 5$，则 $b = (4, 0, 3, 0, 1, 2, 4)$。

现在将 a、b 作为 C_n 的输入。将 i 和 j 在 C_n 中从左到右的路径分别标识为黑体和灰体。我们再将输入 b 时 1 和 3 的路径与黑体、灰体路径相比较。1 取的恰好是黑体路径，而 3 恰好取的是灰体路径。为什么？如果电路中只有一个比较单元，结论显然成立（不管 n 是什么数）。而任意的比较单元电路无非是单个比较单元的连续作用。因此，a 中的 i 和 b 中的 1 必然在同一输出端输出，a 中的 j 和 b 中的 3 也一样。

假设存在某个输入序列 a，C_n 不能对其正确排序，即存在两个关键字 i 和 j，$i < j$，输出的顺序不对。由前面的讨论可知，相应的序列 b 也不能由 C_n 正确排序。换句话说，如果 C_n 能够对所有的 0-1-2-3-4 序列正确排序，则不可能存在 a 的任何排列是 C_n 不能正确排序的。

在前进一小步就可以证明 0-1 原理了。在构造序列 b 时，用 0 替代 0、1 和 2；用 1 替代 3 和 4。得到的序列称为 c。上述例子中，$c = (1, 0, 1, 0, 0, 0, 1)$。

细看一下就能发现在电路 c 中，对于输入 b 输出 0 的端口一定就是对于 a 输出 i 的端口；同样对 a 输出 j 的端口在输入为 b 时输出为 1。很容易看出，如果 a 不能被正确排序，上面关于 b 和 c 的推理仍然成立。因此我们可以将上述论述重复如下：假设有一个输入序列 a 不能被正确排序，也一定有一个 0-1 输入序列 c 不能被正确排序。反之，只要任意 0-1 输入序列能够被正确排序，那么任意关键字构成的输入序列也能被正确排序。在 Donald Knuth

的《计算机程序设计艺术》的 5.3.4 节中包含简洁但完整的证明。

（**）现在我们只需要考虑 0 和 1 构成的输入序列了。我们可以表明双调合并电路能将两个分别排序的 0-1 序列 a 和 b 转换为一个有序的完整序列。此时"双调"这个词很有意义。当单调递增（即从左向右看，任何元素不会比前一个元素小）序列 x 和单调递减（即从左向右看，任何元素不会比前一个元素大）序列 y 随意拼接起来就得到一个"双调"序列。也就是说 xy 和 yx 都是双调序列。

听起来有点儿绕，其实很简单。00111000、11100011、0000、11111000 和 11111111 均为双调序列。你肯定能看出其中的 x 和 y，不是吗？其实 x 和 y 都不是唯一的。

形象地说，如果一个 0-1 序列的元素向上再向下，或者向下再向上，那它就是双调序列。双调合并电路中第一个并行步（即图 4-7 中左半边的三角区）的执行结果是什么呢？我们将 b 左右颠倒放到 a 的下方，如图 4-8 所示。

```
 a[1]  …  a[n/2]  | 0 0 0 0 0 1 1 1 | 0 0 1 1 1 1 1 1
 b[n/2] … b[1]    | 1 1 1 0 0 0 0 0 | 1 1 1 1 0 0 0 0   (•)
                      ↓  左半边的三角区  ↓
                  | 0 0 0 0 0 0 0 0 | 0 0 1 1 0 0 0 0
                  | 1 1 1 0 0 1 1 1 | 1 1 1 1 1 1 1 1
```

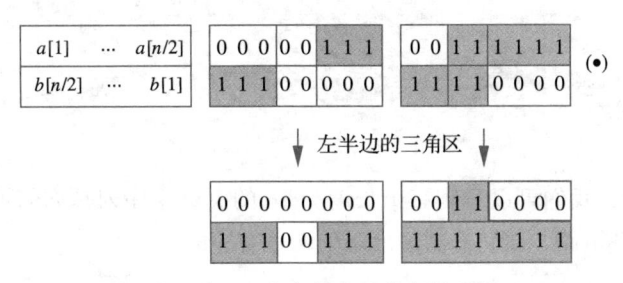

图 4-8 图 4-7 左半部分的执行结果图示

注意图 4-7 的左半部分中比较单元作用于（•）上方与下方的关键字。这样每两个关键字中较小的被置于上方，较大的被置于下方，如图 4-8 所示。图中显示在执行了三角区后至少半个序列全是 0 或者全是 1。而序列的另一半则是双调的！这个双调序列就是蓝灰色部分（图 4-7 的斜方形）的输入。接下来将双调序列从当中断开，并将一半放置在另一半下方，得到与原来相似的格局，但序列长度减半。然后继续按照上述方式比较上下的关键字。用一个具体例子试试就很容易理解了。最终在执行了最后的蓝灰色部分后整个 0-1 序列就排好序了。

现在我们来考虑在 S_n 架构中使用的 $S_{n/2}$ 是什么样的。同样 $S_{n/2}$ 也是以双调合并电路终止的，只是其输入端口只有 $n/2$ 个。这里的双调合并电路的输入是两个相同的 $S_{n/4}$。以此类推，直到前端进入双调合并电路处理的关键字只有两个时，直接用一个比较单元即可。图 4-9 显示了整个 S_{16} 的结构。它可以给任意长度为 16 的 0-1 序列排序；因此，根据 0-1 原理它也能给长度为 16 的任意关键字序列排序。这里，每个蓝灰色框就是一个双调合并电路。

上述讨论对所有 2 的整次幂 n 均可用，这样的电路能够给所有长度为 n 的 0-1 序列排序；根据 0-1 原理，也就能给所有长度为 n 的任意关键字序列排序。

你可以比较一下前面 S_n 的图，并在 S_{16} 中找到两个 S_8。这可以帮你理解为什么这是分治法。

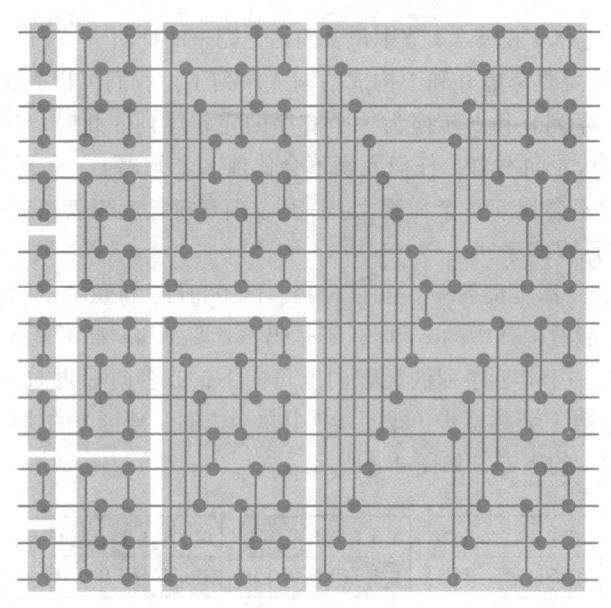

图 4-9 S_{16} 的整体结构

如图 4-10 所示，我们可以看到一个长度为 16 的关键字序列是如何被 S_{16} 排序的。注意黑框中就是双调合并电路，而它们的输出序列均是有序的。

图 4-10 用 S_{16} 排序一个长度为 16 的关键字序列图示

正确性已经证明了，我们最后来分析并行执行时间，并且讨论需要的比较单元的数量。

从上面的图示可以看出，当 $n = 2^k$，双调排序电路的运行时间 $t(n)$ 是：

$$t(n) = 1 + 2 + \cdots + (k-1) + k = \sum_{i=1}^{k} i$$

$$= \frac{1}{2} \cdot k \cdot (k+1) = \frac{1}{2} \cdot \log_2 n \cdot (\log_2 n + 1)$$

第 3 章中介绍的串行合并排序的执行时间是 $n \log_2 n$。而从上述公式可以看出，对双调排序电路，可以理解为原来的因子 n 被 $0.5(\log_2 n + 1)$ 替代了。也就是说如果 $n = 2^{20}$，原来的乘数 1 048 576 在这里变成了 11.5。并行排序比串行的合并排序快 10 000 倍。长度为 2^{20} 的序列排序只需要 210 个并行步。

当然速度提高是有代价的。为了实现如此少的并行步，我们需要数量巨大的比较单元构建排序电路。我们可以计算实现 S_n 需要多少比较单元。很容易看出每个并行步中有 $n/2$ 个比较单元同时工作。用 $s(n)$ 表示比较单元的个数，立即可得：

$$s(n) = \frac{n}{2} \cdot t(n) = \frac{1}{4} \cdot n \cdot \log_2 n \cdot (\log_2 n + 1)$$

当 $n = 2^{20}$ 时，这个值为 110 100 480，真是个巨大的数，但由于现代大规模集成电路技术的发展，这还是可以实现的。注意，比较单元也是由电路实现的，包括多个晶体管。

4.4 结束语

本章介绍了一种借助于并行硬件的方法，可以大大提高排序的效率。代价是必须增加必要的硬件。

我们已经知道并行步数与 $(\log_2 n)^2$ 成正比。还有可能得到更高的效率吗？有可能！三位匈牙利科学家 Miklós Ajtai、János Komlós 和 Endre Szemerédi 设计了一种排序电路，其并行步数可以与 $\log_2 n$ 成正比。该算法就用三位科学家名字的首字母命名为 AKS 排序电路。可惜的是，根据计算，该电路执行时实际比例常数高达 6200 左右。这就意味着只有当排序对象数量超过 $2^{12\,400}$ 时，它的表现才会优于双调排序电路。那可真是"天文数字"了！

第 5 章

拓扑排序——合理安排任务执行次序

Hagen Höpfner，德国魏玛包豪斯大学

天哪，怎么还有这么多事要做？我得做我的数学课作业。我还得完成英文课上布置的小论文，而且写论文之前我得先去图书馆借关于计算机科学史的书。我也需要在网络上搜索相关材料。想起来了，上次去参加局域网游戏大会回来还没把计算机连接好。我还没来得及下载数学课调查问卷，那还在邮箱中待着呢。最最要紧的是，今晚有个晚会，我答应要刻录我最喜欢的一个歌手的 CD。毫无疑问，CD 中不能没有 Placebo 的新单曲，那我还得去 iTune 网站购买。

要做的事太多了，我还答应妈妈倒垃圾、擦皮鞋、洗盘子。哦，重要的是晚上的晚会还需要可乐。还好超市就在去图书馆的路上，还要顺便买洗碗液。这么多事，我该先做什么呢？

当然没法按照如图 5-1 所示的备忘录上写的顺序做这些事。刻录 CD 前必须把要的曲子准备好，那得先连接好计算机才能上网。所以，要考虑那些任务之间的先后依赖关系，况且有些子任务还没列在表上。我得拿起笔完善任务列表（见图 5-2）。洗盘子之前得先买洗碗液，我就从"买洗碗液"到"洗盘子"之间连一个箭头。要买洗碗液我要先去市区，于是我又在"去市区"和"买洗碗液"之间连一个箭头，等等。

待处理事项
数学课家庭作业
英语课论文
倒垃圾
洗盘子
擦皮鞋
刻录光盘
买可口可乐

图 5-1 备忘录上待处理的任务列表

哇！这看上去更乱了！从哪儿开始呢？这提醒了我，事情很多，关键在于从哪里开始做。箭头表明某件事必须等待别的事完成后才能开始。因此，我只能做已经没有任何箭头指向的事。

很好！我只需从没有被箭头指向的事开始，这有如下的选择：

第 5 章 拓扑排序——合理安排任务执行次序

- 倒垃圾
- 擦皮鞋
- 安装计算机
- 去市区

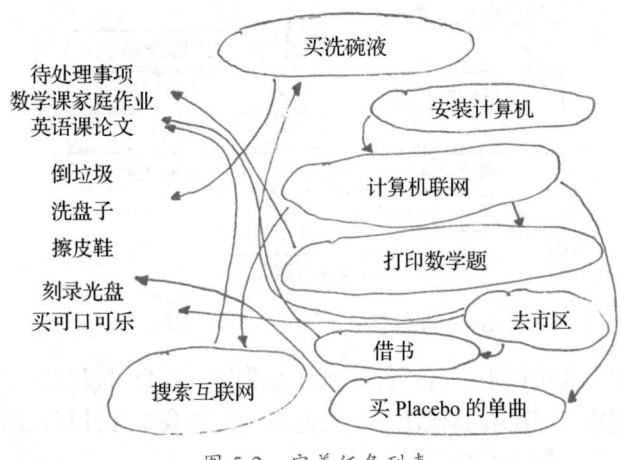

图 5-2 完善任务列表

这四件事哪件先做倒无所谓。我很听话，所以首先把垃圾桶清空，擦皮鞋，然后再去安装计算机。做了这些事我可以更新备忘录了（见图 5-3）。已经完成的事可以删除了，而且从已完成的任务向外的箭头也该删去（例如，从"安装计算机"指向"计算机联网"的箭头就该删掉）。

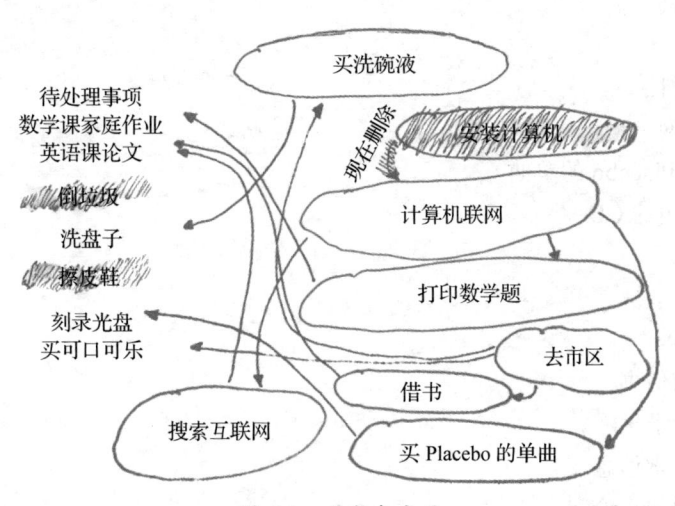

图 5-3 更新备忘录

显然用铅笔会使得更新的备忘录更清楚些，我可以用橡皮擦去该删除的东西。不过也没关系，我可以用图形软件在计算机上画备忘录（见图 5-4）。任务用节点表示，而依赖关系则用节点之间的有向边表示。这里"有向"的意思是箭头的方向定义了任务依赖的方向。如果在图中沿着边可能回到起点，这个图就是循环图，或者说图中有回路。

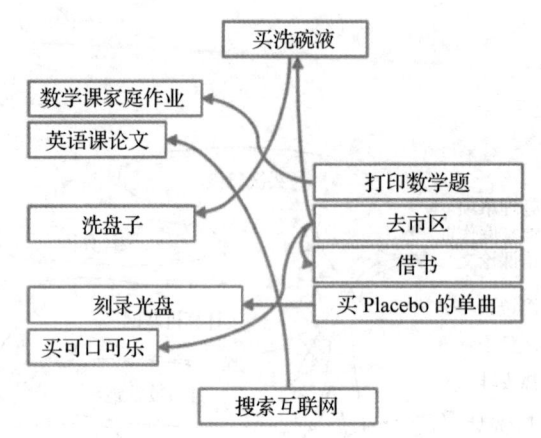

图 5-4　用图形软件绘制更新后的备忘录

下面该做什么呢？我可以去市区。计算机已经装好，我也可以联网。联好后将指向"计算机联网"的箭头删除。但所有其他任务还没完成。既然我坐在计算机前，再次更新备忘录是很容易的事。

接下来我去市区，回来后再上网搜索写英文课小论文需要的材料，购买 Placebo 的单曲或者打印数学课调查问卷。

完成了！过几分钟我就去晚会。现在总结一下我完成备忘录上所有任务的顺序：

1. 清空垃圾桶
2. 擦皮鞋
3. 安装计算机
4. 计算机联网
5. 在网上买 Placebo 的单曲
6. 刻录晚会用的 CD
7. 去市区
8. 买洗碗液
9. 买可口可乐
10. 去图书馆借书
11. 回来洗盘子
12. 在网上搜索信息
13. 写英语课的小论文
14. 打印数学课的调查问卷表
15. 回答调查问卷

每完成一项子任务我就将对应的节点删除并同时删除从这些节点外指的箭头。这样逐步删除所有节点并保存选择的顺序，结果如图 5-5 所示。

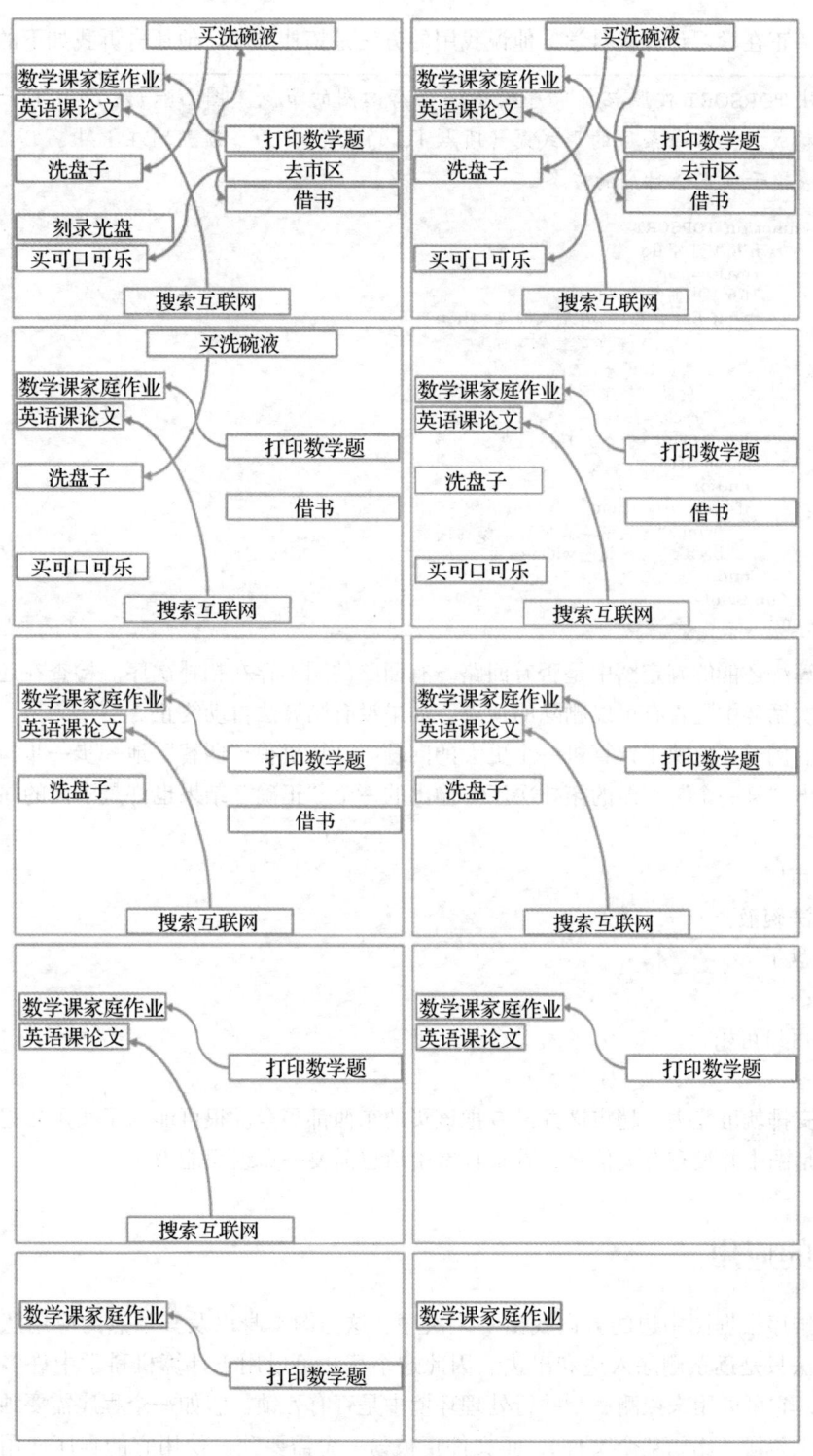

第 5 章　拓扑排序——合理安排任务执行次序　　29

图 5-5　完整的任务列表

我哥哥正在学习计算机科学，他说我用的方法是拓扑排序。他还告诉我如下的算法：

算法 TOPSORT 按照拓扑次序输出一个有向图的节点。图 $G = (V, E)$ 由顶点集 V 和边集 E 构成。其中每条边的形式是（顶点1，顶点2），两个顶点均在 V 中，顶点1对应的任务依赖于顶点2对应的任务。

```
1   function TOPSORT
2     while V 非空 do
3       cycle:=true
4       for V 中的每个 v do
5         if E 中存在 (X,v) 形式的边 e then
                // X 是任意其他顶点
6           从 V 中删除 v
7           从 E 中删除所有形式为 (v,X) 的边
8           cycle:=false
9           print v     // 打印顶点
10        endif
11      endfor
12      if cycle=true then
13        print "无法解决含循环依赖的问题"
14        break     // 退出 while 循环
15      endif
16    endwhile
17  end
```

这个算法还能够判定图中是否有回路。有回路的图不存在拓扑次序。检查在还有顶点存在时，每次循环中是否有可以删除的顶点。如果没有则算法自动终止。

上面的例子还反映了计算机一个更大的问题。计算机很"弱智"地一步一步执行以上的算法，给出"某一个"可能的拓扑次序。输出的一个"正确"结果也许是下面的序列：

- ……
- 去市区
- 买洗碗液
- 洗盘子
- ……
- 买可口可乐
- ……

如此安排就可能去一趟市区并没有把该买的东西都买全。很可能为了买可乐得再跑一趟市区。可是图中并没有有关信息，看来日常生活也需要一点组织能力。

更广泛的应用

拓扑排序根据图中边的方向找出一个次序。这与图本身以及其顶点的应用意义并没有关系。算法只是逐条删除入边和出边。因此这个算法可以用于计算机科学中许多不同的领域。例如，它可以用来探测一个并行处理环境中是否有死锁。假如一个程序需要独自占用计算机中某项资源（比如某个文件），而文件正被另一个需要独占使用它的程序使用中，则该

文件被锁定。需要用它的其他程序必须在文件被释放后才可使用。如果一个程序在等待某项资源的过程中锁定了另一项资源，而另一个程序必须先调用被它锁定的资源才能完成操作并释放被等待的资源，这就发生了死锁。两个程序都没法完成自己的任务，因为在相互等待对方完成并释放占用的资源。可以用图表示等待关系。死锁在图中会体现为回路，这能用 TOPSORT 检测出。当死锁被发现后就可以强行终止其中的一个程序。

第 6 章

快速搜索文本——Boyer-Moore-Horspool 算法

Markus E. Nebel，德国凯撒斯劳滕工业大学

计算机存储器中对象都是以文本的形式保存和处理的。大家最熟悉的例子就是文字处理软件所产生的文本。不过在互联网上发布的文件是以一种称为 HTML 的格式存放在 Web 服务器上的，HTML 中包含了有关文档格式的指令以及到镜像文件的链接等。本章主要讨论文本中的单词搜索。原因很简单，大多数情况下这就是我们面对的问题。设想一下用 Google 搜索，找到一个包含很多文本页面的网站。我们当然想知道我们要找的词出现在何处，希望 Web 浏览器能将它们突出显示出来。而浏览器则需要某种算法能尽快找到所有出现的地方。显然我们遇到这样或者类似的需求。这个问题称为"字符串匹配"，即在文本 t 中找出所有出现的字 w。

6.1 基本算法

计算机中文本是以字符串（字母序列）的方式保存的，因此无法一次比较整个字 w 与文本中的一段。为了判定 w 是否出现在文本的特定位置上，我们必须从这个位置开始逐个字符进行比较。假设文本 t 由 n 个字符构成，我们用 $t[i]$ 表示文本中第 i 个字符，i 是 1 到 n 范围内的整数。因此，$t[1]$ 就是文本中的第一个字符，$t[2]$ 是第 2 个，等等，而 $t[n]$ 则是最后一个字符。对于字 w 我们采用同样的表示方法。假设 w 的长度是 m，$w[j]$ 表示 w 中第 j 个字符，j 是 1 到 m 范围内的整数。举个例子，我们要在文本 "Haystack with a needle" 中搜索 "needle" 这个字。这里的 t 和 w 如图 6-1 所示（数字 k 标识的列包含字符 $t[k]$ 或 $w[k]$）。

第 6 章　快速搜索文本——Boyer-Moore-Horspool 算法

	1	2	3	4	5	6	7	8	9	10	11	12	13	14	15	16	17	18	19	20	21	22
t:	H	a	y	s	t	a	c	k		w	i	t	h		a		n	e	e	d	l	e

	1	2	3	4	5	6
w:	n	e	e	d	l	e

图 6-1　从文本 t 中搜索字 w

上述例子中，$n = 22$，$m = 6$；$t[1] = $ H，$t[2] = $ a，$w[4] = $ d。注意空格也是一个字符，不能忽略。这个例子用于后面的讨论。

要判定 t 开头的字是否与 w 匹配，必须有个算法从 t 与 w 的第一个字符开始逐个字符比较。如果所有的字符都匹配，我们报告搜索成功，w 的第一个出现位置即为 t 的第一个字符位置。显然我们的例子并非如此。仅比较 t 和 w 的第一个字符就能确定这一点，因为 $t[1] = $ H $\neq t[2] = $ n，不匹配。发现这个不匹配即可判定 w 不出现在 t 的第一个字符位置。只有当 w 中全部 m 个字符与 t 中相应字符匹配才能确定 w 出现在 t 中。我们的例子中第一次字符比较就能确定不匹配，显然这也不是一般的情况。假如我们搜索的字 w = Hayrack，尽管 w 并不出现在 t 的开始位置，但前 3 次字符比较结果均匹配，直到比较 w[4] 和 t[4] 时才能发现差别，因为 s 不同于 r。

下面的简短程序连续执行上面说的字符比较。不同的是，比较从 w 的最后一个字符开始从右向左进行。后面你会清楚为什么这样做。

在文本的起始位置逐个字符比较字 w 和文本 t

1　　$j := m$;
2　　**while** $(j > 0)$ **and** $(w[j] = t[j])$ **do**
3　　　　$j := j - 1$;
4　　**if** $(j = 0)$ **then print**("Occurrence at position 1");

从图 6-2 中可以清楚地看出上述小程序是如何在文本 t 中搜索 w = days 的。双箭头表示两个相同字符被比较；而加粗的短线连接两个不匹配的字符。比较从 w[4] 开始，向右逐个与文本中对应字符相比，直到 $j = 0$（这表明 w 是文本的一部分，但本例的情况并非如此），或者发现正在比较的 w[j] 与 t[j] 不匹配（此例中 $j = 1$）。while 循环根据这两个条件决定是否继续。

"while $(j > 0)$ and $(w[j] = t[j])$ do $j := j-1$" 的含义是只要 j 大于 0，并且当前的 j 位置上 w 与对应的字符相等，就让 j 减 1，进入下一轮循环。如果 t 的前 m 个字符与 w 不匹配，第二个条件终归会不成立，这时的 j 大于 0，因此第 4 行中的条件语句 "if(j = 0)…" 不会执行打印 "Occurrence at position 1"。反之，如果 w 中所有的 m 个字符与 t 中前 m 个字符恰好匹配，此

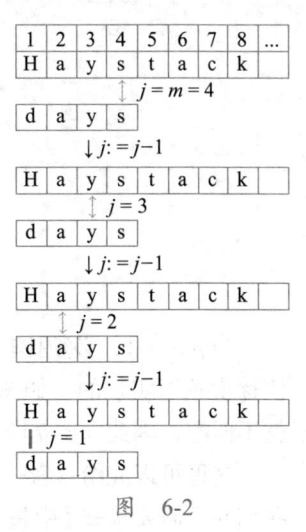

图　6-2

时 $j=0$，while 循环终止。这时程序会报告搜索成功。

因为我们要找出 t 中所有等于 w 的子串，显然不能仅搜索 t 的开始位置。实际上，等于 w 的子串可能从 t 中任何位置开始，我们的程序必须检查每个位置。我们说任何位置，也就是说我们必须准备 t 中第二、第三、…、等等位置都可能是某个与 w 相同的子串的起始字符。例如考虑起始于第二个位置的可能，必须检查是否 $w[1]=t[2]$，$w[2]=t[3]$，…，$w[m]=t[m+1]$。第三、第四等位置也必须类似地检查；最后一个可能的匹配位置是 $(n-m+1)$，这里 $w[m]$ 恰好对应 $t[n]$。在位置 pos，必须比较 $w[1]$ 和 $t[pos]$，$w[2]$ 和 $t[pos+1]$，…，$w[m]$ 和 $t[pos+m-1]$（上面的算法按相反次序比较）。引入辅助变量 pos 使得我们很容易将上述程序拓展到在 t 的任意位置开始搜索 w。

基本字符串匹配算法

```
1    procedure Naive
2    pos := 1;
3    while pos ≤ n − m + 1 do      // 搜索所有位置
4       j := m;
5       while (j > 0) and (w[j] = t[pos + j − 1]) do
6          j := j − 1;
7       if (j = 0) then print("Occurrence at position", pos);
8       pos := pos + 1;
9    wend;
10   end.
```

第 3 行的外循环保证 w 作为 t 的子串可能出现的任何位置一定会被考虑。图 6-3 清楚地体现了算法的改进：

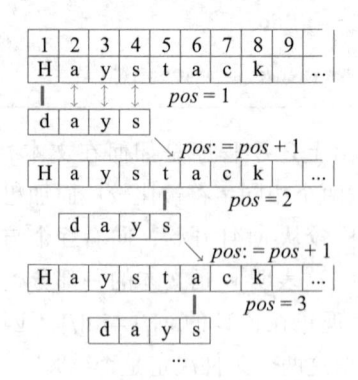

图 6-3　基本字符串匹配算法的改进版

当 $pos=1$，必须比较 4 次，其中前 3 次均匹配，最后 1 次不匹配。这些比较是通过 j 的值逐次减 1 实现的。如图 6-3 所示，pos 值加 1，则 w 向右移一个位置。右移后第一次比较就不匹配，因此 pos 立即再加 1，w 又右移一个位置，以此类推。

这里可以先给读者一点提示，比较 w 和 t 的时候从右向左有什么好处。如下所述，其实我们并不需要检查 t 中每个位置上的字符（换句话说，不需要考虑 pos 所有可能的值）。有些位置可以跳过去，不必担心可能漏掉等于 w 的子串。在这样的情况下，从右向左比较无须复杂计算就可能跳过更多不可能匹配的位置。

前面给出了字符串匹配问题的第一种解法。程序必须报告 t 中包含的所有等于 w 的子串，而这样的子串可能从 1 到 n−m+1 之间的任何位置开始。这样在最坏情况下运行时间可能很长，应该约等于（t 中字符数）×（w 中字符数）。t = aaaaaaaaaaaaaa，w = baaa 就是最坏情况的一个例子。

我们可以从两方面考虑。首先，我们能够确定用更少的代价得到同样结果是不可能的，那就没办法再改进了。或者情况不是这样，只是我们已知的算法还不够聪明。后面我们会看到的正是第二种情况。

6.2 Boyer-Moore-Horspool 算法

只需要做些小小的改动就能大大提高字符串匹配的效率。图 6-4 体现了改进的基本原理：

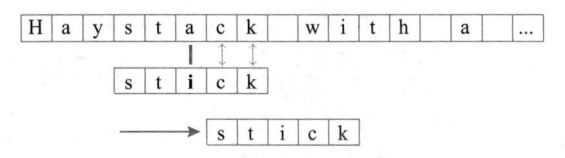

图 6-4 为了提高字符串匹配的效率，算法的改进版图示

比较 w 和 t 时算法在 t 中遇到了字符 a，未能匹配。而且，因为 w 中根本不包含 a，可以确定当前 pos 向右的第一个和第二个位置不可能是 w 出现的起始位置。因此我们可以直接将 w 前移三个位置（在程序中即 pos: = pos + 3），而不会遗漏等于 w 的子串。这也证明了基本匹配算法中执行了不需要的比较。

继续上面的例子，现在开始我们将根据能看到的 t 的最右边的字符来调整 w 的偏移量。

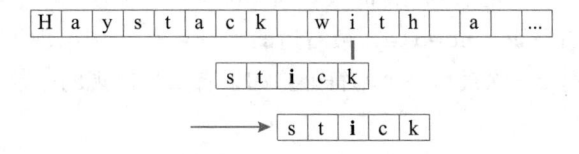

图 6-5 根据 t 中能看到最右边的字符调整 w 的偏移量

每完成一个字符的比较，我们根据结果让 w 右移尽可能远。如图 6-5 所示，当前比较 w 中的 k 与 t 中的 i，结果不匹配，w 应该右移到让 k 左边第一个能匹配的字符（即粗体的 i）到达当前比较位置。如果移动不足这个距离，可以预想下一次比较不可能匹配。只有如图 6-5 中显示的 w 的新位置值得考虑，更近距离的移动不可能匹配。如果当前比较位置上 t 中的字符（这里是 i）并不包含在 w 中，那么 w 右移 m（这里是 5）个位置仍可保证不会遗

漏可能的匹配子串,如图 6-6 所示。

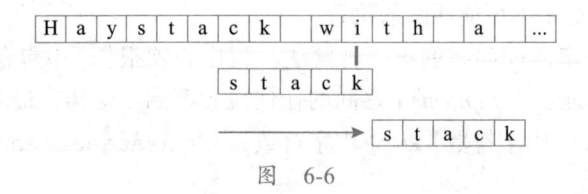

```
H a y s t a c k   w i t h   a   ...
        s t a c k
              → s t a c k
```

图 6-6

值得注意的是,根据 w 的内容本身我们就能确定需要右移的距离,完全不需要考虑当前比较位置。给定 w 我们就可以一次确定对于遇到的某个特定字符,我们至少可以向右移动多大距离(即越过多少字符)。确定的数值保存在数组 D 中,D 的每个元素对应于一个允许出现的字符。后面 D[a] 表示字符 a 的对应元素。对于倒数第二个字符是 k 的 w,D[k]=1(移动的最小距离就是将最近的一个 k 移到当前比较位置)。如果字符 v 在 w 的中部出现,则 D[v]=m。数组 D 的建立与使用如图 6-7 所示,为了清晰起见,所有在 w 中未出现的字符对应项均省略了(上面已经说过,该项值应为 m,即 w 的长度)。

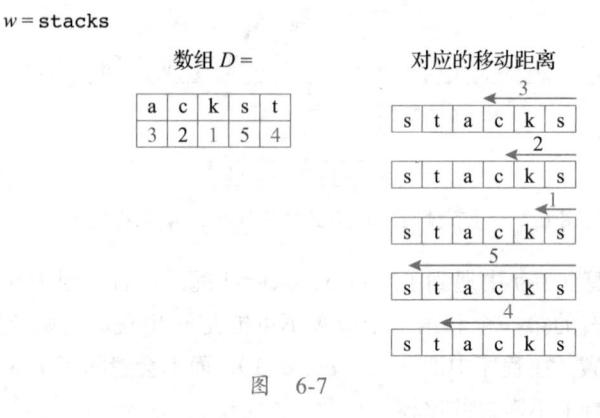

w = stacks

数组 D =

a	c	k	s	t
3	2	1	5	4

对应的移动距离

```
         3
s t a c k s  ←
         2
s t a c k s  ←
         1
s t a c k s  ←
         5
s t a c k s  ←
         4
s t a c k s  ←
```

图 6-7

w 中最后一个 s(右端)不考虑,它对应的移动距离是 0,因为 w 的最右端字符是与 t 对齐的位置,对应的是当前能看到的 t 的最"远"位置。

如图 6-8 所示,如果 w = needle,最右边的字符 e 在 w 中出现了 3 次,最右边一次忽略不计,其移动距离是 0。除最后一个字符外,如果有重复出现的,数组 D 中保持最右边一个对应的移动距离。

如图 6-9 所示,如果 w = with,字符 h 只出现在最后位置上,D 中的值与 h 在 w 中部出现的情况一样,等于 w 的长度 4。

w = needle

数组 D =

e	d	l	n
3	2	1	5

图 6-8

w = with

数组 D =

h	i	t	w
4	2	1	3

图 6-9

下面是计算 $D[\mathbf{x}]$ 的一般公式：

$$D[\mathbf{x}] = \begin{cases} m, & \mathbf{x} \text{ 不是 } w \text{ 中第一个 } (m-1) \text{ 个字符} \\ m-i, & i \text{ 是最右边的位置}, i \neq m, w[i] = \mathbf{x} \end{cases}$$

从上面的例子可以看出，第一种情况下，w 右移的距离等于其自身长度，因为当前看到的 t 中的字符即使出现在 w 中也一定是最后一个。我们用下面的程序计算 D，程序执行两个并列的循环：

计算数组 D

1　**for** 所有的符号 x **do**
2　　$D[x] := m;$　　// 对所有不出现在 w 中的符号 x，置 $D[x] = m$
3　**for** $i := 1$ **to** $m - 1$ **do**
4　　$D[w[i]] := m - i;$
　　　　// 在 w 中发现的符号初始值均被改写

注意，对于 w 中出现多次的字母，程序对 D 中相应的项赋了多次值，但由于后面替代前面的，最后留下的是最右边（除尾端外）对应的值。

现在可以修改基本算法了。新算法称为 `Boyer-Moore-Horspool(BMH)` 算法，是 R. Horspool 在 1980 年发明的，这个字符串匹配算法是对 Boyer 和 Moore 早先算法的简化。要做两件事：

1. 开始搜索前计算 D。
2. 将基本算法中第 8 行的 $pos := pos + 1$ 替换为 $pos := pos + D[t[pos + m - 1]]$。

得到的程序如下（省略了上面已经给出的 D 的计算部分）：

Boyer-Moore-Horspool 算法

1　**procedure** BMH
2　$pos := 1;$
3　**while** $pos \leq n - m + 1$ **do begin**　　// 搜索所有位置
4　　$j := m;$
5　　**while** $(j > 0)$ **and** $(w[j] = t[pos + j - 1])$ **do**
6　　　$j := j - 1;$
7　　**if** $(j = 0)$ **then** print("Occurrence at position", pos);
8　　$pos := pos + D[t[pos + m - 1]];$
9　**wend**;
10　**end**.

算法执行过程中当需要右移 w（增大 pos）时，我们确保 w 中某个新位置与 $t[pos+m-1]$（这里 pos 是增大之前的值）匹配，且不会遗漏可能的解。如果 w 中不可能有可考虑的新位置，则将整个 w 右移，如图 6-10 所示。

根据数组 D 构造的方法，不用比我们也能知道两个 a 匹配。

这样的修改是否带来好处呢？我们得承认在最坏情况下，这个算法与基本算法性能一样差。对于某些输入，数组 D 中对任意字符 x，$D[x]=1$（文本中反复出现 w 中第二到最后一

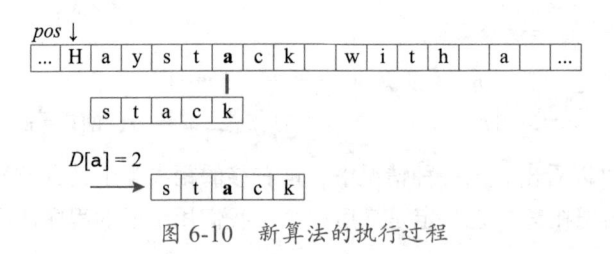

```
           pos↓
      ... H a y s t a c k   w i t h   a   ...
                      |
              s t a c k

      D[a] = 2
         →    s t a c k
```

图 6-10　新算法的执行过程

个字符)。对于这样的输入,BMH 只能和基本算法一样检查 *t* 中每一个位置。下面的例子中我们让文本 *t* =

1	2	3	4	5	6	7	8	9	10	11	12	13	14	15	16	17	18	19	20	21	22
a	a	a	a	a	a	a	a	a	a	a	a	a	a	a	a	a	a	a	a	a	a

假如要搜索的 *w*=baaaa。这时算法在 *t* 的每个位置上必须比较 5 次,因为前 4 次比较 a,到第 5 次才发现不匹配。而对于 *w*,*D*[a]=1,因此总比较次数是 18 × 5 = 90。

但在实际应用中遇到这样例子的可能性很小。几乎在所有实际应用中可能出现的输入上,新算法都比基本算法性能好很多。我们回到本章开始的例子做个比较,*t* 是:

1	2	3	4	5	6	7	8	9	10	11	12	13	14	15	16	17	18	19	20	21	22
H	a	y	s	t	a	c	k		w	i	t	h		a		n	e	e	d	l	e

要搜索的 *w*=needle,我们已经算出数组 *D*:

e	d	l	n
3	2	1	5

很容易验证基本算法找到一个 *w* 子串需要 24 次比较。改进后的算法快得多。为了计算 *D* 必须考虑 4 个不同的字符。后面搜索 *w* 只要 11 次比较,其中找到第一个 *w* 子串只用了 6 次。整个文本长度为 22,这就意味着并不需要查看所有文本中的字符(这个例子中只查看了一半)就可以找出所有的 *w* 子串。这听上去有点难以置信。关键在于逐个字母比较是从右向左进行的。我们有可能预知不匹配的情况。正因为我们是从 *t*[*pos* + *m*−1] 开始向左匹配,因此有可能判断当前遇到的 *t* 中的字符是否可能在后面与 *w* 中某个位置匹配。因此改进的根本原因就是将从左向右改为从右向左——小小的改动产生很大的作用。

第 7 章
深度优先搜索

Michael Dom,德国耶拿大学
Falk Hüffner,德国柏林洪堡大学
Rolf Niedermeier,德国柏林工业大学

在希腊神话中,Ariadne 是克里特国王 Minos 的女儿,她爱上雅典英雄 Theseus。传说 Theseus 杀死了半人半牛的怪兽 Minotaur。这是了不起的功绩,因为 Minotaur 躲藏在迷宫里。聪明的 Ariadne 为自己的英雄准备了一个毛线团。毛线团的一段固定在迷宫的入口,Theseus 进入迷宫后一面试探着前行,一面沿途放毛线。这样 Theseus 既能避免走回头路,又能确保回到 Ariadne 身边。

不仅古代的希腊人考虑如何搜索迷宫,这个问题在计算机科学中也有重要的意义。下面我们仔细讨论走迷宫的一种方法——深度优先搜索。

7.1 算法思想与实现

如前所述,问题是如何在整个迷宫中搜索。迷宫是一个有通道、死端和交叉路口构成的系统,我们的任务是探访每个路口以及每个死端至少一次。我们还要求在每条通道的每个方向上至多走一次——毕竟 Theseus 得留下足够力气打败 Minotaur 并回到 Ariadne 身边。

也许最简单的想法就是从入口进入迷宫后每遇到一个交叉路口就打上标记。一旦遇到死端或者已经到过的路口就转身返回上一个路口,在那里选另一个未曾试过的方向。假如在那里所有方向都试过了,那就再回溯到更前面的一个路口,以此类推。

这个做法能带我们达到目标吗?我们用粉笔代替毛线再细看上述过程。在每个交叉路口用粉笔标记延伸出去的每条路,前面走过一次的画一个记号,走过两次(两个方向)的画两个记号。具体地说,搜索迷宫的过程如下:

- 如果遇到的是死端,转身返回前一个交叉路口。
- 如果到达交叉路口,在来路的墙上画记号,供后面找返回的路使用。这里有几种可能:

   1. 首先,判断是否陷入了回路:如果你的来路上只有一个记号,但其他通路上已经有记号了,那你就陷入回路了。你应该在来路上再加一个记号随即沿来路返回。

   2. 否则,看看是否还有没尝试过的出路,有的话任意选其中的一条路(比如左侧第一条路),做上记号随即沿选中的路继续走下去。(其实在入口开始时也是这种情况。)

   3. 假如最多还有一条通路上仅有一个记号,其他通路都已经画了两个记号,那就意味着从这个交叉路口引出的所有通路你都试过了,这时你只能在有一个记号的通路上添上一个记号并沿此路离开当前的路口。如果所有通路都已经有两个记号,那你一定已返回起点,搜索也就结束了。

现在来看图 7-1 中的例子,寻找从起点 A 到目的地 F 的一条路径。我们仍然可以将这个问题理解为完整地搜索整个迷宫,只不过当目的地达到时,我们就停下来不走了。假设所有的死端只有到达才能被识别。

从 A 开始向北。首先到达交叉路口 C。在南侧出口留记号(1)。这里当然还不会有其他记号,可以选择任何无标号的出口前行,这里向西,标记(2)。接下来到达的 B 是死端,因此调头回到 C。这下西边的出口有就有两个记号了。南侧有一个记号,北侧还没有记号。于是你选择向北。E 类似于第一次来的路口,这里有三个出口可选,我们选择向西。转两个弯到达交叉路口 G,保持直行,留下两个记号(7 和 8)。H 又是一个死端,只能原路折返。这时在 G 只有一个选择,即左转向南到 E。在这里你第一次发现陷入回路了。进入 E 时在北

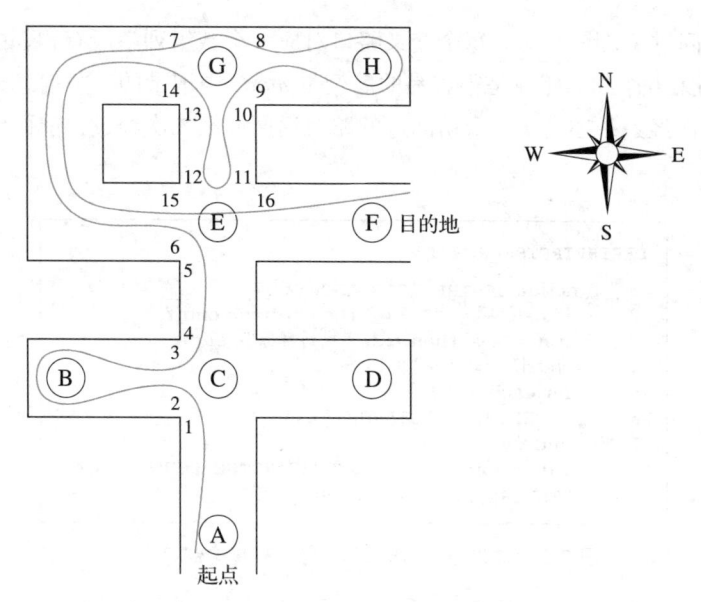

图 7-1 深度优先搜索迷宫的。寻找 A 到 F 的路径。数字是粉笔留下的标记

口标记（11）；但南侧已标了（5），西侧标了（6），这样就必须折返了。沿途经路口 G 和前面已走过的两个弯又回到 E。这时东侧出口尚未标记，可以继续，这样就到达目的地 F 了。

我们这里采用的方法称为深度优先搜索，因为在迷宫中我们总是尽可能往远处走，只有当无路可走或者遇到走过的地方时我们才回头。此时我们会回退一点到可能找到一条尚未试过的路继续往前走。

深度优先搜索方法非常简单，只需短短几行程序就可以教给计算机。在每个"交叉路口"我们保存一个"状态"，开始时所有状态均为"未发现"。在交叉路口 X 调用函数 DEPTHFIRSTSEARCH 时，该函数首先检查是否发现回路（见图 7-2，程序第 2 行）。接下来检查是否已到达目的地（程序第 3 行）——如果已到达则执行 exit，搜索完成。否则将 X 标记为"已发现"（程序第 4 行），继续进行。所有与 X 相邻的路口，只要是尚未被发现的都要访问。这可以使用程序设计中常用的技巧（即递归）来实现。我们在第 1 章中就介绍过递归方法。被递归调用的函数 DEPTHFIRSTSEARCH 如果发现 Y 已经被访问过了，即发现了回路，则函数立即返回（程序第 2 行）到 X 路口的调用函数。否则搜索过程在 Y 路口继续。

有时我们不希望用递归，因为每次实现递归调用需要额外的时间代价处理变量分配等问题。深度优先搜索也可以利用栈结构实现，避免使用递归。栈是一种用于存放数据的数据结构。新进栈的数据对象（本例中是交叉路口）位于栈顶，当前从栈中去除的一定是最近一个进栈的而因此位于栈顶的对象。对深度优先搜索，栈保存的是回溯的路径：当离开某个交叉路口 X 时，将 X 送入栈中，即放置于当时的栈顶，同时保存若干"出口"，表示有多少离开

X 的通路已经访问过（见图 7-3）。每个交叉路口对应一个数组列举所有相邻的路口，因此要查询比方说 X 的第五个相邻路口是很容易的。变量 $mode$ 中记录的有关信息指明当前我们选择的通路是第一次经过，还是从某个访问过的路口返回而第二次经过，前面已经在相反方向上走过。

```
DEPTHFIRSTSEARCH I
1   function DEPTHFIRSTSEARCH (X):
2       if state[X] = "已发现" then return; endif
3       if X = goal then exit "找到目标！"; endif
4       state[X] := "已发现";
5       for each X 的相邻路口 Y
6           DEPTHFIRSTSEARCH (Y);
7       end for
8   end function         // 函数 DEPTHFIRSTSEARCH 结束
9   DEPTHFIRSTSEARCH (start_junction);      // 主程序
```

图 7-2　采用递归方法的深度优先搜索程序代码

```
DEPTHFIRSTSEARCH II
1   X := start_junction;   mode := "向前";
2   repeat
3       if mode = "向前" then
            // 经由一条新通道到达此处
4           if state[X] = "已发现" then
5               mode := "向后";
6               栈顶元素 (X, exits) 退栈；
7           else    // 尚未经过的路口
8               if X = goal then exit "找到目标！"; endif
9               state[X] := "已发现";
10              if X 没有出口 then exit "目标未找到！"; endif
11              (X, 1) 进栈；
12              X := X 的第一个相邻路口；
13          endif
14      else    // 回溯
15          if exits < X 相邻路口个数 then
16              exits := exits + 1;
17              (X, exits) 进栈；
18              mode := "向前";
19              X := X 相邻路口数；
20          else    // 这里已经没有尚未搜索过的通道了
21              if 栈为空 then
22                  exit "目标未找到！";
23              else    // 继续回溯
24                  栈顶元素 (X, exits) 退栈；
25              endif
26          endif
27      endif
28  end repeat
```

图 7-3　无递归的深度优先搜索程序代码

7.2 应用

深度优先搜索不只用于迷宫。本节中我们可以看到它在完全不同背景下如何解决问题。

示例：Web 搜索

我们不再考虑在迷宫中探寻的 Theseus，而是考虑观察学生 Sinon 如何搜索网页。

Sinon 最近在同学 Ariadne 晚会上遇到一个可爱的女孩。Sinon 很想再见到她，可惜当时没来得及打听她的名字。怎么办呢？当然可以问 Ariadne，但 Sinon 有点不好意思，况且 Ariadne 也未必知道当晚所有在场人的名字。最终 Sinon 想出个好主意：为什么不到 fazebook.org 网站上试试呢？这是一个著名的社交网站，几乎所有年轻人都有个人主页在上面，通常会包含照片以及朋友的链接。因此 Sinon 打算先访问 Ariadne 的个人主页，从那里开始搜索她的朋友，再看朋友的朋友，等等。这样可能搜遍 Ariadne 的社交网，希望找到自己喜欢的那个女孩儿（但愿网上有她的照片）。Sinon 面对的任务是：从 Ariadne 的个人主页开始搜索 fazebook 中所有能链接到的当天晚会参加者的个人主页。如同上一节所述，关键难点一是不能不停地绕圈子，二是确保系统地检查所有能链接到的主页。只要对 fazebook 中的个人主页网应用深度优先搜索就可以解决问题。

假设 Sinon 从 Ariadne 的个人主页开始搜索，他点击 Ariadne 朋友列表中的第一个链接，到达 Theseus 的主页（见图 7-4）。Theseus 不是 Sinon 要找的人，Sinon 继续点击 Theseus 朋友列表中的第一个链接，并注意不使用指向已经访问过的页面的链接。Sinon 在网上浏览很熟练，知道该使用黑色链接，而不是灰色链接（这项辅助功能某种意义上相当于我们第一个例子中的粉笔记号是一个还是两个）。如果 Sinon 到达的主页拥有者并未参加晚会或者其朋友都被访问过了（所有链接都变灰色了），Sinon 就用"返回"操作回到前面的页面再继续搜索。与 DEPTHFIRSTSEARCH II 一样，浏览器"返回"功能利用栈；一旦点击链接，包含该链接的网页地址就会保存在栈中。当"返回"操作执行时，浏览器转向栈顶保存的地址并将该地址从栈中删除。

如果 Sinon 喜欢的女孩的主页中有照片，并且 Sinon 从 Ariadne 的主页出发通过链接能搜索到所有参加晚会的人（我们假设如此），Sinon 就一定能用这种方法找到那个女孩儿。如果 Sinon 最后通过"返回"功能回到了 Ariadne 的主页，而且所有可能的链接都试过了（都是灰色了），那就是 Sinon 运气不佳了。没找着，但至少 Sinon 可以确定自己没有遗漏什么。

示例：创建迷宫

不仅 Theseus 可以利用深度优先搜索，Minotaur 也可以用，不过是用来创建一个非常复杂的迷宫。方法很简单：画一个普通的网格图，所有方格之间都有"边界"相隔，从任意一个方格开始深度优先搜索，按照随机的顺序选择相邻方格递归地开始新的深度优先搜索。（随机顺序可以用第 25 章介绍的随机数算法生成）。每当首次访问一个方格时，跨越的那个边界即被删除，两个相邻的方格之间就有了通道。结果格局可能如图 7-5 所示。因为深度优先终将访问所有方格，这个过程会生成起始方格和任意方格之间的路径，不过未必容易发现。

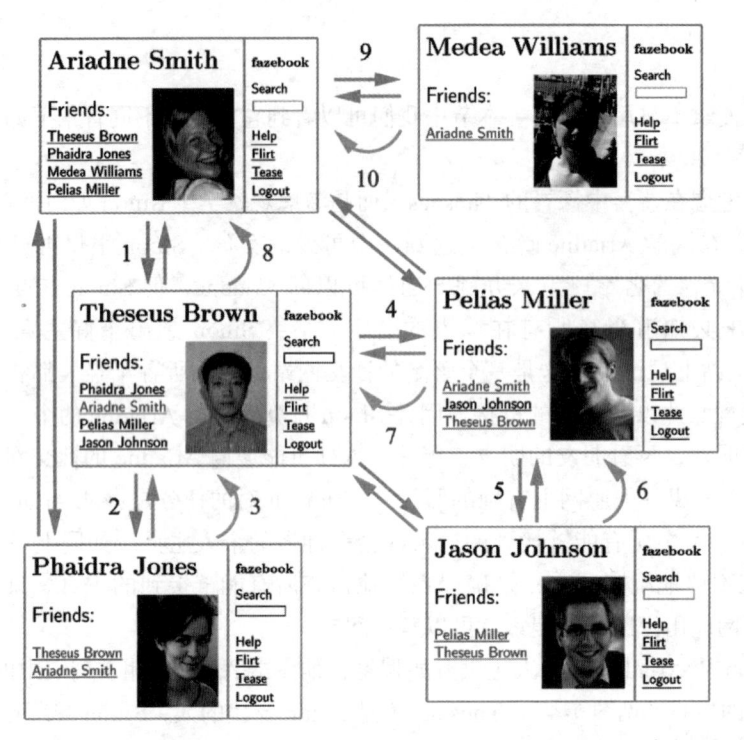

图 7-4　在 fazebook 中进行深度优先搜索：数字显示访问次序。直线箭头表示链接。曲线箭头指示"返回"操作。注意并非所有显示的链接都用，因为有些已访问过的链接呈灰色

图 7-5　深度优先搜索创建的迷宫示例

示例：电视秀

假设电视秀"相思妹"打算制作两季新节目。这个节目中候选人被放入"相思妹屋"中，整日整夜在摄像机的关注之下。为了愉悦观众，候选人尽可能经常出洋相，因此每一季节目中同在一屋的两个候选人不能相互有好感。加上新的候选人已经选定，但要根据"不能相互有好感"的原则确定哪些人出现在第一季，哪些人出现在第二季。

要解决这个问题，我们可以在纸上画出"好感关系图"。用圆圈代表每个候选人，这称为顶点；在相互有好感的候选人对应的顶点之间连条线，这称为边（如图 7-6 所示[○]）。现在的任务是给每个顶点着色，每个顶点用一种颜色，总共用的颜色不超过两种，必须保证任何两个有边相连的顶点使用不同颜色。一旦整个图着色成功，即可按照颜色将候选人分配到两季节目中。同样，可以用深度优先搜索找到需要的"2- 着色"：任选一个顶点，并任意指定两种允许颜色中的一种着色。接着从这个顶点开始进行深度优先搜索。每当搜索从顶点 X 进入一个未被访问过的顶点 Y，则选择不同于 X 的颜色给 Y 着色。如果 Y 前面已经被访问过，则检查 Y 的颜色是否与 X 不同，假如相同，则此问题无解，即不可能用两种颜色在不破坏规定条件的前提下给所有顶点着色。否则，深度优先搜索将产生着色，并能够为节目组提供所需要的解决方案[○]。

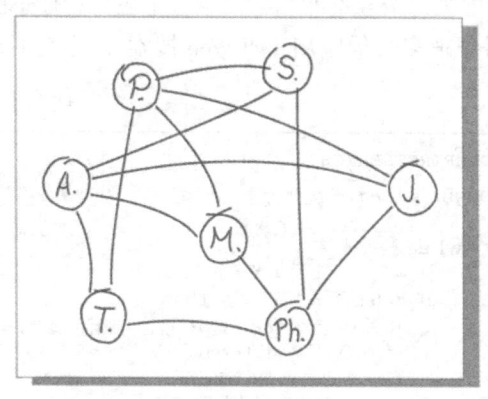

图 7-6 "好感图"：如果两个人互有好感，相应的顶点（标有姓名的首字母）之间有边相连

顺便说一下，能够用两种颜色按要求对图中所有顶点着色，那么这样的图称为二部图。二部图的充分必要条件是图中不包含奇数条边构成的回路。如果要制作的电视节目不是两季，而是三季，同样的问题要困难得多。其实没有人知道那样的话深度优先搜索是否还能有效。（问题在于每到达一个首次访问的顶点，可以选择的颜色有两种而非一种；我们不知道该选其中哪一种。）

○ 这种由顶点和边组成的图与函数图无关，因为它们在数学分析领域是已知的。"顶点 – 边图"可用于模拟各种环境和对象，例如，迷宫中每个死端和每个交叉路口都可以建模为顶点，迷宫中的每条路径可作为边。

○ 在特殊情况下，好感图由几个部分组成，这些部分叫作连接组件，其互不相连，可以对每个连接组件分别执行深度优先搜索。这甚至可以提供一种尽可能平均分配候选人的方法，只要交换一些连接组件的颜色。

示例：交通规划

下面介绍深度优先搜索的另一个应用。为了改善城市交通状况，议员 Hermes 希望部分街道规定为单行道。但 Hermes 必须注意不能引起开车人的恼怒。他改变可通行的道路网，绝不能造成无法进出的交通"孤岛"；换句话说城市的任何两点之间必须仍然是可达的。按照图论的表述方法，整个街道网必须是一个"强连通图"。这个问题也可以用深度优先搜索解决；我们留待第9章中仔细讨论。

7.3 广度优先搜索

深度优先搜索执行中可能很快会到达离起始顶点很远的地方；但在许多情况下，我们知道目标顶点离起始顶点不远。例如在 fazebook 中，可以假设需要找的主页离开始的页面最多三次链接。这时广度优先搜索更合适：广度优先搜索从起始顶点开始逐层往前推进，首先检查起始顶点的直接邻点（距离为1），然后是距离为2的顶点，等等。为此我们使用数据结构"队列"，而不是深度优先搜索中使用的栈。队列将最近插入的对象插入队尾，每次取出的是已排到队列首位的对象。在广度优先搜索过程中，一旦从队列中取出一个顶点，搜索就进入该顶点。因此广度优先搜索不能用于搜索整个迷宫：你不能只考虑列表中的交叉路口，在它们之间跳跃。对于很多其他应用（如 Web 搜索），这就不是问题。图 7-7 显示了广度优先搜索程序段的细节。

```
BREADTHFIRSTSEARCH
1    begin        // 初始队列为空
2        开始顶点入队，置于队列尾部；
3        while 队列非空
4            队列中第一个元素 X 出队；
5            if state[X] ≠ "已发现" then
6                if X = 目标 then exit 输出 "目标找到!"; endif
7                state[X] := "discovered";
8                for X 的每个相邻顶点 Y
9                    Y 入队，置于队列尾部；
10               end for
11           endif
12       end while
13   end
```

图 7-7 广度优先搜索程序代码

队列中的对象一定是尚未被访问的对象。开始时将起始顶点插入队列（第2行）。只要队列未空就重复以下过程：取出队列中第一个对象（第3行和第4行），将与该顶点相邻的所有顶点插入队列（第8行和第9行）。为了避免重复访问，一旦访问某个顶点，随即将它标识为"已发现"（第7行），已发现的顶点略过不处理（第5行）。

我们用深度优先搜索作为例子的同一个迷宫来看广度优先搜索（见图7-8）。开始时队列中只有 A。随即 A 被取出队列，而 A 所有邻点进入队列，这里只有 C。我们用 A 旁边的小方框显示队列当前状态。搜索过程继续，从队列中取出 C；严格说来，C 的四个邻点都应该进入队列，这里我们做一点小优化，已经被发现的 A 就不再入队了，因为即使后面取出也会被略去。这样 B、E 和 D 进入队列，在 B 点没有新的顶点被发现，我们直接进入 E，这里 G 和 F 进入队列，C 被忽略。在 D 点同样没有发现新的顶点，我们进入 G，这里 H 会进入队列，但未及处理 H 之前，我们就在 F 到达目的地了。

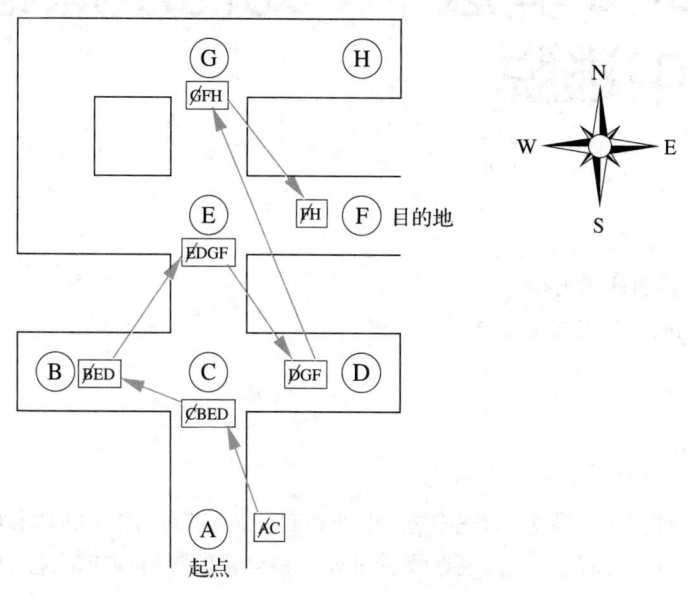

图 7-8　广度优先搜索迷宫的例子

很容易看出顶点访问顺序与图 7-1 中的深度优先搜索完全不同。在广度优先搜索中，顶点被访问的顺序是由它们与起始顶点之间的距离决定的，首先是 C（距离 1）；然后是 B、E 和 D（距离 2），最后是 G 和 H（距离 3）。这也意味着广度优先搜索总是找出到达目的地的最短路径，而不考虑更长的路径。

假如用栈代替队列，算法就是深度优先而不是广度优先了。但与 DEPTHFIRSTSEARCH Ⅱ 不一样的地方在于栈中并未保存回溯路径，只是记住经过的交叉路口，在那些路口通路能看见却还没直接走过。因此栈可能会比 DEPTHFIRSTSEARCH Ⅱ 用到的栈大很多。

那么对于具体问题我们该选哪个算法呢，是深度优先还是广度优先？深度优先采用递归方法，实现一般较简单，不像广度优先，还得维护队列这样的数据结构。况且，广度优先搜索一般需要更多存储空间，对于复杂问题，甚至会导致存储空间不足。但另一方面，广度优先搜索可以找出最短路径（基于边数），而且执行比较快。特别当图很大，而目标对象距离起始点不太远的情况下，深度优先搜索很可能陷入较远的区域而浪费时间。说到底，哪个算法更好取决于具体问题的性质。

第 8 章

Pledge 算法——如何从黑暗的迷宫中逃脱

Rolf Klein,德国波恩大学
Tom Kamphans,德国布伦瑞克工业大学

"哦,天哪!灯灭了!我怎么出去呢?也许独自一人在特里尔古罗马浴场下的隧道中探险真不是什么好主意。想起来了,最近我看过如何在交错的隧道构成的迷宫中搜索的系统方法:深度优先搜索。但很遗憾,需要有亮光才能用粉笔画记号,黑暗中该怎么办呢?难道我真要在地下隧道里过夜吗?"

现在我该怎么办?让我试试。我就径直小心地往前走,总该碰到墙。接下来我右转贴着墙走,左手始终摸着墙,一直到出口。这在下面的迷宫中还真有效,如图 8-1 所示。

可是假如遇到的是大柱子,可能会转圈的!(见图 8-2。)

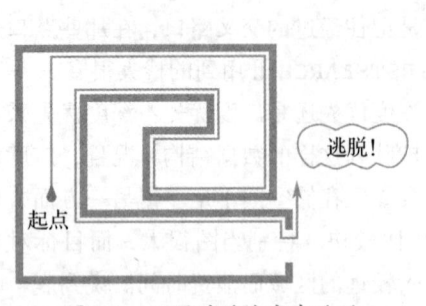

图 8-1 从黑暗的迷宫中逃脱　　　　图 8-2 遇到柱子的迷宫图示

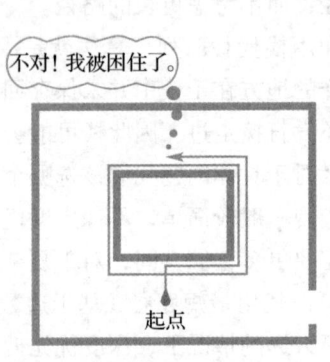

第 8 章　Pledge 算法——如何从黑暗的迷宫中逃脱

看来我们的第一个策略并非总是有效。我们需要脱离柱子。再试试！开始还是径直前行直到碰到墙；像前面一样沿墙走，一旦可以恢复开始时直行方向时就恢复直行，直到再次碰到墙，如图 8-3 所示。这下柱子也不是问题了。

但回到第一个例子这个方法又不行了，如图 8-4 所示。

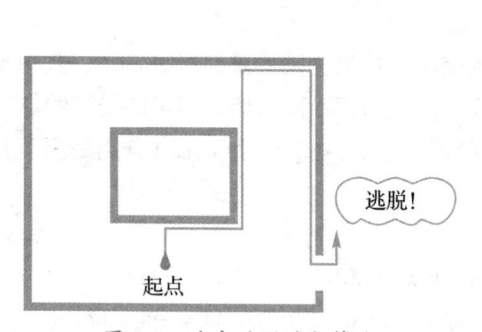

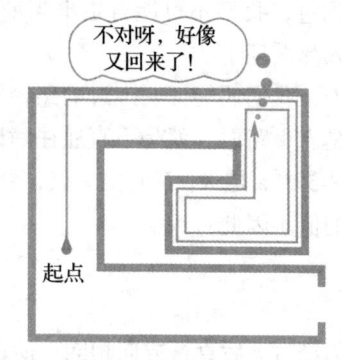

图 8-3　迷宫逃脱的新策略　　　　图 8-4　新策略无法用于图 8-1 中的迷宫

"真气人，怎么试都不行。总该有什么办法出去吧，否则我怎么进来的呢。"

当然有办法走出迷宫。我们需要对任何迷宫都能找到出路的算法，且不需要亮光，也不能用粉笔或 GPS 之类的工具。

令人惊奇的是这样的算法确实存在！

```
Pledge 算法
  1   将转弯计数器置为 0；
  2   repeat
  3     repeat
  4       保持前行；
  5     until 遇到阻挡墙；
  6     右转；
  7     repeat
  8       沿阻挡墙前行；
  9     until 转弯计数器值为 0；
 10   until 找到出口；
```

仅仅关注开始直行的方向是不够的，我们得记住贴着墙转了多少次弯。

简单起见，假设所有墙角像前面的例子中一样，均为直角。那么每次转弯只能是向左或向右 90 度。转弯计数的办法很简单，每次左转计数器加 1，每次右转减 1（包括第一次碰到墙时的右转）。

据说这个算法是 12 岁的男孩 Pledge 发明的。它确实有效，不仅在我们的例子中，对任何迷宫都有效。我们试试证明这个算法的正确性。

假设 Pledge 算法没能找到出路，必然是因为陷入了无休止地兜圈子。为什么呢？按照 Pledge 算法，变换方向的点包括：遇到障碍墙的转角无法直行；或者到达墙的转角时前行方向恰好和第一次遇到障碍墙时行进方向相同（此时计数器值为 0），此时即使墙不是障碍也不沿墙转弯，而是按照最早行进方向直行。如果我们有两次以相同的计数值到达上面这样的点那就一定会无止境地兜圈子，因为后面会完全重复前面的行进轨迹。

假设我们以相同的计数值到转角最多一次，包括等于 0 的情况也只出现一次。当所有转角均遇到过，我们不可能再走出当前的障碍区，因为一旦能走出迷宫，计数值不可能是 0，那又进入死循环了。

此外，我们还能证明走过的路径不可能自我交叉。如果交叉的是路段 A 和 B，其中至少有一个是自由路段，就是不直通往障碍墙的路段。两段路都沿障碍墙是不可能交叉的。

图 8-5 中 z 是 A、B 的交叉点，路径右转后随即经过 z'，$C_A(z')$ 和 $C_B(z')$ 分别是当时转弯计数器的值。因此：

$$C_B(z') = -1$$
$$C_A(z') = -1 + 4 \cdot k, k \in \mathbb{Z}$$

因为经过 z 后直行方向相同，所以当 $k \geq 1$ 时，$C_A(z') = C_B(c') + 4k = -1 + 4k > 0$。

但是转弯计数器的值不可能为正值。因为第一次遇到障碍墙时值被置为 -1。一旦它为 0，我们不再沿墙走。下一次再遇到障碍墙时值又被置为 -1。因此 $k \leq 0$。

如果 $k = 0$，则 $C_A(z') = C_B(z')$。这就意味着经过 z 点后，A、B 路段会始终重合。因此经过 z 后如果我们按路径 B 走，不会再遇到 A，反之如果按路径 A 走也不会再遇到 B。因此不可能两个路段都是无限循环的路径的一部分。

那就只要考虑 $k \leq -1$。那么，对于从 z' 到下一个 A、B 分开的点 v 之间的任何点 t 而言，$C_A(t) < C_B(t)$。而且 $C_B(v) = 0$（否则不会分开）。其情况必定如图 8-6 所示，v 之前这一段中两条路径并未交叉，只是"接触"。

图 8-5

图 8-6

现在我们已经证明：如果 Pledge 算法不能把我们带出迷宫，那一定是陷入无限循环，而且循环路径不存在自我交叉，如图 8-7 所示。

假设循环方向为逆时针，左转比右转多四次，每次循环计数器的值都会增加。最终一定是正值，但我们已证明这不可能。考虑顺时针方向，每一轮循环计数器的值减 4。这就意味着我们一直是沿着左侧的障碍墙前行，始终不离开，见图 8-8。这就说明我们是在一个封闭空间内，根本没有出路。

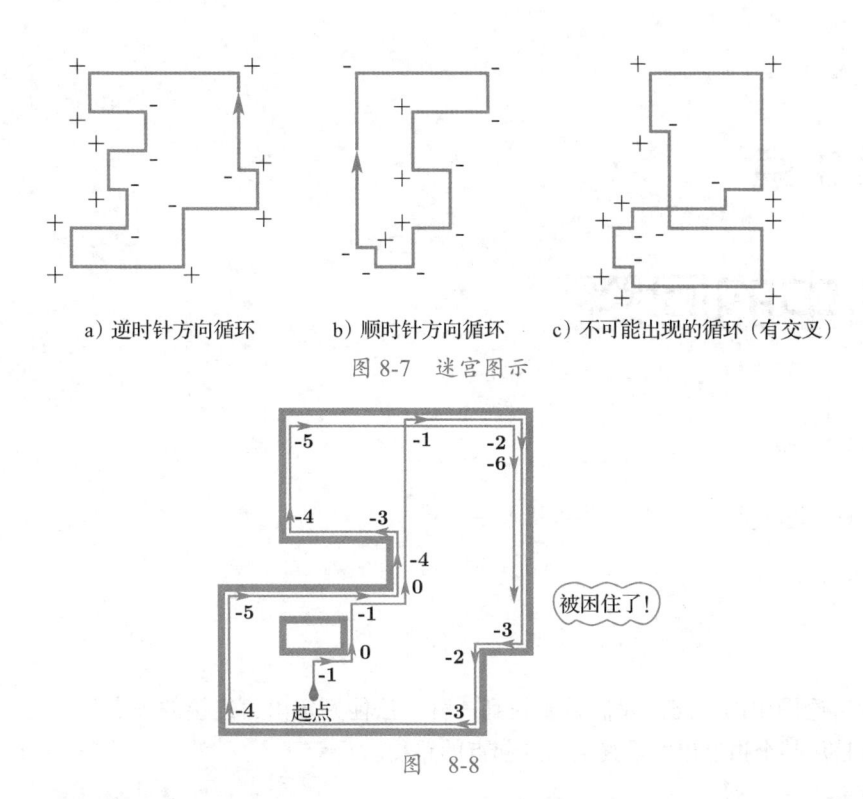

a)逆时针方向循环　　　b)顺时针方向循环　　　c)不可能出现的循环（有交叉）

图8-7　迷宫图示

图　8-8

网上可以搜索到能够创建迷宫并演示Pledge算法如何工作的小程序。顺便提一下，Pledge算法也可以用于转角不一定是90°的迷宫。但那样的话，仅仅记录转弯次数就不够了，必须准确记录转向的角度，如图8-9所示。

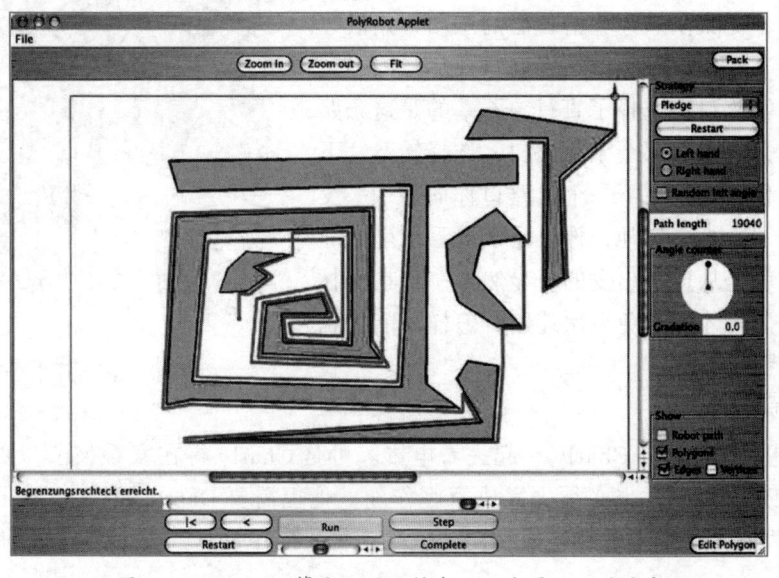

图8-9　Pledge算法可用于转角不一定是90°的迷宫

第 9 章

图中的回路

Holger Schlingloff，德国柏林洪堡大学

本章讨论图中的回路。我们希望找到一种方法能判定由边连接的顶点集中是否存在回路。回路是从某个顶点出发最终又回到起点的路径。

场景 1

设想你乘坐的飞机坠落在丛林中，你试图找到回文明世界的路。如图 9-1 所示，大自然在丛林中造出一些通路，除此之外到处是浓密的植被，看不见天空更看不见太阳。你收拾自己的东西开始沿一条路往前走。不久来到一个岔路口。你决定右转。在下一个十字路口你选择了直行。不幸的是这条路是死路：你只能走回那个十字路口，选择转弯。下一个岔路口你往左，在下一个岔路口你向右……突然前面出现一片林中空地，你看见了自己乘坐的那架飞机。你就是从这里出发的。显然你一直在丛林中兜圈子。怎样才能避免再次迷路，怎样才能找到返回文明世界的路呢？

图 9-1 在丛林中寻找出路

场景 2

Andy 想和 Benny、Charly 一起去看电影。可是 Charly 得在家看孩子，要等 Dany 来接替她才能走。Benny 也必须先完成家庭作业。他也需要 Dany 的帮助，Dany 答应一旦 Eddy 将在学校向她借的书送还给她立刻就来帮忙。Eddy 自己也在为家庭作业绞尽脑汁，

希望 Benny 用电子邮件把解答发来。为什么 Andy 可能无法和 Benny、Charly 一起看电影了呢？

这两个场景反映的是同一个问题：图中有回路。有向图是由顶点和边构成的结构，每条有向边从一个顶点指向另一个顶点。为了形象地表示图，顶点用圆圈表示，边则表示成顶点之间的箭头。例如每个人可以用一个顶点表示，如果 x 在等待 y，则在 x 和 y 之间加一条有向边。如果用姓名的首字母作为顶点名，则场景 2 如图 9-2 所示。

显然图中包含回路：B → D → E → B。这意味着有一个顶点序列由有向边相连，而且第一个顶点与最后一个顶点相同。Benny 在等 Dany、Dany 在等 Eddy、Eddy 在等 Benny。如果他们不能设法跳出这个循环，就得等上很久很久。像这样的回路可能导致永远无法终止的过程（例如场景 1 中丛林中不停地漫游）；或者胶着状态，参与者谁也动不了（例如场景 2 中如果没人主动停止等待，谁也看不了电影）。计算机中发生类似情况称为死循环（过程无法终止）或者死锁（过程陷入僵持状态，如图 9-3 所示）。不管哪种情况，程序都无法做出反应，必须由用户干预。因此识别并尽可能避免回路非常重要。

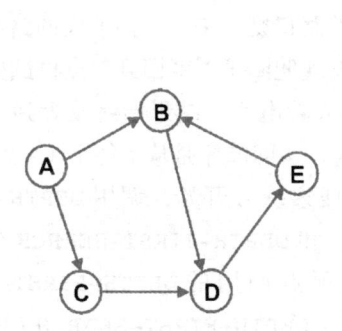

图 9-2　反映场景 2 的有向图　　　　图 9-3　交通死锁

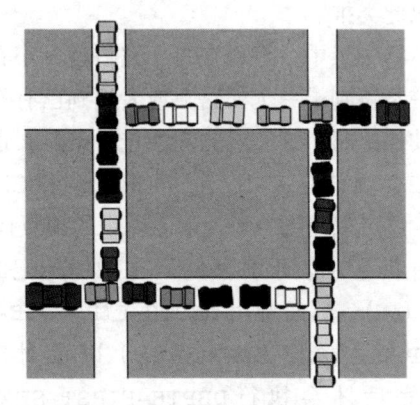

9.1　用深度优先搜索查找回路

我们在程序中如何实际查找回路呢？再看看场景 1：你在丛林中迷路了，要找出路。如果不想兜圈子，可以像著名的《格林童话》中的一段童话故事《汉塞尔与格莱特》中的主人公那样用小石子标记在密林中经过的地方。一旦发现前面留下的小石子就能知道这里来过了，不可能走出去。这个做法本质上和第 7 章中 Theseus 用 Ariadne 给他的毛线团（或者改用粉笔）标记迷宫中的路径是一样的。为了用计算机程序模拟丛林探险，可以采用第 7 章介绍的深度优先搜索（DFS）。首先用图表示丛林道路：用顶点表示每个岔路口，用边表示路口之间的通路。深度优先搜索算法如下所示（和第 7 章中的算法很相似）：

深度优先搜索

```
1   procedure DEPTH-FIRST-SEARCH(node x)
2   begin
3       if 到达目的地 then stop
4       else if x 未标记 then
5           标记 x;
6           for all x 的所有后续顶点 y do DEPTH-FIRST-SEARCH(y) endfor
7       endif
8   end
```

假设每个顶点开始时均是"未标记"状态。深度优先搜索从启动程序 DEPTH-FIRST-SEARCH(x_1) 开始,x_1 是任选的一个顶点。如果按次序排在 x_1 后面的是 $y_1, y_2, y_3, \cdots$,则程序 DEPTH-FIRST-SEARCH(y_1), DEPTH-FIRST-SEARCH(y_2), …会依次被调用。不过如果 y_2 的后继顶点是 $z_1, z_2, \cdots$,那么 DEPTH-FIRST-SEARCH(y_3) 要等到 DEPTH-FIRST-SEARCH(z_1), DEPTH-FIRST-SEARCH(z_2), …全部执行完后才能对 y_3 启动搜索程序。如果搜索到没有后继顶点的对象(死端),或者发现已经有标记的顶点,搜索中断,返回前面的顶点;以此类推。

在丛林场景中,你就在每个路口留下小石子作为标记,然后依次试探所有的出路。假如沿其中一条路到了一个死路上或者遇到已有石子标记的路口则按来路返回前面的路口,然后再尝试其他出路。这显然比随便走一条路,走不通或发现兜圈子了就回到起点再试更合理。

第二个场景是 Andy 等朋友 Benny 和 Charly 一起去看电影,结果始终没等到,电影也错过了。这可以用图 9-4 表示。图中的顶点代表每个人,访问顺序是从上往下(A 到 E);顶点旁标注的数字表示算法访问并添加标记的次序。搜索从 A 开始,调用 DEPTH-FIRST-SEARCH(A)。后面调用 DEPTH-FIRST-SEARCH(B) 和 DEPTH-FIRST-SEARCH(C)。只有当 DEPTH-FIRST-SEARCH(B) 以及对 B 的后继顶点调用的 DEPTH-FIRST-SEARCH 都执行完后才会执行 DEPTH-FIRST-SEARCH(C)。DEPTH-FIRST-SEARCH(B) 调用 DEPTH-FIRST-SEARCH(D),而 DEPTH-FIRST-SEARCH(D) 调用 DEPTH-FRIST-SEARCH(E)。DEPTH-FIRST-SEARCH(E) 会访问顶点 B,因为 B 也是 E 的后继顶点,但 B 已经有标记,说明前面已经被访问过,因此算法返回 D,并继续返回 B,直到 A;A 还有未被访问的后继顶点 C,这时会启动过程 DEPTH-FIRST-SEARCH(C)。C 唯一的后继顶点 D 已经有标记,因此算法返回 C,再返回 A。所有的调用均执行完毕,算法结束。

在图中寻找回路的目的是判定该图是否含回路,如果可能也希望将回路显示出来。我们稍稍改动算法,其中将边分为三类:

1. 搜索边:例如图 9-4 中的 A → C。
2. 旁路边:例如图 9-4 中的 C → D。
3. 回望边:例如图 9-4 中的 E → B。

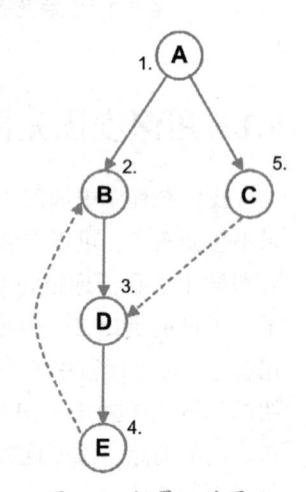

图 9-4 场景 2 的图示

有向图中只有回望边导致图中的有向回路。回望边与旁路边的不同之处在于：回望边指向的是尚未处理完毕（即尚未搜索完全部的后继顶点）的顶点，而旁路边指向已经处理完毕的顶点（算法已回溯到更早访问的顶点）。为了反映这样的信息，我们不仅仅区分顶点"已标记"和"未标记"，而是用"未处理""处理中"和"已完成"让算法记住每个顶点当前可能的三种状态。(在丛林场景中，可以用不同颜色的小石子来区分。)

```
探测回路的深度优先搜索
1    procedure SEARCH-CYCLE (node x)
2    begin
3        if mark(x) = "处理中" then 发现一个回路
4        else if mark(x) = "未处理" then
5            mark(x) := "处理中";
6            for all x 的所有后继顶点 y do SEARCH-CYCLE (y) endfor;
7            mark(x) := "已完成"
8        endif
9    end
```

在上面的例子中，调用次序如下：

```
SEARCH-CYCLE(A)  // A 未处理
| A 处理中
| SEARCH-CYCLE(B)  // B 未处理
| | B 处理中
| | SEARCH-CYCLE(D)  // D 未处理
| | | D 处理中
| | | SEARCH-CYCLE(E)  // E 未处理
| | | | E 处理中
| | | | SEARCH-CYCLE(B)  // B 处理中
| | | | | 发现一个回路
| | | | E 已完成 // 快照
| | | D 已完成
| | B 已完成
| SEARCH-CYCLE(C)  // C 未处理
| | C 处理中
| | SEARCH-CYCLE(D)  // D 已完成
| | C 已完成
| A 已完成
```

9.2 强连通分支

上面描述的 SEARCH-CYCLE 算法判断从搜索起点开始是否会有回路。但该算法不能识别哪些顶点在回路中。因此这个算法并不能解决场景 2 中的死锁问题，如果没法知道 Benny、Danny 和 Eddy 在回路中，他们就不可能主动采取措施打破死锁。

为了能打破死锁必须知道哪些顶点在回路中。算法必须记住"处理中"顶点的次序。在图 9-5 中当前发现的回路路径是 A → B → D → E → B，因此可以判定回路中包含 B、

D、E：我们发现路径中出现前面已经出现的顶点（这里是 B），那么这个顶点以及再次遇到该顶点前出现的顶点（这里是 D 和 E）都在回路中。一旦算法在某个顶点上结束或者要回溯到更前面的顶点，当前顶点应从路径中删除，因为这个顶点不可能在回路中，算法如下所示。

```
用深度优先搜索寻找回路
1   procedure FIND-CYCLE (node x)
2   begin
3     if mark(x) = "处理中" then
4       发现一个回路；
5       从 x 开始的当前路径经过的所有顶点均在此回路上
6     else if mark(x) = "未处理" then
7       mark(x) := "处理中";
8       加入 x,扩展当前搜索路径；
9       for x 的所有后继顶点 y do FIND-CYCLE (y) endfor;
10      mark(x) := "done".
11      从当前路径中删除 x ( 最后一个元素 )
12    endif
13  end
```

算法假设开始时所有顶点标注为"未处理"，初始搜索路径为空。

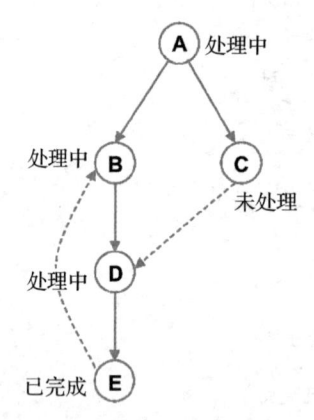

图 9-5　SEARCH-CYCLE 算法的断面示意图

如果图中有多个回路，那算法会怎么样呢？例如，在场景 2 中 Dany 也要等 Andy，图中需增加一条从 D 到 A 的边，如图 9-6 所示。

首先我们看到前面已经发现的回路 B→D→E→B。除此之外还有回路 A→C→D→A，结构与前面的回路一样。其实还能发现其他回路，如 E→B→D→A→B→D→E。如果两个顶点位于同一个回路上，我们就称它们连通，假如存在某个回路 A→…→E→…→A，那么 A 和 E 就连通。所有相互连通的顶点构成强连通分支（SCC）。

图 9-6　增加边后的例子

在强连通分支中每个顶点对其他顶点而言都是"可达"的。因此如果 A 和 E 连通，而且 A 到 C 有一条路，也必然有从 E 到 C 的路。可以理解强连通分支是一组可达性质相同的顶点。把每个强连通分支合并为一个顶点，由此得到的图称为原图的"商图"。商图不含回路。图 9-7 可以解释为什么如此：如果有回路使两个强连通分支相连，那这两个强连通分支必然"融为"一个更大的强连通分支。如果本来图中所有顶点相互都连通，那整个图是一个强连通分支，其商图只是一个顶点。

美国计算机科学家 Robert E. Tarjan 因为在算法设计与数据结构领域的贡献获得 1986 年图灵奖，他对上面的 FIND-CYCLE 算法进行了扩充。他提出的著名的强连通分支算法不仅能发现回路，还能发现从起始顶点能到达的强连通分支。为此每个顶点必须记住两个数字：深度搜索过程中的访问次序，以及此顶点所属的强连通分支中第一个被访问的顶点的序号。

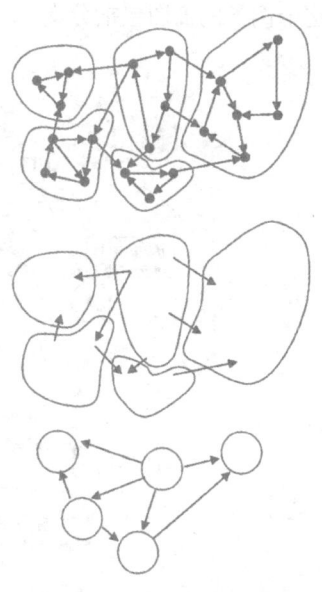

图 9-7　强连通分支和商图

强连通分支

```
1    procedure FIND-COMPONENTS (node x)
2    begin
3      if mark(x) = "处理中" then 发现一个回路
4      else if mark(x) = "未处理" then
5        mark(x) := "处理中";
6        depth-first-search-number(x) := counter;
7        component-number(x) := counter;
8        counter := counter +1;
9        加入 x, 扩展当前搜索路径;
10       for x 的所有后继顶点 y do
11         if mark(y) 不等于 "已完成" then
12           FIND-COMPONENTS (y);
13           if component-number(y) < component-number(x) then
14             component-number(x) := component-number(y)
15           endif
16         endif
17       endfor;
18       if depth-first-search-number(x) = component-number(x) then
19         找到强连通分支；此分支号对应的当前路径上
20         所有的顶点均属于这个连通分支。
21         for 所有这些顶点 y do
22           mark(y) := "已完成";
23           从当前路径中删除 y;
24         endfor;
25       endif
26     endif
27   end
```

计数器开始时设置为固定值（如 1）。运行 **FIND-COMPONENTS** 后顶点的标记见图 9-8。这个例子的商图包括分支 1、2 和 5；边为 1 到 2，1 到 5，以及 2 到 5。

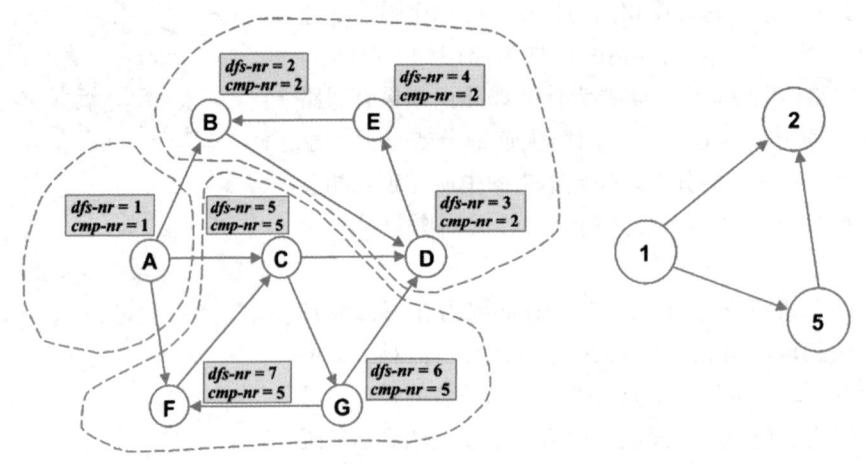

图 9-8 运行 **FIND-COMPONENTS** 后顶点的标记

9.3 用广度优先搜索查找回路

我们已知道深度优先搜索可以用于发现所有回路以及强连通分支。但假如目标只是判定搜索起点是否在回路中，算法可以更简单：用广度优先搜索可以确定从起始顶点能到达的所有顶点。假设我们有效率很高的方法可以计算任意顶点集合的所有后继顶点的集合（也就是从前一集合中某个点通过一条边即可到达的点的集合）。我们可以进行如下的广度优先搜索：从起始顶点开始，第一个集合仅含一个顶点，即起始点；第二个集合包含所有从第一个集合中可达的顶点，第三个集合包含从第二个集合中可达的顶点，以此类推。下面两种情况之一必然会出现：可能已没有更多的顶点可以考虑，也可能又遇到了起点。如果是后者则答案是起始顶点包含在回路中，有条回路从起点开始又走回了起点。如果搜索结束（没有更多的顶点可以考虑），我们并没有遇到起点，那显然它不在任何回路中。

```
广度优先搜索
1    procedure BREADTH-FIRST-SEARCH (node x)
2    begin
3        reachable := {}; front := {x};
4        repeat
5            front := {y | y 是集合 front 中某个顶点 z 的后继顶点，
6                         且 y 不在集合 reachable 中}
7            if x 属于集合 front then 存在从 x 到 x 的回路；
8            endif;
9            reachable := reachable ∪ front;
10       until front = {}
11   end
```

你可以想象广度优先搜索就如同你向平静的湖水中投一个石子，水波层层向前推进。波的前锋，也就是最外层的圈包含当时波能到达的最远的地方，如图 9-9 所示。

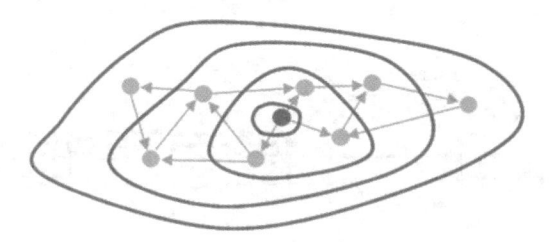

图 9-9 广度优先搜索示意图

广度优先搜索中循环次数不会超过顶点个数，通常会小很多。（精确地说，循环次数等于从一个顶点到其他顶点的最远距离。）

广度优先搜索能够快速高效地确定某个顶点是否在回路中。但是如果要找到所有的回路，那就得以每个顶点为起点运行广度优先搜索，这会导致运行时间大幅增加，远超深度优先搜索。在应用广度优先搜索时我们创建与管理两个顶点集合，一个是 *front*（保存首次访问的顶点），另一个是 *reachable*（保存所有从起点已达的顶点）。与深度优先搜索相比，要保存的顶点可能多很多。算法的复杂性（即搜索的时间空间效率）与采用的集合操作的效率相关。采用分别表示顶点和边的方式可以使运行时间与图中的边数成正比。对于很大的集合和关系也可以用所谓的二进制决策图符号化地表示，有快速库函数可用于高效实现广度优先搜索。

9.4 历史注记

计算机科学历史的早期就提出了寻找图中回路的问题。20 世纪 50 年代就在电路设计和数据流图中应用这个问题。20 世纪 60 年代就提出来了深度优先搜索和递归算法，当作回溯算法的典型例子。1972 年 Tarjan 发表计算强连通分支的算法，其重要应用包括通过图中的回路探测资源依赖图中发生的死锁：在多任务操作系统中可能由于同步出现错误而导致循环等待条件形成。最著名的示例包括 Dijkstra 提出的哲学家就餐问题以及 Lamport 提出的面包店算法。从 20 世纪 70 年代以来，要求玩家在虚拟的迷宫（图）中寻路的计算机游戏越来越多，其中可能包含许多危险，还要求玩家避免回路。在 20 世纪 90 年代开发出了新的能更有效识别回路并形成商图的算法和数据结构，能够在模型自动验证系统中搜索状态空间。这些方法为飞机、火车以及汽车中的安全敏感控制软件分析提供了基础。

第 10 章

PageRank——搜索万维网

Ulrik Brandes,德国康斯坦茨大学
Gabi Dorfmüller,德国康斯坦茨大学

万维网(WWW)是由数以十亿计的文件构成的网络,无疑它是互联网上最普遍的应用。万维网大部分由包含文本和图像的网页通过(超级)链接组成。即使一辈子只日日夜夜浏览网页,别的什么也不做,你也只能看到其中极小的一部分。因此要找什么东西必须得知道它在哪儿,如何连接到它。

现实中大家都通过搜索引擎浏览 Web,用少量的关键字查询包含所需信息的网页,并收到可能与查询相关的页面列表。利用许多计算机科学方法,现在的搜索引擎能够在极短的时间内从数亿网页中匹配用户查询。

如果查询 algorithm(算法)这个关键字,你会得到数以百万计的匹配结果,全部阅读是不可能的。因此搜索引擎必须按照结果与查询相关程度的高低给结果排序,首先显示那些似乎相关度最高的匹配结果。

> **测验题**
> 搜索引擎如何设法从往往数以百万计的查询结果中选出应该是用户最关心的那些内容?

今天世界上最著名的搜索引擎之一是谷歌(Google),它是第一个不但能在数量巨大的页面中尽心筛选,而且还能用一种特别聪明的方法对结果排序的搜索引擎。

除了许多很直观的排序标准,如查询的关键字出现在页面的什么位置(是否在标题中),以及许多说不清的经验规则,排序策略的核心是 Web 页面的链接结构。本章中将讨论称为 **PageRank** 的核心算法并解释其原理。

10.1 旅行者的行迹

页面应该以关注度高低作为排序原则，即在万维网中随机浏览时是否会有较高的频率访问它。这常常被用来解释 `PageRank` 算法的原理。我们将深入探讨这一点，但用完全不同的例子。

设想一下，在 18 世纪，数学家欧拉并没有证明柯尼斯堡七桥问题（见图 10-1）无解，而是找到了遍历七座桥的路径（参见第 28 章）。这条路径一定会出名，会列在城市的各种游览指南中，旅行者会成群结队地沿这条路径观光。当然也会有商贩在游客最集中的地方兜售纪念品以及食品饮料——但哪些地方是游客最集中的地方呢？

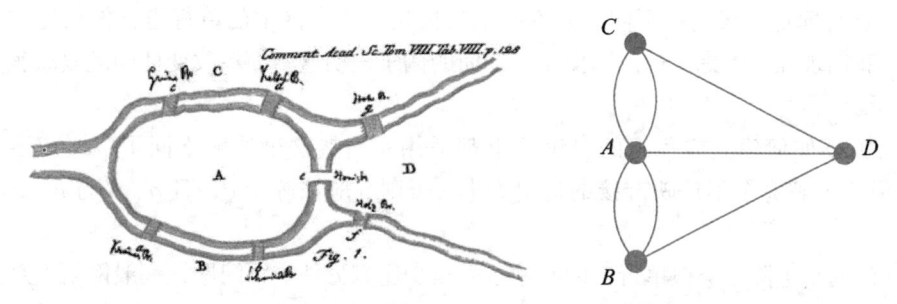

图 10-1 柯尼斯堡七桥问题图示

对于周游路径从哪里开始并不重要。不过由于每座桥恰好通过一次，我们至少能肯定任何地点被访问的频率应该等于通达那里的桥数量的一半。一座桥通往那里，另一座桥离开那里。最合适卖东西的地方就是最多桥交汇的地方，在图 10-1 中就应该是 A 点（在柯尼斯堡，这里叫作 Kneiphof）。

可惜这样的回路并不存在。我们只好假设游客们只是无目标地漫游。更具体地说，游客以相同的概率随机从可走的桥中选择下一座要经过的桥（这被称为"均匀随机"），也包括刚刚走过来的桥。他们走到某个特定位置的机会有多大呢？

我们考虑顶点 B，访问 B 的次数可以用直接与 B 相连的顶点（这里是 A 和 D）前面被访问的次数表示。如果下一个要经过的桥是以相同概率从可用的桥中随机选择，那么从 A 到 B 是 5 选 2，而从 D 到 B 是 3 选 1。因此未知数 b 可以用同样未知的访问次数 a 和 d 表示：

$$b = \frac{2}{5}a + \frac{1}{3}d$$

根据图 10-1，可以给出有关所以未知数的方程：

$$a = \frac{2}{3}b + \frac{2}{3}c + \frac{1}{3}d, \qquad c = \frac{1}{5}a + \frac{1}{3}d, \qquad d = \frac{1}{5}a + \frac{1}{3}b$$

有趣的是这个方程组的解是 $a = 5$，$b = c = d = 3$，或者这些值的整数倍。因此，这些未知数的值之间的相对大小保持不变，与欧拉回路存在与否没有关系！至于游客是根据确定路径遍历还是随意漫游也不会对商贩们选择做生意的地方有任何影响。还要指出，上述分析也适用于其他城市，与城市中桥的分布格局也没有关系。

10.2 Web 上的行迹

如果把 Web 页面上的超链接看作访问目标网页获得更多信息的一个推荐，我们可以问一个与在柯尼斯堡考虑位置时可能问的相同问题。假如一个用户并没有特定搜索目标，只是在万维网中随意浏览，哪个网页会被访问得最多？答案似乎应该依赖于指向一个页面的链接数，就像柯尼斯堡的桥一样。

有一点与柯尼斯堡的桥不同，万维网上的链接像街道网中的单行道，你只能按一个方向链接，我们现在不考虑"返回"操作。下面的例子表明这一简单改变使问题复杂很多，如图 10-2 所示。

前面关于如何建立方程组的讨论这里都适用，当然这里的解不同了：$a = b = c = 2$，$d = 1$。但这个解完全不反映链接的进出方向（否则 a 应该等于 d，且 a、d 与 b、c 不应该相等）。

真实的网络上除了类似单行道的问题之外至少还有另外一个问题，一般网络上总会有死端。如图 10-3 所示，加粗蓝色链接就指向一个死端。

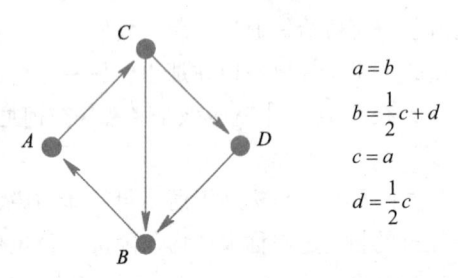

$$a = b$$
$$b = \frac{1}{2}c + d$$
$$c = a$$
$$d = \frac{1}{2}c$$

图 10-2　只能按一个方向链接的示例　　　图 10-3　指向死端的网络链接示例

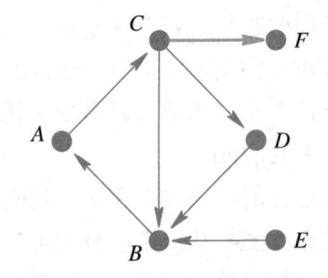

在这么简单的网络中死端很容易发现，谷歌也有办法消除它，但很多时候未必这么明显。在更大的网络中从 F 继续搜索下去可以进行，但也许无法再返回顶点 A，…，E。因为有些页面最终不可达，可能导致上述方程组的解提供的网页排序不合理。

用随机漫游柯尼斯堡类比网页浏览看来可比性不好。网页浏览时，就算当前网页上根本没有链接，或者我们对存在的链接不感兴趣，我们仍然有其他途径继续浏览，例如返回操作、书签，甚至还可以换个地址直接进另外的网页。

这些因素都可以纳入模型，得到的新的方程组只不过比原来的稍稍复杂一点。我们只需假设每隔一个固定的数量我们就不再继续链接，而是用其他手段转到一个全新的地址。比如我们可以选择每链接 5 次后就跳往新地址。我们还可以假设在任何 6 个网页之间不存在偏向，换句话说当搜索次数足够多时，每个网页被直接跳转到的机会相等。这样每个网页在任何时刻都有可能被访问,不存在任何死端。

$$a = \frac{4}{5} \cdot b + \frac{1}{5} \cdot \frac{1}{6},$$
$$b = \frac{4}{5} \cdot \left(\frac{1}{3} \cdot c + 1 \cdot d + e\right) + \frac{1}{5} \cdot \frac{1}{6},$$
$$c = \frac{4}{5} \cdot a + \frac{1}{5} \cdot \frac{1}{6},$$
$$d = \frac{4}{5} \cdot \left(\frac{1}{3} \cdot c\right) + \frac{1}{5} \cdot \frac{1}{6},$$
$$e = \frac{4}{5} \cdot 0 + \frac{1}{5} \cdot \frac{1}{6},$$
$$f = \frac{4}{5} \cdot \left(\frac{1}{3} \cdot c\right) + \frac{1}{5} \cdot \frac{1}{6}.$$

这个方程组只比前面稍微复杂一点,解起来并不困难。你可以用下面的实验验证方程组的解。

> 实验(选择至少 10 个对象,例如你可以用班上全体同学做例子)
> 每人从上面那个网络中任意顶点开始浏览,随机选择链接行进。必要时可以任选其他顶点继续,即使并非必须也可以随时任选其他顶点继续浏览。1 分钟后发指令让大家停下来,并记录最后访问的顶点。记录下每个顶点上的人数。

也可以拿本书作例子,这样更方便,可能对象也更多些。把每章当作浏览位置,其他章节中的"参见"作为链接。

如图 10-4 所示,每个矩形表示本书中的一章,矩形的宽度和高度由与其他章节之间的链接数决定。细而高的矩形表示链接到其他章节较少,而被链接较多。颜色是根据方程组计算的,代表链接网中的 PageRank 值:青绿色的矩阵代表 PageRank 值最低的章节,而橙色矩阵代表 PageRank 值最高的章节,其间的值用混合的颜色表示。

有关各种排序算法的章节确实是读者就像浏览万维网一样浏览本书时停留最多的地方,这也和这些内容在算法中的重要性相一致。

10.3 模型求解

上面介绍的模型不能直接用来比较网络查询返回结果的相对重要性,因为互联网搜索引擎搜索的网络太大,产生的方程组可能会含数以十亿计的方程。按照学校里教的方法现在最快的计算机也无法求解。

幸运的是上述方法生成的方程组有些特殊性质可以利用来找我们需要的解。况且我们也并不一定要精确解。下面介绍一种简单有效的算法,它可以快速地提供近似解。每个变量有一个方程,如果我们知道所有其他变量的值,那只要简单代入就可以得到最后一个变量的值。算法从任意的赋值开始(例如,开始时让每个变量有相同的非零值),然后从每个变量相关的方程中根据已知其他变量值得出当前变量的新值。以各变量的新值再重复进行,一直重复下去。

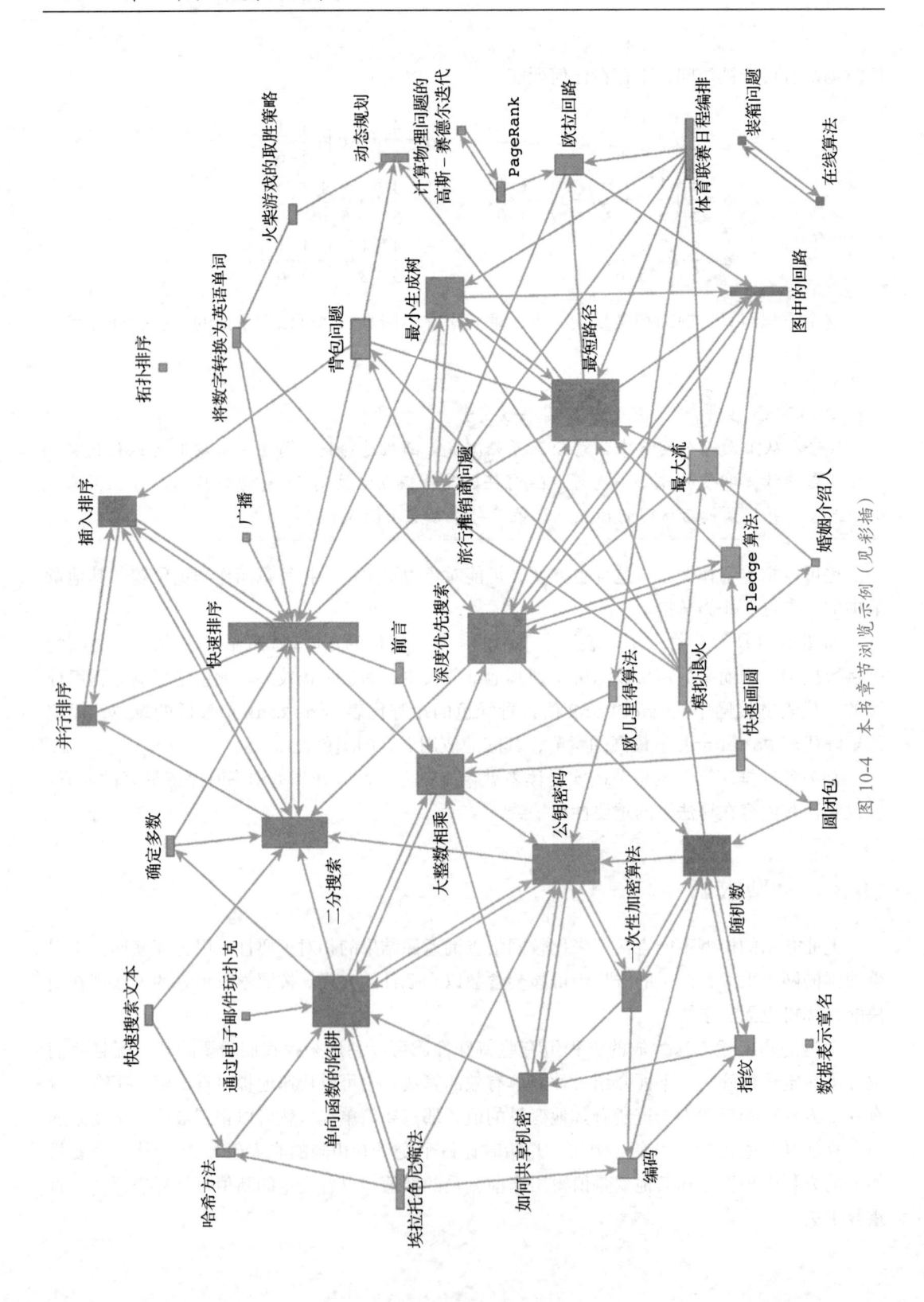

图 10-4 本书章节浏览示例（见彩插）

> **PageRank 算法（概要）**
> 1 初始化，将所有页面的关联分值置为 1
> 2 while 关联分值变化不显著
> 3 　对每个页面 P 做如下操作
> 4 　　给 P 置新的关联分值如下
> $$\frac{4}{5} \cdot \sum_{\substack{\text{对含 } Q \to P \text{ 链接}\\\text{的所有页面}}} \frac{Q \text{ 的关联分值}}{Q \text{ 的链接数}} + \frac{1}{5} \cdot \frac{1}{\text{页面数}}$$

表 10-1 显示了对上述 6 个顶点的例子的计算结果（保留 5 位小数）。

表 10-1　对有 6 个顶点的例子的计算结果

	起始值	第 1 步	第 2 步	…	第 11 步	第 12 步	…	答案
a	1.00000	0.83333	0.29467	…	0.10758	0.10740	…	0.10665
b	1.00000	0.32667	0.28222	…	0.09259	0.09241	…	0.09164
c	1.00000	0.83333	0.70000	…	0.12154	0.11940	…	0.11865
d	1.00000	0.30000	0.25556	…	0.06592	0.06574	…	0.06497
e	1.00000	0.03333	0.03333	…	0.03333	0.03333	…	0.03333
f	1.00000	0.30000	0.25556	…	0.06592	0.06574	…	0.06497

每一步的分值会有所改变，分值不再有明显变化时就说明接近精确解了。这个过程称为"收敛"。收敛到一定程度算法即终止。有关收敛性质的详细解释参见第 30 章。

10.4　结束语

通过阅读本章，你应该能回答以下问题：

> **测试题**：如果让你的朋友都链接到你的个人网页，它会上升到谷歌查询结果的顶部吗？
>
> **答案**：只是不太著名的朋友——你朋友自己的网页 PageRank 值足够高。

在网络分析这一重要的研究领域中人们研究了其他许多通过链接评分的方法，并试图将其用于网页相关性排序。细节上稍稍改动就可能对结果有很大影响。例如，我们可以改动跳转和沿链接转移之间的概率比例，也可以引入带有倾向的跳转策略。

算法的特殊实现以及相关性排序的更详细的内容是谷歌的知识产权，不会全部公开，但看上去效果还不太坏。

第二部分

算术与密码

Berthold Vöcking，德国亚琛工业大学

刚上小学的时候我们就会遇到基本的算术算法。老师教我们如何将两个多位整数加在一起：两个数上下对齐，然后从右向左逐位相加；碰到和超过十时则向左进位。在此基础上我们又学会如何将两个多位整数乘起来。我们用乘数中的每一位去乘被乘数，然后将得到的乘积适当移位再相加。小学里的这些算法规则简单，因此能很方便地用计算器或计算机执行，不过它们通常使用二进制而不是十进制。事实上，袖珍计算器比人算得更快，也更可靠。我们现在已不再习惯亲手去做算术运算了。

以下几章首先介绍用于不同算术运算的算法。第 11 章介绍比在小学里教的方法更快的乘法算法，尤其当要相乘的两个数非常大、位数非常多时效率提高更为明显。第 12 章讨论一种很聪明也很漂亮的算法，可以计算两个数的最大公约数。古代人就知道这个算法，而现在我们仍在使用它，尽管形式可能有变化。古代人甚至已经知道如何计算素数。第 13 章将介绍非常古老但仍然实用的埃拉托色尼筛法，它能计算值不大于特定数的素数表。

密码学处理信息的加密与解密问题。第 15 与 16 章介绍不同的密码方法。第 15 章介绍的是称为一次性密码（one-time-pad）的对称算法，即加密与解密采用相同的密钥。加密与解密者必须知道密钥。而第 16

章介绍的是非对称方法，加密者与解密者可以使用不同的密钥。加密所用的密钥可以公开，每个人都可以使用它对文本加密。但只有密钥拥有者才能对已加密的文本解密。当前在互联网上使用的密码大多数均为使用公钥与密钥的非对称算法。

第 17 章介绍如何分头共享信息。例如，一群海盗可以各自保存藏宝图的一部分，但必须大家凑在一起才能真正找到藏宝的地点。又如三个银行职员共享保险箱的密码，但要打开保险箱，必须有两个人将拥有的密码拼在一起。第 18 章介绍了密码方法中一个有趣的应用，如何让一组牌友通过电子邮件公正地玩牌。

第 14 章介绍对于密码学至关重要的单向函数。单向函数很容易计算，但其逆函数的计算则极为困难。如同大多数密码算法一样，其依赖于数论研究的成果。例如采用前面提到的整数相乘算法可以很快地计算两个数百位的整数；但如果只知道乘积，要将其分解为两个质因子则极为困难。其实第 16 章中的非对称密码算法就利用了这个困难。即使将所有现存的计算机加在一起，利用已知最有效的算法，在我们能够容忍的等待时间内也无法解决足够大的整数的质因子分解问题。

本部分余下的三章讨论数据编码与压缩问题。第 19 和 20 章介绍所谓的"指纹"和"哈希"方法，可以有效地压缩大数据集，以便使用较少的字位表示这些数据。当然有效的压缩会导致部分信息丢失，但我们只需传输较少的数据就可能判断两个数据集是否相同，就像通过指纹判定身份一样。第 21 章讨论的算法正好相反，不是压缩，而是通过添加少量字位来防止数据在传输时出错或丢失。特别值得提出的是近期的研究成果，即编码算法可以用于提高网络的传输能力。这种途径称为网络编码，仍然得到研究者的关注。

第 11 章

大整数相乘——比长乘更快

Arno Eigenwillig，德国马克斯·普朗克计算机科学研究所
Kurt Mehlhorn，德国马克斯·普朗克计算机科学研究所

小学里就教过整数相乘的算法。要计算两个正整数 a 和 b 的乘积，用 b 中每一位依次乘 a，并将结果逐行排列，按 b 的相应位对齐。将各行相加便得到 $a \times b$。以下即是一个例子：

```
    5678 · 4321
    ─────────
       22712
      17034
     11356
    5678
    ─────────
    24534638
```

用 b 中的一位乘 a 称为短乘，整个计算则称为长乘。如果 a 和 b 都是位数非常多的整数，即使用现代计算机计算也得费点儿时间。可是处理非常大的整数是计算机应用中经常需要解决的问题，例如互联网通信时用的密码（参见第 14 和 16 章）。还可以举出其他例子，例如求几何或代数问题的可靠解。

幸运的是我们有更好的方法计算乘积。这对于相关应用当然是好消息，但这方法本身也值得关注。长乘是我们都熟悉并认为很自然的算法，居然还能有实质性的改进真令人吃惊。

接下来我们将考察：
1. 用长乘计算两个整数的乘积需要多少代价？
2. 怎么能做得更快？

计算机科学家并不用分、秒来度量算法执行的时间代价，因为这与硬件、编程语言以及算法在机器中执行的细节有关（一年后计算机硬件可能速度更快）。度量算法时间代价时我们考虑"基本操作"执行的次数。所谓基本操作是指计算机或者人"一步"可以执行的操作。这里我们将（十进制）数字，即 0，1，2，…，9 的算术计算作为基本操作。

1. **两个数字相乘**：两个数字 x 和 y 的乘积可以用另外两个数字 u 和 v 表示：$x \times y = 10 \times u + v$。你肯定还记得乘法表。

例子：假设数字 $x = 3$，$y = 7$，则 $x \times y = 3 \times 7 = 21 = 10 \times 2 + 1$，所以得到的结果为数字 $u = 2$，$v = 1$。假如给的两个数字是 $x = 3$，$y = 2$，结果数字则为 $u = 0$，$v = 6$。

2. **三个数字相加**：假设给三个数字 x、y、z，它们的和可以用两个数字 u 和 v 表示：$x + y + z = 10 \times u + v$。很快大家就会知道为什么我们一次加三个数字。

那么在长乘中基本操作执行多少次呢？要回答这个问题，我们得先看看长乘中用到的两个更简单的算法：加法和短乘。

11.1 长整数的加法

两个整数 a 和 b 相加需要多少代价？当然这与两个数有多少位相关。假设 a 和 b 均为 n 位。如果两个数不一样长，可以在短的数前面补零，使其与另一个数位数相等。我们将一个数写在另一个数上面。从右向左，逐位相加。其结果 $10 \times u + v$ 告诉我们将 v 作为本列的结果数字，而 u 则进位至下一列。例如，给出两个四位数 $a = 6917$，$b = 4269$，其算式如下：

$$
\begin{array}{r}
6917 \\
4269 \\
\underline{1101} \\
11186
\end{array}
$$

最左列的进位 1 不参加如何计算了，直接写在结果的第一位。每列执行一次基本运算，即三个数字的加运算，总的基本运算次数为 n。

11.2 短乘：与一位数相乘

做长乘时，我们用被乘数 a 去乘乘数中的每一位 y。现在我们通过中间结果来仔细看看这个短乘：从右向左，用 a 的每一项 x 去乘 y，结果 $10 \times u + v$ 写为单独一行，并使 v 与 x 列对齐。当 a 中所有位计算完毕，则将全部两位的中间结果加起来，写为一行，这就是短乘的结果。

我们在回顾一下前面那个长乘的例子：5678×4321。要做的第一个短乘如下：

```
         5 6 7 8 · 4
               3 2
               2 8
             2 4
           2 0
         0 0 1 0
         ─────────
         2 2 7 1 2
```

我们执行了多少次基本操作呢？a 中的每一位均进行一次个位乘法，所以共执行 n 次。在上面的例子中，对于 5678 中的四位数必须执行四次基本乘操作。然后必须将所有中间结果加起来。这里共有 $n+1$ 列。最右边一列只有一个数，不用加，直接抄下来。其他各列有两个数以及一个进位值，执行一次基本加法操作即可。因此基本加法操作执行 n 次。这样，将一个 n 位整数与一个一位数相乘，基本操作执行次数为 $2n$。

11.3 长乘的分析

现在我们来分析两个 n 位整数 a 和 b 相乘需要执行多少次基本操作。如果两个数位数不同，可以通过在短的那个前面补零的方法使它们位数相等。

对 b 中每一位 y 做一次短乘 $a \times y$。如前所述，这需要 $2 \times n$ 次基本操作。而 b 有 n 位，所以一次长乘要进行 n 次短乘，总共要执行 $n \times (2 \times n)$ 次基本操作，即 $2n^2$ 次。

短乘的结果必须与 b 中的相应位对齐。为了分析简单，我们在空位中均补 0。

```
      5 6 7 8 · 4 3 2 1
      2 2 7 1 2 0 0 0
      0 1 7 0 3 4 0 0
      0 0 1 1 3 5 6 0
      0 0 0 0 5 6 7 8
      ─────────────────
      2 4 5 3 4 6 3 8
```

短乘的结果用前面说的方法相加，先将第一行和第二行加起来，再与第三行相加，以此类推，直到全部 n 行加起来。这需要 $n-1$ 次长加。如上例，$n=4$，则需要 3 次长加：22712000 + 1703400 = 24415400，24415400 + 113560 = 24528960，以及 24528960 + 5678 = 24534638。

这 $n-1$ 次长加需要多少次基本操作呢？要回答这个问题必须知道这一串加法的中间结果有多少位。稍加思考就可以看出：$a \times b$ 最多 $2n$ 位，而每次做加法，位数只可能增加，而不可能减少。所以，所有的中间结果位数最多不会超过最终结果的位数，即 $2n$ 位。因此，我们需要执行最大 $2n$ 位的长加共 $n-1$ 次。根据对长加的分析可知，其基本操作执行次数最

多 $(n-1)\times(2\times n)=2\times n^2-2\times n$。加上短乘的 $2\times n^2$ 次，两个 n 位整数相乘需要的基本操作总共为 $4\times n^2-2\times n$ 次。

让我们通过一个例子看看这意味着什么。假如要相乘的两个数真是很大，例如各有 100 000 位。这两个数一次长乘几乎需要 400 亿次基本操作，其中包括 100 亿次个位数乘。结果中每一位数平均需要 20 万次基本操作，这显然比例太高了。随着位数增加，比例甚至还会更高。100 万位的整数相乘几乎需要执行 4 万亿次基本操作，乘积中每一位数需要的基本操作平均达到 200 万次。

11.4 Karatsuba 方法

我们可以采用更聪明的方法。下面我们要介绍的算法可以用少得多的基本操作完成两个 n 位整数的乘法。这个方法是俄罗斯数学家 Anatolii Alexeevitch Karatsuba 提出来的，算法也由此得名。首先我们用这个方法计算一位、两位或四位数的乘法，然后再扩展到任意多位。

最简单的情况当然是计算两个一位数的乘积，即 $n=1$，只需要执行一次基本乘法，即个位数乘，立即可以得到结果。

接下来看 $n=2$ 的情况，即计算两个两位整数 a 和 b 的乘积。我们将 a 和 b 按照其十进制表示的两个数字拆分为两半：

$$a = p\times 10 + q,\ b = r\times 10 + s$$

例如，对于数 $a=78$ 和 $b=21$，可以得到：

$$p=7,\ q=8,\ 而\ r=2,\ s=1$$

这样乘积 $a\times b$ 就可以用以上数字表示为：

$$\begin{aligned}a\times b &= (p\times 10+q)\times(r\times 10+s)\\ &= (p\times r)\times 100 + (p\times s + q\times r)\times 10 + q\times s\end{aligned}$$

考虑上面的例子 $a=78$，$b=21$，可以得到：

$$78\cdot 21 = (7\cdot 2)\cdot 100 + (7\cdot 1 + 8\cdot 2)\cdot 10 + 8\cdot 1 = 1638$$

将乘积改写为上面的形式显示了如何用 4 次个位数乘加上加运算计算两位数 a 和 b 的乘积。基本操作的次数和我们前面分析的是一样的。

Karatsuba 提出的思想使得我们计算两个两位整数 a 和 b 的乘积只需要三次个位数乘。这三次乘用于计算以下三个辅助乘积：

$$u = p\times r$$
$$v = (q-p)\times(s-r)$$
$$w = q\times s$$

请注意 v 的计算，这里必须引入新的基本操作，即个位数减法。在计算 v 时用两次减法，其结果 $(q-p)$ 和 $(s-r)$ 一定还是个位数，但可能是负数。求它们的乘积只要一次个位数乘，但要应用乘法的符号规则（如"负负得正"等）。

为什么这样做有助于计算 a 和 b 的乘积呢？请看如下的式子：
$$u+w-v = p\times r + q\times s-(q-p)\times(s-r) = p\times s + q\times r$$

Karatsuba 的诀窍就是利用这三个辅助乘积 u、v 和 w 来表示乘积 $a\times b$：
$$a\times b = u\times 10^2 + (u+w-v)\times 10 + w$$

现在我们用 Karatsuba 的诀窍来计算上面的例子：$a = 78$，$b = 21$。Karatsuba 的三次乘法如下：

$$u = 7\times 2 \quad\quad = 14$$
$$v = (8-7)\times(1-2) = -1$$
$$w = 8\times 1 \quad\quad = \ \ 8$$

于是
$$78\times 21 = 14\times 100 + (14+8-(-1))\times 10 + 8$$
$$= 1400 + 230 + 8$$
$$= 1638$$

借助三个辅助乘积计算最终结果，我们需要执行两次基本减法、三次基本乘法再加上几次基本的加法和减法。

四位数的 Karatsuba 方法

解决了两位数的乘法，现在我们考虑 $n = 4$，即两个四位整数 a 和 b 相乘的情况。a 和 b 像前面一样拆分为两半，但现在每"一半"不再是个位数，而是两位数了：
$$a = p\times 10^2 + q,\ b = r\times 10^2 + s$$

我们像上面一样计算三个辅助乘积：
$$u = p\times r$$
$$v = (q-p)\times(s-r)$$
$$w = q\times s$$

也如同上面一样，我们可以这三个辅助乘积计算 $a\times b$：
$$a\times b = u\times 10^4 + (u+w-v)\times 10^2 + w$$

例：计算 $a\times b$，其中 $a = 5678$，$b = 4321$。

首先分别将 a 和 b 各拆分为两部分：$p = 56$，$q = 78$，而 $r = 43$，$s = 21$。辅助乘积计算如下：

$$u = 56\times 43 \quad\quad = 2408$$
$$v = (78-56)\times(21-43) = -484$$
$$w = 78\times 21 \quad\quad = 1638$$

于是
$$5678\times 4321 = 2408\times 10000 + (2408+1638-(-484))\times 100 + 1638$$
$$= 24080000 + 453000 + 1638$$
$$= 24534638$$

我们需要计算三个两位数的乘积，由前面的分析可知，采用 Karatsuba 方法，每一个需要执行 3 次基本乘操作，这样我们需要执行 3×3=9 次基本乘操作加上几个基本加减法操作。如果采用长乘则需要 16 次基本乘操作以及若干基本加法操作。

Karatsuba 方法用于两个任意长的整数相乘

回顾一下前面关于两个四位数相乘的 Karatsuba 方法，我们知道这可以通过三次两位数相乘来实现，当然两位数相乘时仍然采用 Karatsuba 方法。沿着同样的思路，很容易理解两个 8 位数相乘可以用三次 4 位数相乘实现，而两个 16 位数相乘可以用三次 8 位数相乘实现，等等。换言之，Karatsuba 方法适用于长度为 2 的整次幂的任何两个十进制整数相乘，即乘数的位数可以是 $2 = 2^1$，$4 = 2 \times 2 = 2^2$，$8 = 2 \times 2 \times 2 = 2^3$，$16 = 2 \times 2 \times 2 \times 2 = 2^4$，等等。

Karatsuba 的一般形式如下：两个 n 位整数 a 和 b ($n = 2 \times 2 \times 2 \times \cdots \times 2 = 2^k$) 拆分为：

$$a = p \times 10^{n/2} + q, \quad b = r \times 10^{n/2} + s$$

它们的乘积 $a \times b$ 按照如下公式计算，使用三次 $n/2 = 2^{k-1}$ 位乘法：

$$a \times b = p \times r \times 10^n + (p \times r + q \times s - (q-p) \times (s-r)) \times 10^{n/2} + q \times s$$

采用 Karatsuba 方法计算两个 2^k 位整数的乘积只需要计算 3 次 2^{k-1} 位乘法，而不是 4 次。表 11-1 比较了在计算两个 n 位数的乘积时，长乘与 Karatsuba 方法各自需要的基本操作次数。

表 11-1 计算两个 n 位数的乘积时，长乘与 Karatsuba 方法各自的基本操作次数比较

位数	Karatsuba	长乘	位数	Karatsuba	长乘
$1 = 2^0$	1	1	$128 = 2^7$	2187	16384
$2 = 2^1$	3	4	$256 = 2^8$	6561	65536
$4 = 2^2$	9	16	$512 = 2^9$	19638	262144
$8 = 2^3$	27	64	$1024 = 2^{10}$	59049	1048576
$16 = 2^4$	81	256	$1\,048\,576 = 2^{20}$	3486784401	1099511627776
$32 = 2^5$	243	1024	...	...	...
$64 = 2^6$	729	4096	$n = 2^k$	3^k	4^k

利用对数很容易将表中的项表示为 n 的函数：对于 $n = 2^k$，对应于长乘的列中的值是 4^k。用 log 表示以 2 为底的对数，则 $k = \log(n)$，于是：

$$4^k = 4^{\log(n)} = (2^{\log(4)})^{\log(n)} = n^{\log(4)} = n^2$$

而对于 $n = 2^k$，对应于 Karatsuba 方法的列中包含的值为：

$$3^k = 3^{\log(n)} = (2^{\log(3)})^{\log(n)} = n^{\log(3)} = n^{1.58\ldots}$$

我们返回前面讨论的两个 100 万位的整数相乘的问题。长乘需要执行约 4 万亿次基本操作，包括 1 万亿次一位数乘法。而采用 Karatsuba 方法，首先要在两个乘数前补 0，使得其位数成为 2 的整次幂，对于 100 万，这个值是 $2^{20} = 1\,048\,576$。这是必须的，否则连续使位数减半不能保证减到一位数。Karatsuba 方法"仅仅"执行 35 亿次基本乘法，只有长乘代价的 1/287。你可以想一下，我们常用"五分钟"表示很快，五分钟的 1/300 是 1 秒。所以

说 Karatsuba 方法确实计算代价小很多，在我们只对基本乘法执行次数计数时尤其如此。精确分析还必须将中间结果的加减运算考虑在内。在乘数位数很少时，长乘实际上更快一些。但是当位数增加，Karatsuba 方法的优越就表现出来了，因为它生成的中间结果相对较少。在什么情况下 Karatsuba 方法一定比长乘快取决于使用的计算机的特性以及大整数在机器中如何表示。

11.5 小结

Karatsuba 方法之所以有效，背后有两点技巧。

第一个是很通用的原理："两个 n 位数相乘"的任务被分解为几个形式相同但规模较小的任务，即"两个 $n/2$ 位数相乘"。我们连续分解，直到任务成为"一位数相乘"。这样的解题策略称为分治法。本书前面也介绍过这种策略，例如第 3 章中的快速排序。计算机并不需要为每个分解产生的规模不同的问题单独生成一个程序。我们采用一个带有参数的程序，参数用来表示分解得到的不同任务的规模 n。这个程序会用参数值 $n/2$ 去执行几次，处理分解出来的较小的任务。这称作递归，是计算机中最重要也是最基础的技术之一。本书前面也出现过递归，如第 7 章中的深度优先搜索。

第二个则是特别针对乘法的，就是将规模为 n 的任务分解为规模为 $n/2$ 的任务时，设法分解成 3 个子问题，而不是 4 个。这个差别看上去不大，但是通过在整个递归链中的积累，效果就非常明显了，这就使得在两个很大的数相乘时（这也意味着递归次数比较多）Karatsuba 方法优于长乘。

第 12 章

欧几里得算法

Friedrich Eisenbrand，瑞士联邦理工学院

本章将讨论的算法是古代文献中出现的最古老的算法之一。欧几里得在大约公元前 300 年撰写的《几何原本》一书中描述了此算法。今天这个算法是计算机科学多个领域的基石。正如第 16 章将介绍的，特别在密码学领域，许多程序依赖于我们是否能够高效地计算两个数的最大公约数。

设想一下你有两根细木棒，长度分别为 a 和 b，假设 a、b 均为整数。你要把它们截成小段，每段长度为相等的整数，并希望每段尽可能长。我们当然可以将长度为 a 的棒截为 a 个长度为 1 的短棒，将长度为 b 的棒截为 b 个长度为 1 的短棒。但有可能使每个短棒更长些吗？

我们的算法要计算截断的最大公共长度。下面描述算法的两个版本，第一个运行较慢，或者说效率较差；而第二个运行较快，效率较高。

假设 d 表示可能得到的最大长度。长度为 a、b 的棒分别被截为 a/d 和 b/d 段。在图 12-1 显示的例子中，长度为 a 的棒被截为 5 段，长度为 b 的棒被截为三段。

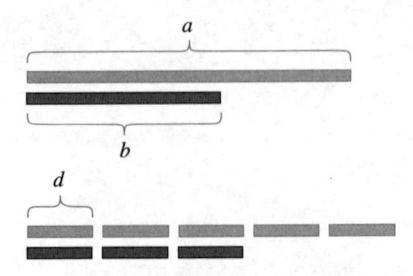

图 12-1　将两根细木棒截断为长度同为 d 的短棒

如果两根木棒一样长，即 $a = b$，d 的值立即可知，根本不需要截断。木棒本身的长度

就是可能的最大长度 d。因此我们下面可以假设 a 和 b 不相等，不妨设 a 大于 b。如果我们将两根木棒像图 12-2 所示挨着放置，一端对齐，就会有一个重要的发现：假如我们能将两根棒截断为长度均为 d 的短棒，我们可以先从较长的棒一端截下长度为 b 的一段。

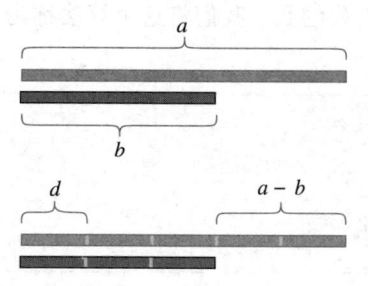

图 12-2 长度为 a 和 b 的木棒可以截得的最大等长也就是长度为 $a−b$ 和 b 的木棒可以截得的最大等长

剩下的木棒长度是 $a−b$，它同样可以截为长度为 d 的若干短棒。反之，如果我们能将这一段长度为 $a−b$ 的木棒与长度为 b 的木棒都截断为最大长度为 d 的短棒，当然也就可以将长度为 a 的木棒截断为若干长度为 d 的短棒。

我们将上面的观察总结为更精确的表述，就成为我们的算法背后的主要原理。

原理（P）
如果 $a = b$，则需要的 d 就等于 a。
如果 $a > b$，则对于 a 和 b 的最大截断长度就等于对于 $a−b$ 和 b 的最大截断长度。

现在我们可以给出计算对于 a 和 b 的最大截断长度 d 的算法。

最大等长段的截断长度
当两个棒剩余长度仍不相等便执行如下操作：
从较长的棒上截下与较短的棒等长的一段放到一边去。
上述操作不再执行意味着当前两个棒长度相等了。它们的长度就是我们要找的长度。

现在我们必须回答为什么上面的算法能得到结果，用计算机科学的说法，为什么算法会"终止"。它确实会终止。记住开始时两个棒的长度 a 和 b 均为整数。因此每次从长的棒上截下与短棒等长的一段，剩余的长度仍然是整数。具体说两个棒剩余长度不会小于 1。注意每一次截断截下来的长度至少是 1。由此可知算法最多执行 $a + b$ 轮操作。

12.1 最大公约数

以上分析说明上面计算出的长度 d 也一定是整数。这个整数既能整除 a，也能整除 b。采用数学表述方式，我们说存在整数 x 和 y，满足 $a = x \cdot d$ 且 $b = y \cdot d$。d 是使得上述 x 和 y

存在的最大整数。d 称为 a 和 b 的最大公约数。而 x, y 是能够分别将长度为 a, b 的棒截断为长度均为 d 的段的数量。

我们也可以不再提棒，用更抽象的描述讨论上述算法。算法的输入是两个正整数 a 和 b。算法的输出是 a 和 b 的最大公约数。我们将这个算法称为"慢欧几里得"算法，后面我们将解释为什么这样称它。

慢欧几里得

While $a \neq b$
  If $a>b$, then 用 $a-b$ 替代 a
  If $b>a$, then 用 $b-a$ 替代 b
输出 a, b 的共同值

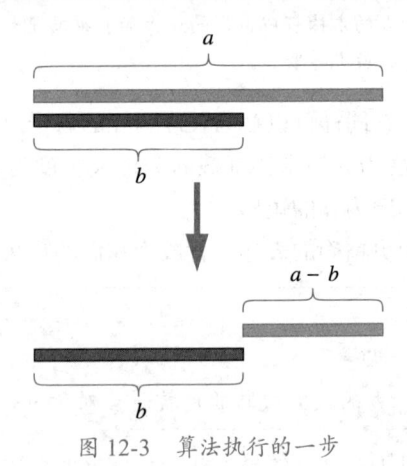

图 12-3 算法执行的一步

现在看一个小例子。

假设输入是 15 和 9。第 1 步，从 15 中减去 9 得到新的两个数 $6 = 15 - 9$ 和 9。第 2 步得到 6 和 3。第 3 步得到 3 和 3，算法输出 3。

下一个例子说明为什么这个算法称为"慢欧几里得"。假如输入 $a = 1001$，$b = 2$。算法执行过程先后得到的中间结果将会是

$$1001 \text{ 和 } 2$$
$$999 \text{ 和 } 2$$
$$997 \text{ 和 } 2$$
$$995 \text{ 和 } 2$$
……（许多轮中间结果）
$$3 \text{ 和 } 2$$
$$1 \text{ 和 } 2$$
$$1 \text{ 和 } 1$$

算法需要的执行时间很长是因为输入的第二个数比第一个数小得太多。

12.2 如何能提高算法的速度

在上面的算法中从 1001 中减去 2 需要做多少次呢？$1001 = 2 \cdot 500 + 1$。所以要做 500 次减法才能减到结果小于 2。

计算机执行带余数的除法效率很高。对于任意的正整数 a 和 b 计算机计算另外两个整数 q 和 r，使得 $a = q \cdot b + r$。其中 r 不小于 0，但严格小于 b。在上面的例子中 $a = 1001$，$b = 2$，$q = 500$，$r = 1$。

假如 a 和 b 是慢欧几里得算法的输入，且 $a>b$，如果 b 不能整除 a，那么算法会执行 q 次减 b 的操作，并得到不小于 1 的余数 r。假如 b 能整除 a，那执行 $q-1$ 次减 b 的操作将使得两个棒的长度相等。这意味着我们可以直接用余数 r 替代原来的 a，而不必做多次减法。最后会导致余数为 0，此时 b 就是我们要找的最大公约数，算法就此终止。

这就是下面的欧几里得算法的基本思想。

欧几里得算法
1 If $a<b$ 交换 a 和 b;
2 While $b>0$
3   计算整数 q, r，满足 $a=q \cdot b+r$，其中 $0 \leqslant r<b$;
4      $a:=b$; $b:=r$;
5 return a

12.3 分析

你很可能会想欧几里得算法比慢欧几里得算法快很多。为了证实这个猜想，让我们严格地分析一下算法中循环执行的次数。假设 $a>b$。在算法第 1 步中替代 a 的 r 会有多大呢？图 12-4 告诉我们余数 r 最大不超过 $a/2$。因为 a 至少是 $b+r$，但 $b>r$，所以 $a>2 \cdot r$。

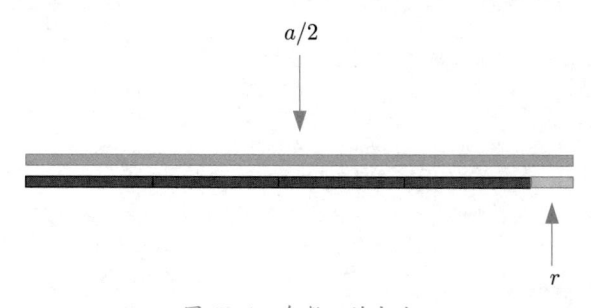

图 12-4 余数 r 的大小

于是，在第 1 轮中替代 b 的数最大不超过 $a/2$。而在第 2 轮中替代 a 的数最大也不超过 $a/2$。换句话说，两轮后两个数均不超过 $a/2$。

如果我们连续执行 $2 \cdot k$ 轮循环，那么两个数的值都不会超过 $a/2^k$。当 $k>\log_2 a$，两个值均为 0。这种情况其实不会发生，在那之前算法必然会终止。因此算法中循环的执行次数上限为 $2 \cdot \log_2 a$，这里仍然采用以 2 为底的对数。

在十进制中表示一个数 a 需要的位数与 $\log_2 a$ 成正比。这说明采用慢欧几里得算法，循环次数与 a、b 本身的值成正比，而采用欧几里得算法，循环次数与 a、b 的十进制表述的位数成正比。这导致运行时间差别巨大。

12.4 一个例子

最后我们手动计算 $a = 1324$ 和 $b = 145$ 的最大公约数。

第 1 次带余数的除法是 $1324 = 9 \cdot 145 + 19$。接下来 a 被置为 145，而 b 则是 19。

第 2 次带余数除法是 $145 = 7 \cdot 19 + 12$。第 3 次带余数的除法是 $19 = 1 \cdot 12 + 7$。后面的计算分别是 $12 = 7 + 5$，$7 = 5 + 2$，$5 = 2 \cdot 2 + 1$，$2 = 2 \cdot 1 + 0$，就此我们知道 1324 和 145 的最大公约数为 1。如果两个整数的最大公约数是 1，我们称这两个数"互质"。

第 13 章

埃拉托色尼筛法——计算素数表能有多快

Rolf H. Möhring，德国柏林工业大学
Martin Oellrich，德国柏林工程应用科学大学

素数是除 1 与其自身外没有其他整除因子的自然数。素数在自然数集中的分布没有呈现出规律。正是这个不规则性许多世纪以来一直激发了数学家的好奇心与研究兴趣。

n 以内的素数表列出自然数 1 到 n 范围内所有的素数，其开始部分如下：

$$2, 3, 5, 7, 11, 13, 17, 19, 23, 29, 31, 37, 41, \cdots$$

多年来人们提出了许多关于素数的问题，但是这些问题并未都得到了解决。这里有两个例子。

哥德巴赫（1694—1764）在 1742 年发表了他的一个有趣的发现：

"任意不小于 4 的偶整数可以分解为两个素数之和。"

例如，我们发现：

$$4=2+2,\ 6=3+3,\ 8=3+5,\ 10=3+7,\ 等等$$

这个命题要求对每个不小于 4 的偶整数至少给出一个相应的素数的和式，但实际上对于大多数偶数，这样的和式不止一个。下面的图是根据素数表画出来的，横坐标表示偶数，纵坐标反映了每个偶数对应的不同素数对的个数。

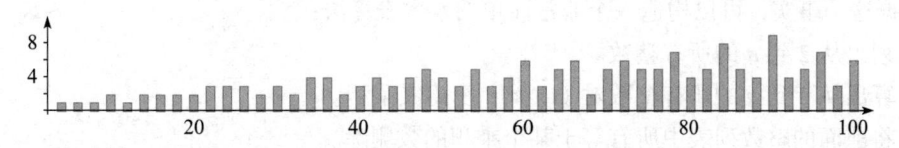

随着 n 增大，纵坐标值呈现略微递增的趋势。至今没有发现任何不小于 4 的偶数不满足

此命题，但也没有能够证明这个命题对所有的不小于 4 的偶数一定成立。

高斯（1777—1855）通过对素数计数的方法研究素数的分布，并定义了如下函数：

$$\pi(n) = 1 \text{ 到 } n \text{ 之间素数的个数}$$

下图所示为此函数图像。

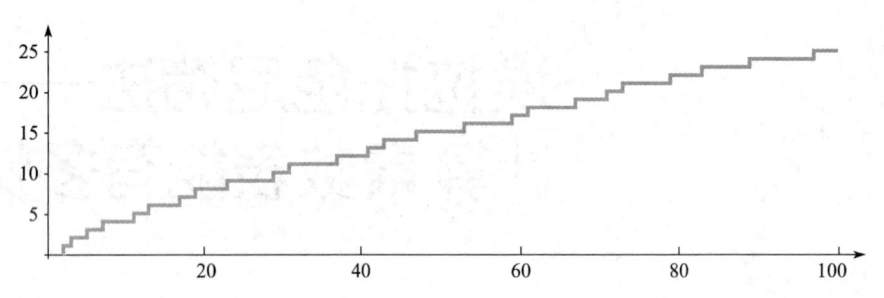

这样的函数称为阶梯函数，原因很明显。高斯定义了一个对任意大的 n 能尽可能逼近 $\pi(n)$ 的连续函数。要描述高斯的方法并检查其结果是否有效，需要构造素数表。（这个问题已经解决了，但更深入的讨论超出了本书范围。）

今天，素数不仅仍然对数学家是个挑战，同时也有很大的应用价值。例如非常大的素数在电子密码学中发挥核心作用。

13.1　从思想到方法

就我们所知，一位名叫埃拉托色尼（公元前 276—公元前 194）的古希腊人提出了第一个计算素数的算法。他是亚历山大城一位地位很高的学者，担任过历史上保存古代知识最为完备的亚历山大城图书馆的馆长。他与其他学者研究了那个时代天文、地理与数学方面最关键的问题，诸如地球的直径是多大？尼罗河发源于何处？怎样构造一个立方体使其体积为两个已知立方体体积之和，等等。

下面我们按照埃拉托色尼的做法将一个基本的思想转化为实用的方法。即使在他那个时代，人们也能在纸草或沙地上按这个方法进行计算。我们还要探究要计算一个足够大的素数表究竟能算得多快。所谓"大"是在 10^9 的数量级上，比方说 10 亿。

简单的思想

根据素数的定义，对于任意的非素数 m，存在两个自然数 i 和 k，满足：

$$2 \leq i, k \leq m \text{ 且 } i \cdot k = m$$

根据这一事实，可以构造一个非常简单的素数表算法：

- 列出从 2 到 n 的所有整数。
- 算出从 2 到 n 的所有整数对 (i, k)，算出其乘积。
- 将前面的整数列表中所有等于某个乘积的数删除。

显然这个算法就是我们要的素数算法，因为经删除能剩下的数不是任意 i 和 k（$2 \leq i$,

$k \leqslant n$)的乘积，因此它们一定是素数。

13.2 计算有多快

为了对算法进行分析，我们更精确地写出算法的每一步，并按行排列如下：

```
素数表（基本版）
1  procedure PRIME NUMBER TABLE
2  begin
3     将从 2 到 n 的所有整数列在一个表中；
4     for i:= 2 to n do
5         for k:= 2 to n do
6             删除表中的数 i·k；
7         endfor
8     endfor
9  end
```

在第 6 步中，如果数 $i \cdot k$ 在表中不存在，则不执行任何操作。

这个算法很容易在计算机上编程实现，我们便可以测量其执行时间。在 Linux PC（3.2GHz）运行得到如下的运行时间数据：

n	10^3	10^4	10^5	10^6
时间	0.00 秒	0.20 秒	19.4 秒	1943.4 秒

很明显，n 增大 10 倍会导致时间开销大约增加 100 倍。这是可想而知的，因为当 i 和 k 各自的取值范围扩大 10 倍时，形成的乘积 $i \cdot k$ 的数量会增加 100 倍。

由此我们可以分析当 n 为 10^9 时所需的计算时间：我们必须在表中对应于 10^6 的时间值上再乘一个因子 $(10^9/10^6)^2 = 10^6$，结果是 $1943 \cdot 10^6$ 秒 = 61 年 7 个月。显然在应用中这是不现实的。

13.3 算法将时间耗费在何处

算法必须生成一定范围内所有的乘积（见图 13-1a）。

可实际上每个乘积 $i \cdot k$ 只需要一次。一旦从列表中删除，算法完全没有必要再生成同样的乘积。多余的工作出现在何处呢？当 i 和 k 的值恰好互换时就会出现多余的计算，例如对 $i = 5$，$k = 3$ 计算了乘积，后面遇到 $i = 3$，$k = 5$，因为乘法满足交换律，又计算出相等的乘积。因此，假如我们限定 $k \geqslant i$ 就可以避免这样的冗余（见图 13-1b）。

这一想法立即可以省去一半代价，对计算素数表需要等上 30 年 10 个月仍然是太长了。在哪里还能省下更多时间呢？算法第 6 步什么情况下不会执行？当 $i \cdot k > n$ 时。列表中的数最大到 n，所以不可能删除大于 n 的值。

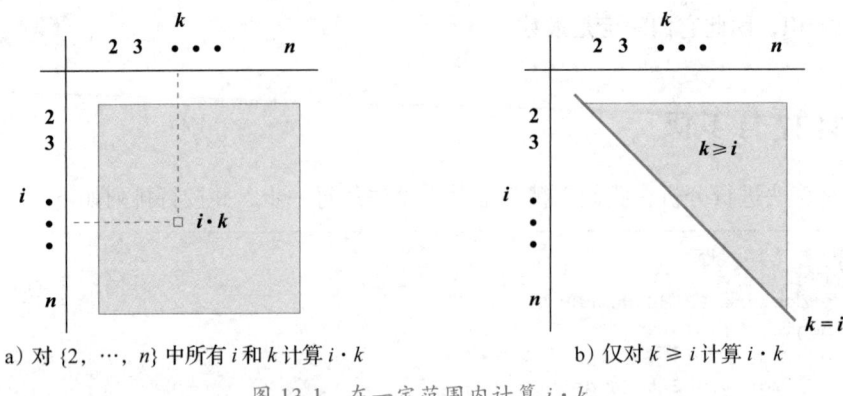

a) 对 {2, ⋯, n} 中所有 i 和 k 计算 i·k
b) 仅对 k ≥ i 计算 i·k

图 13-1 在一定范围内计算 i·k

因此算法的第 5 步中的 k 循环只会在 k 满足 i·k ≤ n 时才会执行，由此立即可知有效的 k 值范围是 k ≤ n/i。这也提示我们，同样可以限制 i 值的范围。同时考虑 i ≤ k ≤ n/i 可得 $i^2 \leq \sqrt{n}$，并最终得 $i \leq \sqrt{n}$。当 i 足够大时，没有需要考虑的 k 值。需要考虑的 i 和 k 值的范围如下图所示：

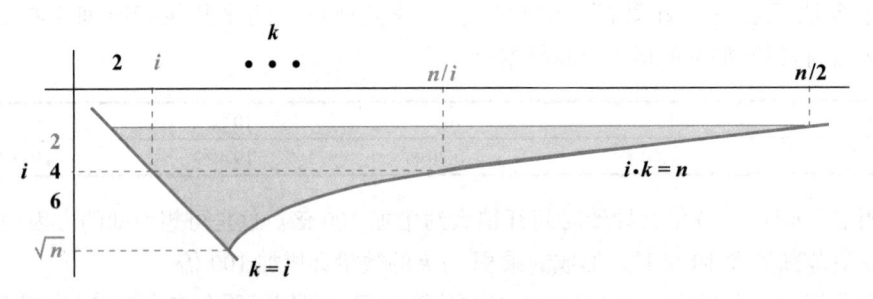

现在算法可以改进为如下形式：

素数表（改进版）

```
1  procedure PRIME NUMBER TABLE
2  begin
3      将 2 到 n 的所有整数列在一个表中；
4      for i := 2 to ⌊√n⌋ do
5          for k := i to ⌊n/i⌋ do
6              从列表中删除数 i·k
7          endfor
8      endfor
9  end
```

（⌊·⌋ 表示向下取整，因为 i 和 k 只能取整数值。）

算法快了多少呢？改进的算法时间代价如下：

n	10^4	10^5	10^6	10^7	10^8	**10^9**
时间	0.00 秒	0.01 秒	0.01 秒	2.3 秒	32.7 秒	**452.9 秒**

收益还是可观的。我们可以仔细看看 $n = 10^9$ 的情况：只需等待 7 分半钟。让计算机去算吧，我们利用这段时间看看是否还能改进！

我们需要 i 取所有的值吗？

我们来更仔细地看一下算法第 4 行 i 循环的执行情况：i 保持一个固定值，而 k 遍历所有可能的取值（算法第 5 行）。在此过程中 $i \cdot k$ 依次为：
$$i^2, \; i(i+1), \; i(i+2), \; i(i+3), \; \cdots$$

因此，当 k 循环结束时，除 i 本身之外其他 i 的整数倍不可能还留在列表中。对于小于 i 的其他数的整数倍情况也一样，因为前面同样会被删除。

如果 i 不是素数。例如 $i = 4$，$i \cdot k$ 的值包括 16，20，24，$\cdots$。由于 4 本身是 2 的整数倍，这些数也是 2 的整数倍。其实当 $i = 4$ 时这些数已经在前面被删除，不再需要做任何事。对于其他大于 4 的偶数情况也是如此。

再如 $i = 9$，在 i 循环中得到的乘积是 9 的整数倍，也必是 3 的整数倍。在 $i = 3$ 的循环中这些数已经被删除，这里再列出就多余了。这对于所有非素数都一样，它们所包含的质因子一定是前面已经遇到过的某个 i 值。由此可知，i 循环只需对素数执行。如下图所示：

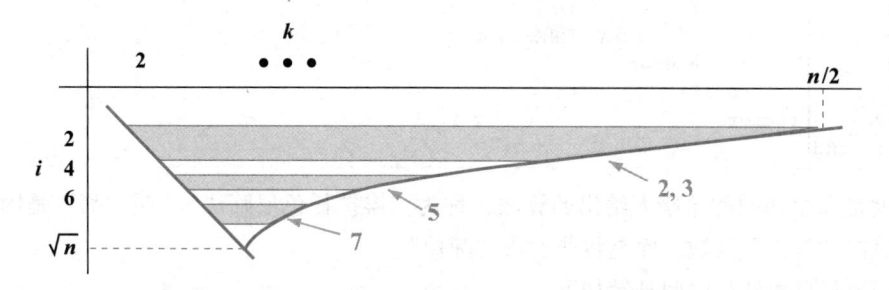

至于 i 是否为素数可以在素数表中查，前提是表是完整的。那是否意味着我们首先必须完成表的计算才能信任它呢？

答案是"对也不对"。总的来说是对的；并不需要等算法结束我们就可以简化算法。例如当 $n = 100$，91 不是素数，必须从列表中删除。只有当 $i = 7$，$k = 13$ 时我们才能删除 91，此时算法已进入最后一个 i 循环了。

但我们现在面对的是特殊情况。我们的目的并非判断任意的数是否为素数，只是判定特定的 i 是否为素数。而且我们需要判定的时刻也是特殊的：我们只需要在特定的 i 循环开始执行 k 循环之前判断 i 是否为素数。在此情况下，当前的素数表关于 i 是否为素数的信息一定是正确的。为什么？

从上面的讨论可知，对每个特定的 i，删除的值满足 $i \cdot k \geq i^2$。从另一个角度看，2，$\cdots$，$i^2 - 1$ 值域内的数不受影响。随着 i 值的增大，这个值域会扩大，并包含先前的值域。在下面的图中我们用方框标示这个值域。表的每行中第一个"错"数以蓝色标示。

86　第二部分　算术与密码

			$i^2-1=3$					=8					=15								=24			
$i=2$	2	3	4	5	6	7	8	9	10	11	12	13	14	15	16	17	18	19	20	21	22	23	24	25 26 27
$i=3$	2	3		5		7		9		11		13		15		17		19		21		23		25 27
$i=4$	2	3		5		7				11		13				17		19				23		25
$i=5$	2	3		5		7				11		13				17		19				23		25

⋮

所有方框标示的值域在算法结束前不再被改变。因此在当前 i 循环开始执行 k 循环之前，这些值域是正确的素数表。可以说在一个特定平方台阶上素数表完成了。我们要判定其素性的 i 数值用灰色标示。很显然它们一定在方框值域内。因此要判定 i 是否为素数只需要在当前的列表中查看。

由此我们可以改进算法中的 i 循环：

```
素数表（埃拉托色尼版）
1   procedure PRIME NUMBER TABLE
2   begin
3       将 2 到 n 的所有整数列在一个表中；
4       for i:= 2 to ⌊√n⌋ do
5           if i 在列表中 then
6               for k:= i to ⌊n/i⌋ do
7                   从列表中删除 i·k
8               endfor
9           endif
10      endfor
11  end
```

这就是那个聪明的希腊人给出的算法，称为"埃拉托色尼筛法"。叫"筛"是因为算法并不是直接"算出"素数，而是将非素数"筛掉"。

我们测量此算法的时间开销如下：

n	10^6	10^7	10^8	10^9
时间	0.02 秒	0.43 秒	5.4 秒	**66.5 秒**

即使 $n=10^9$ 也只需要大约 1 分钟。

还能更快吗？

就像上面考虑如何限制 i 的值一样，我们也可以考虑如何限制 k 的取值：只需要考虑还在列表中的值。如果 k 是非素数，该从列表中删除，它必含质因子 $p<k$。在 $i=p$ 的 i 循环中，p 的所有整数倍，除其本身外，都已被删除。这其中一定包括 k 和 k 的倍数。因此没必要再考虑它们了。

很自然地我们会想到对算法的 k 循环做如下的改变：

```
6       for k:= i to ⌊n/i⌋ do
7           if k 在列表中 then
8               从列表中删除 i·k
9           endif
```

但是，请当心！这想法有点误导。如果我们按照这个改变执行算法，会得到如下的结果：

$\quad$ 2 3 5 7 *8* 11 *12* 13 17 19 *20* 23 *27* *28* 29 31 *32* 37 …

错在何处？让我们仔细查看一下算法执行开始的几步。首先我们建立了从 2 到 n 的整数列表（算法第 3 行）：

$\quad$ 2 3 4 5 6 7 8 9 10 11 …

第 1 步，设定 $i = 2$，接着 k 也被设置为 2。2 在列表中，因此我们会删除 $2 \cdot 2 = 4$：

$\quad$ 2 3 − 5 6 7 8 9 10 11 …

接下来 k 被设置为 3。3 也在列表中，因此我们会删除 $2 \cdot 3 = 6$：

$\quad$ 2 3 − 5 − 7 8 9 10 11 …

此时问题来了，4 已被删除，不在列表中了。根据新的 `if` 的条件我们该跳过 4 去考虑 $k = 5$：

$\quad$ 2 3 − 5 − 7 *8* 9 10 11 ……

这样 8 就被错误地保留下来，再也不会被删除了。问题在于一次 k 循环只会删除 $i \cdot k >k$，然后 k 值递增。最后 k 的值会达到前面已经得到过的乘积 $i \cdot k$ 值（这个值在列表中已经不存在，因此它的倍数可能被漏删）。这方法给自身带来错误的影响。

$\quad$ i … k ⟶循环⟶ … $i \cdot k$ … n/i
$\quad\quad\quad\quad\quad$ ⟵消除⟵

解决方法是让 k 反向遍历其值域以避免它达到前面已经删除的值：

$\quad$ i … k ⟵循环 消除⟶ … $i \cdot k$ … n/i

按照上述分析，可能考虑的乘积范围如下图所示：

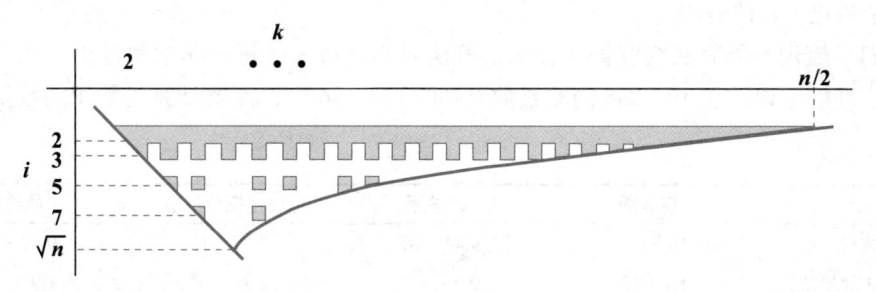

综合起来可以得到以下的算法：

素数表（最终版）

```
1    procedure PRIME NUMBER TABLE
2    begin
```

```
3         将 2 到 n 的所有整数列在一个表中；
4         for i := 2 to ⌊√n⌋ do
5             if i 在列表中 then
6                 for k := ⌊n/i⌋ to i step -1 do
7                     if k 在列表中 then
8                         从列表中删除 i · k
9                     endif
10                endfor
11            endif
12        endfor
13    end
```

运行时间测试结果如下：

n	10^6	10^7	10^8	10^9
时间	0.01 秒	0.15 秒	1.6 秒	17.6 秒

这个结果按照今天的标准完全可以接受。以 $n = 10^9$ 为例，从最直观的方法开始，我们只是做了一些更深入的思考便将算法的速度提高了 2.545 亿倍。

我们能学到什么？

1. 简单的计算方法很可能效率不高。
2. 为了能提高速度，我们需要对采用的方法有更好的理解。
3. 往往存在几个不同的改进方法。
4. 数学思想会很有用处！

13.4 进一步的讨论

我们花费了一点时间对算法做了一点深入考虑，这 17.6 秒算是个好结果。到底有多好呢？还能再进一步改进吗？

我们来梳理一下算法究竟做了什么。算法对不超过 n 的每个非素数至少生成一次并将其删除。准确地说，在 10^9 以内的非素数有 949 152 466 个，而要计算的乘积的数量如下表所示：

	基本版	改进版	埃拉托色尼版	最终版
乘积的数量	10^{18}	$9.44 \cdot 10^9$	$2.55 \cdot 10^9$	$9.49 \cdot 10^8$
与非素数数量的比	$1.1 \cdot 10^9$	9.9	2.7	**1.0**

事实上，最终版执行的都是必需的计算，从这个意义上说这算法是最优的。

有趣的是这并非表明算法已不可能改进。非素数的数量并非绝对的度量标准，因为我们可以设法减少必须考虑的非素数数量。以下的技巧能发挥作用：开始的整数列表不必从 2 开

第 13 章 埃拉托色尼筛法——计算素数表能有多快

始列出所有整数,只需包含 2 以及所有不小于 3 的奇数。既然我们知道不小于 4 的偶数不可能是素数,为什么还要将它们包括进来呢?在只包含奇素数候选对象的列表上执行算法,工作量少很多。原来包含 k 循环最多的 $i=2$ 的循环完全可以省去了。现在只生成如下范围的乘积:

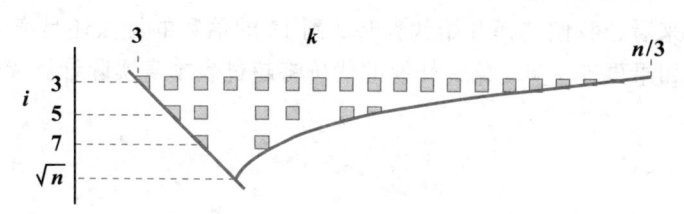

这个想法还可以进一步发挥,在开始的整数列表中也可以完全省略 3 的倍数 (3 本身除外),开始的列表可以是如下的形式:

 2 3 5 7 11 13 17 19 23 25 29 31 35 37 41 43 47 49 …

"筛子"从 $i=5$ 开始工作。

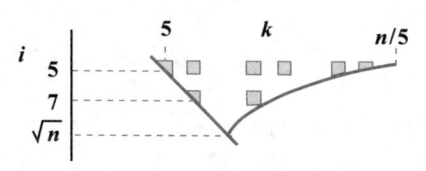

依照同样想法,我们还可以在保持 2 到 n 的值域的前提下更进一步压缩初始列表的大小,比如省略 5,7,11,13,…的倍数(自身除外)。

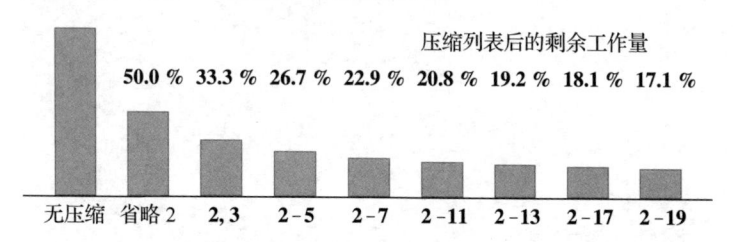

可以看出,随着列表的长度减小,计算时间与存储量也有相同的变化趋势:

压缩	无压缩	省略						
		2	2,3	2-5	2-7	2-11	2-13	2-17	2-19
运行时间(秒)	17.6	33.0	22.6	17.8	14.7	13.3	**12.6**	24.0	25.9
存储空间(兆字节)	119.2	59.6	39.7	31.8	27.3	24.8	22.9	21.6	20.4

这里用字位数组表示列表。数组中的位置 i 的值表示 i 的素性:表示素数,0 则是非素数。

如果将存储结构改为链表有两个缺点。一是要知道某个数的素性必须先找到该项;二是

当 n 大到十进制 9 位时，我们要保存 10 亿以内的 50 847 534 个素数，占用空间高达 1551.7 兆字节。

还需注意一点，初始化时略去偶数会导致计算倍增。由于列表被压缩了，数组下标（1，2，3，4，…）与实际考虑的整数（这里是 2，3，5，7，11，…）之间必须转换。这要花些时间。不过总的来看，我们选择开始就省略 2 到 13 的倍数的做法还是产生了 12.6 秒这样非常好的结果。如果再进一步省略，转换的代价将超过表本身实际计算代价，那就没有意义了。

第 14 章

单向函数的陷阱——
掉下去就出不来了

Rüdiger Reischuk，德国吕贝克大学
Markus Hinkelmann，德国吕贝克大学

我们前面一直在讨论一个算法问题如何能较快地解决。用计算机科学家的话说，如何高效地解决问题。找不到能很快计算的方法似乎让人沮丧。本章我们会看到没有有效解法的问题也可能有很大价值。我们希望传递的信息是：坏消息可能反倒很有好处。

14.1 从反射镜中看乘法：因子分解

第 11 章告诉我们两个数相乘可以算得很快，哪怕这两个数非常大，要用许多位数字才能表示。在小学大家就学过计算两个数相乘的简单算法。普通人用纸和笔花几分钟时间就可以计算两个相当大的数的乘积，尽管很乏味还得注意力集中以免出错。对计算机而言，用千分之几秒的时间计算两个几百甚至几千位的数的乘积实在是一件简单至极的事。

我们来考虑一下逆向的问题：将乘积再还原成原来的乘数。大家还记得有些数被称为素数，它们不能分解为更小的乘法因子。素数表中最前面的数包括 2, 3, 5, 7, 11, 13, 17, 19, 23, …。数学家证明任何整数均可表示为唯一的素数乘积的形式。例如：

$$20\,518\,260 = 2 \cdot 2 \cdot 3 \cdot 5 \cdot 7 \cdot 7 \cdot 7 \cdot 997$$

我们很自然地会想到这样的问题：设计一个算法来找到任意整数的素数因子，这就是质因子分解问题。我们能像做乘法那么方便地解决此问题吗，即使数字很大？

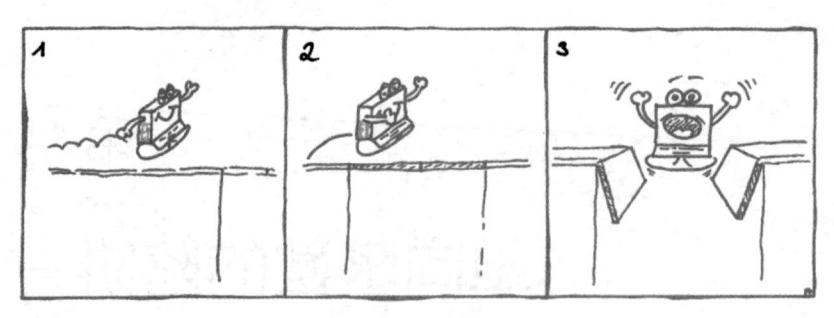

图 14-1　单向函数

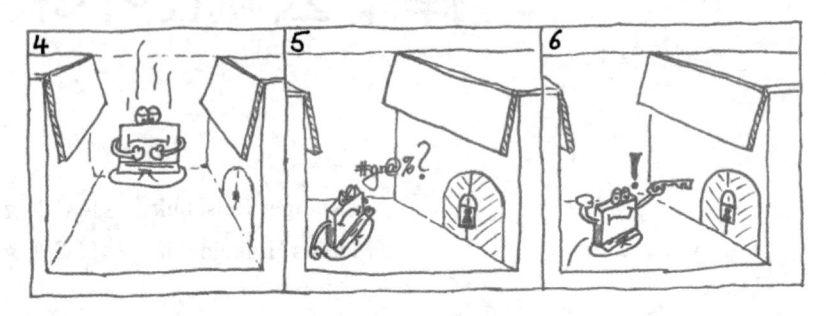

图 14-2　怎么才能回去？

最后一位数 N 能告诉我们该数是否能被 2 或 5 整除。累加各位数字也能判定该数是否为 3 的倍数。但对于只有很大很大的质因子的数，这个问题似乎就没那么简单了。古希腊人知道一个方法：用不大于 n 的平方根的所有素数逐个试除 n，由此找出 n 的质因子。如果 n 的十进制表示有 100 位，大约需要试除 8.5×10^{48} 次。这时间实在难以想象，恐怕在我们宇宙的整个生命期内都算不完。

素数判定问题可以看作质因子分解问题的一个简化的子问题。我们要判定一个给定的数是否为素数，也就是它不可能有更小的质因子。这个问题已有有效算法，不在本章内讨论。可参阅第 13 章。

20 世纪 70 年代的三位计算机科学家 Ron Rivest、Adi Shamir 和 Leonard Adleman 发明了 RSA 密码系统。RSA 系统加密的文本可以在不安全的通信环境下发送，例如通过互联网，但仍然可以防止第三方探知文本的内容。今天，RSA 系统作为基本网络安全工具广为应用。RSA 系统选择两个非常大的素数 p 和 q 的乘积 N，p 和 q 是保密的。解密的方法与能否知道 p 和 q 的值密切相关。

为了显示系统的安全程度，发明者在 1977 年用 129 位十进制数 N 加密了一段文本。他们公开了 N 和密文，欢迎任何人挑战解密。公布的 N 是：

114381.625757.888867.669235.779976.146612.010218.295721.242362.562561.842935.
706935.235733.897830.597123.563958.705058.989075.147599.290026.879543.541

直到 17 年后，在 1994 年才开发出了比简单尝试所有的素数是否为因子更聪明的算法。

经过 8 个月在全世界数百台计算机组成的集群上的密集计算，终于发现这两个乘数：

N = 3490.529510.847650.949147.849619.903898.133417.764638.493387.843990.820577
　　× 32769.132993.266709.549961.998190.834461.413177.642967.992942.539798.288533

总共执行了 $1.6 \cdot 10^{17}$，也就是 160 万亿次计算机指令。你想知道被加密的文本的内容吗？

　　　　The magic words are squeamish ossifrage（魔咒是"呕吐的鱼鹰"）

14.2 单向函数

今天，又过去了许多年。

- 坏消息：用已知最好的算法，在现在甚至近期内可能有的最快的计算机上，哪怕是数千台一起用，对于一个只有很大的质因子的几百位的十进制数，我们仍然无法在可接受的时间内（比如 100 年）找出它的质因子。
- 好消息：既然没有快速的质因子分解算法，那么 RSA 方法支持的数据加密（例如网上银行使用的口令）就可以认为是绝对安全的。

我们来总结一下：

1. 两个数相乘，包括两个素数相乘，可以算得非常快。
2. 而其逆运算，即将一个乘积还原成原来的质因子，计算很困难。至少就目前信息科学与数学能达到的水平是如此。

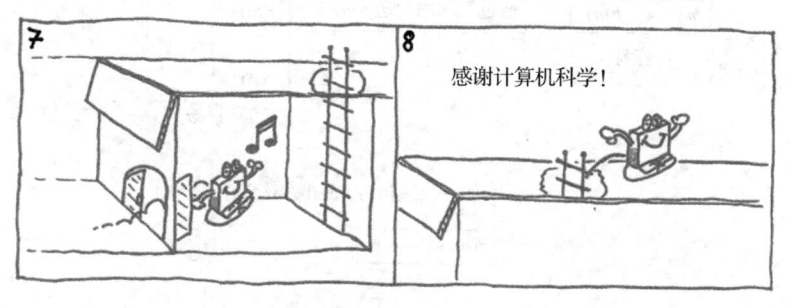

图 14-3　通过密道返回

如何能利用这种情况呢？数学中函数是指将数学对象转化为另外的对象的操作。我们讨论的对象是数或者数的序列。因子分解可以看作乘法的反函数。

如果一种操作很容易执行，而其反函数则很难，这样的函数称为单向函数。单向函数对文本加密很有用。在需要发送文本 M 时，我们将单向函数用于对文本 M 加密，用加密后的文本替代原文本发送给对方。根据单向函数的特性，加密很容易，而用其反函数解密则很难计算。这样攻击者就没有机会将密件还原为文本 M。

看一个例子。Alice 想向 Bob 发送信息"top secret（绝密）"。假设他们只使用大写字母，并用 X 表示单词之间的空格。用 01 到 26 对字母编码。这样文本 TOPXSECRET 被转换为：

$$T = 20151624190503180520$$

一般而言，这个数未必是素数，但总可以在最右边添加几个数字将其改变成素数。就上面的例子，添加 13 可以得到一个素数：

$$p = 2015162419050318052013$$

Alice 再选一个更大一些的素数，例如：

$$q = 5678916240503180521 37$$

然后计算它们的乘积：

$$N = p \cdot q = 11443938509186566743788165964622411801781$$

Alice 可以将 N 发送给 Bob，不必担心泄密。没有人能对 N 解密得到 p 并由此还原出 T，因为那就意味着可以分解 N 的质因子。坦白说，这个例子中用的数不大，还不够安全。实际应用中选择的 T 至少有 150 位，Alice 在 T 后面再加几位，得到足够大的素数 p。

可是，这下 Bob 也没法解密了。唔，用单向函数加密也不是那么简单，还得加点儿窍门。

带秘密信息的单向函数 f，技术上称为陷门函数，除前面说的两点外，它还有第三个特征：

3. f 的反函数在有密钥的条件下很容易计算。

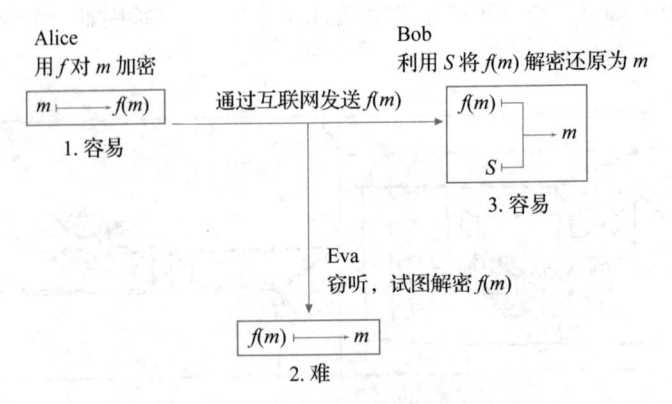

图 14-4　在密码通信中使用陷门函数

这要求听上去有点奇怪，后面我们将举个日常生活中的例子。

14.3　一个实际例子：查阅电话号码簿

回想若干年前，网上的电子数据库还不存在，查电话号码必须使用纸质的号码簿。如果 Alice 想给多日未曾联系的老朋友 Bob 打电话，但不知道 Bob 现在的电话号码。Alice 只需在电话号码簿中找 Bob 的名字，名字后面列的就是她要的号码。这很简单，也很快，为什么？

第 14 章 单向函数的陷阱——掉下去就出不来了

第 1 章介绍过二分搜索。以德国城市吕贝克为例,号码簿上大约有 n = 250 000 项,因为号码簿是按人名的字母顺序排列的,因此最多进行 $18 \approx \log_2 n$ 次比较就可以找到 Bob。如果号码簿没排序,则需要从头到尾逐个比较每个名字。Bob 可能出现在任意位置,因此平均比较次数是所有项数的二分之一。即使对吕贝克这样规模不大的城市,这也是不现实的(如果 Alice 本来打电话是想请 Bob 来吃晚饭,说不定到第二天早上号码还没找到呢)。虽然我们不会严格按二分搜索的步骤查电话号码,即使计算机科学家也不会这么做,但我们都能很方便地查到所要的号码,因为我们知道号码簿内容按字母顺序排列。

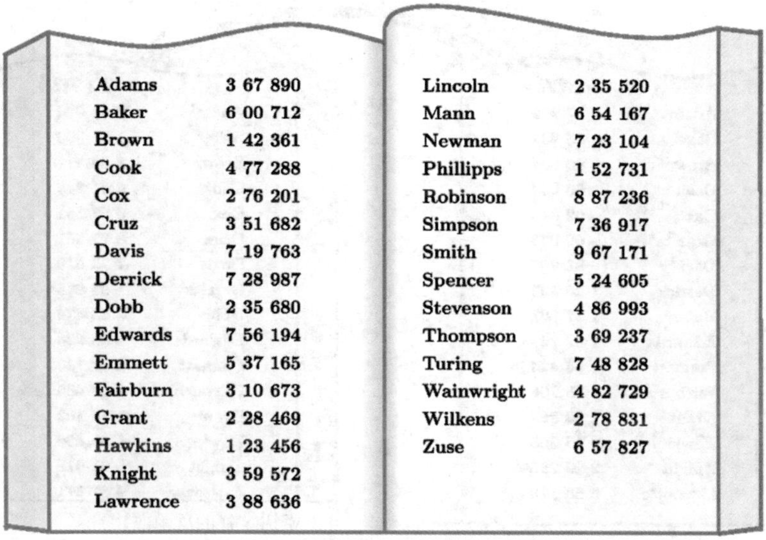

Adams	3 67 890	Lincoln	2 35 520
Baker	6 00 712	Mann	6 54 167
Brown	1 42 361	Newman	7 23 104
Cook	4 77 288	Phillipps	1 52 731
Cox	2 76 201	Robinson	8 87 236
Cruz	3 51 682	Simpson	7 36 917
Davis	7 19 763	Smith	9 67 171
Derrick	7 28 987	Spencer	5 24 605
Dobb	2 35 680	Stevenson	4 86 993
Edwards	7 56 194	Thompson	3 69 237
Emmett	5 37 165	Turing	7 48 828
Fairburn	3 10 673	Wainwright	4 82 729
Grant	2 28 469	Wilkens	2 78 831
Hawkins	1 23 456	Zuse	6 57 827
Knight	3 59 572		
Lawrence	3 88 636		

图 14-5 常规的电话号码簿

假如我们换个方向,从电话号码查号码所有人,那会怎么样呢?

Alice 在电话屏上看到有人用 123456 这个号码给她打过电话,可她当时没听见。她不记得这个号码,不想立即打回去。她怎么才能知道这是谁呢?

能用的只有这本号码簿,Alice 只能浏览其中所有号码,直到能看到 123456。对于没有其他手段可以利用的人而言,"号码→人名"是单向函数。

不过计算机可以采用聪明的算法(前面的章节中介绍过)对数据对进行排序,因此很容易提供按号码的排序。用按号码排序的号码簿,我们当然可以像通常查号码一样便捷地查到号码拥有人。不过现在我们还是假设只有传统的纸质电话号码簿。

一家好心的电话公司愿意解决 Alice 的问题,它按姓名字母顺序给每个用户提供号码。例如 Alice 被分配的号码 m_A 小于 Bob 的号码 m_B,因为 A 在 B 前面。如果我们按照这样的号码进行二分搜索,用不了几秒钟便可以查出某个号码的使用者。

采用有序的电话号码丧失了单向性。Bob 很关心自己的隐私,因此不喜欢这样的系统。他希望即使公开了电话号码,实际上仍然是"匿名"的,换句话说每个用户号码的排列看上去必须是"无序"的。Bob 求助于国际密码协会，协会设计一个秘密的转换函数，解决了这个问题。假设原来有序系统中 Alice、Andreas 和 Axel…的号码分别是：

$$m_A \quad m_{Andreas} \quad m_{Axel} \quad \cdots$$

经过转换后的号码则看上去完全"无序"：

$$h(m_A) \quad h(m_{Andreas}) \quad h(m_{Axel}) \quad \cdots$$

国际密码协会知道转换函数，能够很容易地从 $f(m)$ 计算出原来的 m，也就很容易查出号码所有者，如图 14-6 所示。

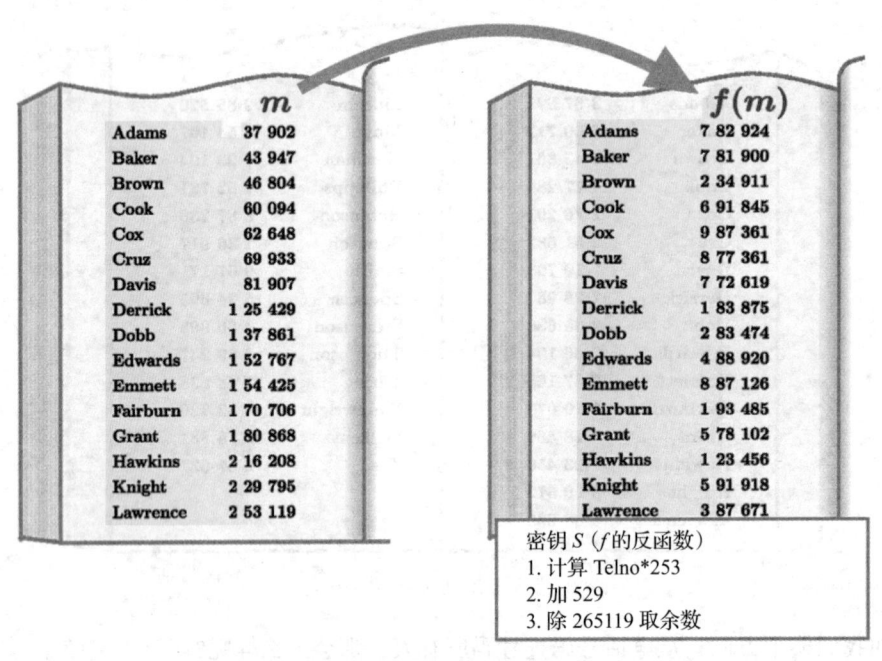

m		f(m)	
Adams	37 902	Adams	7 82 924
Baker	43 947	Baker	7 81 900
Brown	46 804	Brown	2 34 911
Cook	60 094	Cook	6 91 845
Cox	62 648	Cox	9 87 361
Cruz	69 933	Cruz	8 77 361
Davis	81 907	Davis	7 72 619
Derrick	1 25 429	Derrick	1 83 875
Dobb	1 37 861	Dobb	2 83 474
Edwards	1 52 767	Edwards	4 88 920
Emmett	1 54 425	Emmett	8 87 126
Fairburn	1 70 706	Fairburn	1 93 485
Grant	1 80 868	Grant	5 78 102
Hawkins	2 16 208	Hawkins	1 23 456
Knight	2 29 795	Knight	5 91 918
Lawrence	2 53 119	Lawrence	3 87 671

密钥 S（f 的反函数）
1. 计算 Telno*253
2. 加 529
3. 除 265119 取余数

图 14-6　号码有序的电话号码簿以及经转换后的号码簿

在经转换的电话号码簿中，"姓名→号码"是带密钥的单向函数，密钥就是转换函数 h。谁都可以查别人的电话号码，但反过来，只有知道密钥的人才能查出号码的拥有者。

14.4 安全性与位数

对特定问题，是否有可能确定不存在有效算法？直观上，要证明对象不存在应该比证明存在困难，因为后者只要能给出一个实例即可。

对于寻找快速算法的问题显然也如此，可能的对象有无穷多个（比较第 24 章的内容）。

要彻底打消人们对于密码系统安全性的怀疑，必须证明加密函数的反函数的有效算法不存在。信息科学三十多年来试图提供分析性方法以证明特定问题的有效算法不存在。虽然取得一些重要成果，但离我们希望的目标还很遥远。

最后我们想让大家对于"大数分解"的难度有些直观的概念。表 14-1 中给出了分解两个大素数所需要的计算时间的估计值。作为比较，表中也包括几个物理量。

表 14-1 质因子分解取整的估计值

描述	需要的计算时间/数量
使用已知最快的算法	
使用全世界所有机器的计算能力	
对一个 256 位十进制数进行质因子分解	大约 2 个月
对一个 512 位十进制数进行质因子分解	大于 1000 万年
对一个 1024 位十进制数进行质因子分解	大于 10^{18} 年
我们宇宙的生命周期	$\approx 10^{11}$ 年
5GHz 处理器 1 年执行的指令周期	$\approx 1.6 \cdot 10^{17}$
全宇宙中的电子数	$\approx 8 \cdot 10^{77}$
十进制 100 位素数的个数	$\approx 1.8 \cdot 10^{97}$

第 15 章

一次性加密算法——最简单、最安全的保密方式

Till Tantau,德国吕贝克大学

开学还没多久,Max 已经开始对预期的计算机科学考试产生畏惧感了。课程内容听上去还真有点儿吓人:"加密算法"。Max 的畏惧感也不是全无道理,他对加密算法完全没有概念,进来心思全放在女朋友 Lisa 身上了。Lisa 可不同,她不仅被 Max 吸引,也对密码学充满兴趣。Max 要的只不过是通过考试,Lisa 想了个简单的主意:"好在这次考试都是多项选择题,我只要把答案写在纸条上传给你。老师不会注意到的。"Max 有些疑问题:"我们之间可还隔着 Peter 呢?"这点 Lisa 早就想好了,她已说服 Peter 帮她传递任何东西。她在纸条上用 1 表示该选的项,0 表示不该选的项。假如每题有 5 个选项,纸条上的内容就像这样:

$$10100$$

Lisa 的计划进行得很顺利。Lisa、Max 和 Peter 都得到了高分。但老师有点怀疑了,大家一直认为 Max 这门课掌握得不怎么样。老师决定下一次考试时让 Max 的前女友坐在他和 Lisa 之间。老师的想法看来还真有效。Max 心想:"就算我考试不及格,也不能让她抄答案"。(Max 对前女友显然一点情分也没有了。)

第 15 章 一次性加密算法——最简单、最安全的保密方式

Lisa 想了一会儿便对 Max 说:"好吧,看来我们得用一次性加密算法来解决这个问题了。"

"一次性加密?"Max 一脸茫然。

"这是给信息加密的一种安全方案,只用一次。"

"加密方案?"Max 更加茫然了。

"课堂上你真是没听!"Lisa 没管 Max 咕哝着打算解释便接着说,"加密就是你我之间先商定一个密钥,我用密钥将题目的答案锁上,你同样用这个密钥就能将答案上的锁打开。你的前女友不知道密钥就不可能知道被加了锁的答案。"

"哦……"其实 Max 一点儿也没搞明白。

15.1 信息加密

Lisa 让 Max 从兜里拿出 5 个硬币放在桌上:"假如硬币数字朝上你就选相应的选项,反之就不选。比如第 1 和第 3 题是正确的答案,硬币就像下面的样子。"

"这我明白了。但这和我们传递纸条有什么关系呢?"Max 有些不耐烦。"不管是你在纸条上写 10100,还是像这样排列 5 个硬币,我的前女友都能立刻知道该选第 1 和第 3 个选项,她可不傻!"

"好,现在加密可就有用了。"Lisa 拿起桌上一本小纸贴,撕下 5 页分别写上"翻转"(flip)和"不翻转"(do not flip)。"现在你在每个硬币下放一张,随便放。"

Max 按 Lisa 的要求做了:

"好极了!"Lisa 鼓励道,"纸片上写的就是我们的密钥,考试前确定下来,还得记在心里。"

"我知道你的意思了。"Max 一点儿也不笨:"原来那排硬币按照纸片上写的翻还是不翻就变成下面的样子了。"

"我的前女友要看这些，爱看多久都行，可对她一点儿用也没有。比如第一个硬币既可能表示'选'，也可能表示'不选'，对错机会是一半对一半。"

"不过话说回来，她为什么还愿意传纸条呢？她为什么不会把纸条吞下去故意气我呢？"

"她也不想让你不及格，否则明年她就没法在教室里继续纠缠你了。"

Max 咕哝着叹了口气："好吧，我们来梳理一下。考试时你先回答第一题。如果你要告诉我正确答案是选 1 和 3 项，就应该表示成 10100。但既然密钥要求翻转第 1 和第 4 项。那传递的信息就该是下面的样子。"

00110

"记住密钥就可以'翻转硬币'，数字会变成 10100。这样我就知道该选第 1 和第 3 项。"

"我就知道我的男朋友够聪明。"Lisa 不管 Max 多少有点疑惑的表情，继续说："你看这很简单吧，但它绝对安全。告诉你可不只是我们采用这个方法传递秘密。国家领导人需要相互发送信息，当然希望信息是保密的。他们也会采用一次性加密算法。"

Max 忍不住大笑起来："你当真认为美国总统给德国总理发信时也会翻硬币，还在明信片上写 0 和 1 吗？"

"那当然不是。"Lisa 有点儿气恼："他们依赖计算机。我们得闲将算法写出来，这对你也是很不错的练习哦！"

15.2 算法

"那我们来看看，"Max 有点尴尬地笑了笑，"首先，我想确实只需要一个算法。加密（也就是给信息加锁）以及解密（也就是打开锁）使用同一个算法。两者都是从 0/1 字符串加上密钥开始，结果是另一个 0/1 字符串。不管用什么算法，无非是在密钥标明'翻转'时将 0 改为 1 或将 1 改为 0。"

使用密钥对有 n 项的数组 A 加解密的 OneTimePad 算法

```
1    procedure ONETIMEPAD (A, key)
2    begin
3       for i := 1 to n do
4          if key[i] = "flip" then
5             if A[i] = 0 then
6                A[i] := 1
7             else
8                A[i] := 0
9       endfor
10   end
```

"确实一次性密码方案就是这样工作的，" Lisa 说，"不过密钥一般不会是文字'翻转'或'不翻转'，而是 0/1 字符串。其中 1 表示'翻转'，0 表示'不翻转'。更明确的算法是下面的形式。"

OneTimePad 算法（短版本）

```
1    procedure ONETIMEPAD (A, key)
2    begin
3       for i := 1 to n do
4          A[i] := A[i] xor key[i]
5       endfor
6    end
```

"等等，" Max 打断了 Lisa，"我想我还记得，当然不是很清楚，'xor'是'不可兼或'，但我还真不记得它究竟是什么意思了。"

"'不可兼或'用于判断两个二进制数中是否恰好有一个是 0。如果是结果为 1，反之结果为 0。因此，在上面的算法中若 xor 结果为 1，那么 $A[i]$ 和 $key[i]$ 中一定有一个是 1，但不会两个均为 1。"这两个条件是互斥的，因此称为'不可兼或'。你看看下面的表就明白了。"

$A[i]$ xor $key[i]$ 值列表

	$key[i] = 0$	$key[i] = 1$
$A[i] = 0$	0	1
$A[i] = 1$	1	0

"我知道了。xor 正是我们需要的——如果 $key[i]$ 等于 1，就'翻转'$A[i]$ 的值；如果 $key[i] = 0$，$A[i]$ 值就不变。"

15.3 解密

Max 很满意："我喜欢这个算法。我只要记住 5 个小纸片上的密钥就能应付整个考试了。那可比学什么密码学容易多了。"

"很不幸，亲爱的 Max，事情可没这么简单。如果我们对试卷上 20 个多项选择题都用这个密钥，每题都是 5 个选项。假设你的前女友自己成功地解出一题，而她能看到我们加密的通信内容。举例来说，我发现应该选最后三个选项，用硬币可以表示如下：

如果她自己能解这一题，那她同样知道这个。这时她拿到我要传给你的密文 01010，对应的硬币形式为：

你能看出问题了吧？"

"对啊，她能推出密钥！很显然，第 1 个硬币不翻转，第 2 个要翻转，以此类推。她就知道我们的密钥肯定是下面的形式。"

"她一旦得到密钥，当然可以解所有的题。那可就糟了！"

"所以这个方法称为'一次性加密'方法。密钥只能用一次。老的无线通信加密反复使用同样的密钥，密钥很快就能被推导出来。如果你在咖啡馆里用笔记本电脑给我发邮件，坐在另一张桌上的学生很快就会知道你给我的邮件内容。"听了 Lisa 的话 Max 面色发生了快速的变化，先是大惊失色，随之满面通红。Lisa 对 Max 微微一笑："那些拿高薪研究加密方法的人注意力不会放在学校。我们得对每一题记住一个新密钥。"

"那太恐怖了。我要记住 100 个'翻''不翻'，恐怕还是学密码学课本中的内容容易得多。"

"嗯，那大概是最佳方法了。说到底密码学也没那么难！"

第 16 章

公钥密码

Dirk Bongartz，德国圣沃尔夫海姆中学
Walter Unger，德国亚琛工业大学

有谁没想过要发一封密信呢？就连恺撒大帝也这么做过。据传说他把信中每个字母按字母表顺序后移三个位置，这样 A 就写成 D，而 B 就写成 E，等等。最后的 X，Y，Z 就变成了 A，B，C。

如果你知道这个过程，当然很容易解码截获的密件。你能猜出来下面的报文是什么吗？

恺撒的密码
ZH ORYH FUBSWRJUDSKB
这里加密的报文应该是什么？

将这个思想推广一点，我们选一个整数 k（$k < 26$）。待加密的报文（称为明文）中每个字母按照字母表顺序向右移 k 个位置。这样我们就得到了"密文"，也就是密信。加密的方法就是在字母表中向右移动，如果遇到结尾便绕回开头。这里 k 称为（密）钥。解码时只不过是将每个字母向左移动 k 个位置。

不管是谁，只要知道密钥就既能加密也能解密。因此这称为对称密码系统。第 15 章中介绍的一次性加密方法就属于对称密码系统。

这就意味着，能对报文加密的人不仅能对此密文解码，也能对其他采用同样方法加密的密文解码。

另一方面，这个方法的缺陷在于正常的收件人不仅要知道所用加密方法，还必须知道使用的密钥才能解码密文。如果通信双方距离遥远该如何交换密钥呢？

下一节中我们将会知道加密与解密不一定非得使用相同的密钥。两个密钥不同甚至还有好处。我们可以分别设置两个密钥，一个可以公开，另一个保密。基于这种思想的方法称为非对称密码系统。

16.1 公钥

初次看到这个标题可能让人觉得没有意义，既然是用于加密怎么能公开，它该如何工作呢？对于对称密码系统，一旦密钥被公开就没有任何秘密可言了。因为在对称加密系统中知道加密用的密钥就能得出解密的密钥。

不过再仔细想想，我们可以公开加密的密钥，但对解码用的密钥（不同于加密密钥）保密。我们只需确保任何人无法从加密密钥推导出解码密钥。

这样的系统很有吸引力，因为谁都可以给你发密件，但只有你才能解码。

实际上建立这样的系统并不复杂。不妨假设你有几千个挂锁，用同一个钥匙开锁（注意，这个要求不同寻常，一般是一把锁配几个钥匙）。你可以将锁分发给朋友们，甚至可以把锁放在学校办公室或者图书馆。但只有你手上有钥匙。

现在，任何人都可以将给你个人的信放在一个盒子中。盒子加锁并不需要钥匙，他锁上即可。一旦锁上，只有你才能看这封信，因为只有你有打开盒子的钥匙。你的朋友甚至可以请一个嘴最不牢靠的熟人将盒子带给你。

这个例子说明这样的系统是有可能的。不过还是有个缺点。这个例子代价太大，我们得买很多锁，还得将它们散发出去。这要花很多钱，也需要费很大工夫。

如果提供公钥的系统不必用这么多锁，那就好多了。使用第 14 章介绍的单向函数，理论上可以做到这一点。粗略地说，单向函数正方向（即计算函数值）很容易；但其反方向（即由函数值计算原来自变量的值）很困难。

我们希望的是：加密很容易（每个人都能给我们发信息），但解密很困难。当然，正确的收件人应该很容易解密。你需要给自己留下某种后门。第 14 章中讨论的逆向电话号码簿是可选的办法。不过本章会介绍另一种方法。

16.2 受限代数

实用的公钥密码系统采用高等代数方法，利用计算机加密与解密。我们不打算在这里讨论高等代数，只是用一种受限的代数来描述公钥系统的原理。

在受限代数中只有整数的加、减和乘。在这样的系统中没有人能做除法运算。你可以回想一下小学里刚学了乘法，还没学除法时的情景。基于受限代数，我们看看 Bob 怎样给 Alice 发信。作为示例，假设信件就是一个数字。

整个过程分三部分，首先是生成公钥和私钥，接下来是加密，最后是解密。

创建密钥

我们需要两个密钥，一个保密，另一个公开。信件是 Bob 发给 Alice 的，所以 Alice 需要一个私钥用于解密。为了创建私钥，Alice 想出两个数并计算它们的乘积。这两个数中的第一个是私钥，另一个乘数以及乘积即为公钥。换句话说，私钥是一个数（乘数之一），公钥是两个数（一个乘数以及乘积）。

公钥和私钥

p	私钥（保密的乘数）
11	公开的乘数
143	公开的乘积

其实你很容易算出私钥，因为你会做除法。私钥 $p = 143/11 = 13$。但在受限代数中，私钥是保密的。

在学校的公告牌上 Alice 贴了一张如下的告示，任何人都能看到。但没有人能做除法，所以私钥只有 Alice 自己知道。

给 Alice 的信件请用 11 和 143 加密

加密

Bob 打算给 Alice 发信，他也看了这个告示。假设 Bob 打算告诉 Alice 在他家举办的晚会的日期是 12 月 5 日。由于事前已商定在 12 月，所以信的内容就是数字 5。

Bob 按如下方法加密。他拥有的信息是信的内容 5 以及 Alice 的公钥 11、143。Bob 想出第 4 个数，称为发送密字。他用发送密字计算加密的数据。数据包括两部分，一是密文，即对内容 5 加密的部分，另一部分是解密伴字。

Bob 用发送密字和 Alice 公开的乘积相乘，再将报文内容加到相乘的结果上就得到加密的报文。假设 Bob 选择的发送密字是 3，加密的报文则是 $5 + 3 \cdot 143 = 434$。434 可以公开，但 3 必须保密，否则任何人都能算出原来的报文：$434 - 3 \cdot 143 = 5$。

既然我们已经知道了发送密字，就让 Bob 另选一个，假设是 s，值不公开。Bob 计算密文：

计算密文
$5 + s \cdot 143 = 1292$

1292 是公开的，但 s 保密。

只有 Bob 知道发送密字，所以没人能读出密文。但 Alice 怎么能知道信的内容呢？为了让 Alice 能对 1292 解码，Bob 提供了解密伴字，就是发送密字和 Alice 公开的那个乘数的乘积。

计算解密伴字
$s \cdot 11 = 99$

Bob 在学校的公告栏上贴出如下告示：

Bob 给 Alice 的信：1292 和 99

给 Alice 的信件请用 11 和 143 加密

任何人都能看到公告牌上的告示，所以下列数字对任何人都是公开的：

加密与发布告示之后公开的数字		
11	Alice 公钥中的乘数	
143	Alice 公钥中的乘积	$11 \cdot p$
1292	加密的报文	$5 + s \cdot 143$
99	解密伴字	$s \cdot 11$

即使知道 Bob 的计算过程，在没有除法的条件下，发送密字 s 和密钥 p 也不可能被算出来。不知道发送密字也就不可能读出 Bob 的报文。

解密

现在 Alice 要对 Bob 发来的加密的报文进行解密。像其他人一样 Alice 也不能做除法。不过 Alice 知道自己的密钥。我们再仔细看看加密过程：

> **对报文加密**
>
> | 1292 | 报文 + 发送密字 × 143 |
> |---|---|
> | = | 报文 + 发送密字 × 公钥的乘积部分 |
> | = | 报文 + 发送密字 × 公钥的乘数部分 × 私钥 |
> | = | 报文 + 解密伴字 × 私钥 |

Alice 通过下面所示的计算即可得到报文内容：

```
  99 13
  99        1292
 297       -1287
1287          5
晚会日期 12 月 5 日
```

> **解密**
>
> $$1292 - 99 \cdot (私钥\ p) = 5$$

如你所见，Alice 的计算并不需要除法。

窃听者

在间谍电影中我们看到过间谍窃听电话或其他通信。通常用安全信道防止窃听。但我们怎么能确信信道是安全的呢？

在 Bob 给 Alice 发信的小例子中根本不需要安全信道。所有通信都是在学校公告牌上进行的。窃听者不能做除法也就无法解密报文。主要是 Bob 和 Alice 各自不让自己的秘密数字暴露，他们之间的通信就可确保私密。况且这个方法并不要求 Bob 和 Alice 碰头。比起第 15 章中的一次性加密方法，这是公钥系统最主要的优点。

没有受限代数

上述系统的安全完全基于任何人做不了除法。可我们大家都学过如何除。

如果仔细读过本书前面的章节，你能发现除法可以执行得很快（如第 1 章）。任意给定两个自然数 a 和 b，要计算 a/b，只要在 0 和 a 之间猜一个候选的商 c，然后计算 $b \cdot c$ 是否真等于 a。如果结果大于 a，正确的结果必然比 c 小；若结果小于 a，则相反。基于同样的想法，我们可以始终在需要考虑的区间内取中间值为候选商，很快就能得到结果（就相当于做二分搜索）。

这个方法基于一个事实：b 增大时 a/b 会减小。若非如此，二分搜索就不能用了。

不过假如我们采用的是剩余计算，二分搜索也无效。后面我们将介绍模计算的数学原理。除法同样可以有效地进行模算术运算，所以我们必须用其他方法替代除法。

16.3　ElGamal 方法

数学中除了基本算术运算还有很多其他运算。我们可以聪明地选择容易执行的其他运算来代替基本算术系统中的加、减、乘、除。我们选择的运算如下：

- 用模乘代替加法。模乘是对特定值取余数的乘法，参见第 17 章中模乘用于共享机密的算法。
- 用模除代替减法。
- 用模幂代替乘法。
- 用模对数代替除法。

由此得到的方法称为 ElGamal 密码系统。迄今为止，还没有人知道如何对很大的数（十进制千位以上）有效地计算模对数（又称为离散对数）。所有已知算法在最快的计算机上也得算好几个世纪。就算在将来某个时刻，不要私钥也能解码了，可晚会的时间早已过了。

模乘和模幂

在讨论如何有效计算模幂之前，我们先花一点时间看看模乘。

模算术中所有计算都要用一个素数 p，也就是除 1 及其自身外没有其他整除因子的自然数。最小的几个素数是 2、3、5、7、11、13、17、19、……。

素数 p 称为计算的"模数"。a 和 b 模乘的结果记为 $(a \cdot b) \bmod p$，定义为 a 和 b 乘积除以 p 的余数。例如 $5 \cdot 8 = 40$，除以 17 商为 2（在模计算中商被忽略），余数为 6。因此 $(5 \cdot 8) \bmod 17 = 6$。

现在我们仔细看看模幂。模幂 $(a^b) \bmod p$ 定义为 b 个 a 模乘，即每次相乘均对 p 取余数。$(3^9) \bmod 17 = 14$，其计算过程如下：

计算 $(3^9) \bmod 17$

$3^9 \bmod 17 = (3 \cdot 3 \cdot 3 \cdot 3 \cdot 3 \cdot 3 \cdot 3 \cdot 3 \cdot 3) \bmod 17 = ((3^8 \bmod 17) \cdot 3) \bmod 17$

$3^8 \bmod 17 = ((3^4 \bmod 17) \cdot (3^4 \bmod 17)) \bmod 17$

$3^4 \bmod 17 = ((3^2 \bmod 17) \cdot (3^2 \bmod 17)) \bmod 17$

$3^2 \bmod 17 = (3 \cdot 3) \bmod 17 = 9$

$3^4 \bmod 17 = (9 \cdot 9) \bmod 17 = 13$

$3^9 \bmod 17 = (13 \cdot 13 \cdot 3) \bmod 17 = 14$

这个例子表明只要巧妙地利用乘法中间结果，计算 (3^9) mod 17 并不需要执行 8 次乘法。下面的过程就利用了这一思想：

计算 (a^b) mod p

1. 如果 $b = 0$，结果为 1。
2. 如果 $b = 1$，结果为 a。
3. 如果 b 是奇数，结果为 $((a^{b-1} \bmod p) \cdot a) \bmod p$。
4. 这里只需要考虑 b 是偶数，计算如下：
5. $\quad h = (a^{b/2}) \bmod p$。
6. $\quad$ 结果为 $(h \cdot h) \bmod p$。

在计算 (a^b) mod p 时我们用到同样形式的其他值 (c^d) mod p，其中的 c 和 d 总是小于 a 和 b。因此这个过程最后总会终止，我们可以将其写为如下的递归算法：

计算 (a^b) mod p 的递归算法

```
1   ExpMod (a, b, p)
2        If b=0 then return 1.
3        If b=1 then return a.
4        If b 是奇数 then
5            begin
6                h=ExpMod (a, b-1, p)
7                return (h · a) mod p
8            end
9        h=ExpMod (a, b/2, p)
10       return (h · h) mod p
```

在下表中给出了对于偶数 b，2^b mod 59 的值。与一般乘法不同，表中的值并不随着指数增大而增大，这是由于中间结果取模的原因。

2^b mod 59 的值（b 为偶数）

b	2^b mod 59	b	2^b mod 59	b	2^b mod 59
0	1	20	28	40	17
2	4	22	53	42	9
4	16	24	35	44	36
6	5	26	22	46	26
8	20	28	29	48	45
10	21	30	57	50	3
12	25	32	51	52	12
14	41	34	27	54	48
16	46	36	49	56	15
18	7	38	19		

模对数问题进行与模幂相反的运算，例如对于数 x（比如 $x = 42$），要找数 b，满足 $2^b = x$。当然，如果模数为 59，我们总可以通过尝试所有可能的指数找到 b。但如果数很大，那

就费功夫了。不过即使对于很大的数，模幂还是能计算的，因为在前面的算法中，数会很快减小。

如果指数是 10 位十进制数，在模对数中至少有 100 万个可能的解需要考虑。反之，计算指数为 10 位十进制数的乘幂只需要执行 65 次模乘。这表明模对数与模乘之间复杂度的差异巨大。今天，ElGamal 方法中用的数大到千位以上，复杂度差异就更大了。尝试所有可能的解是绝对不可能的。其实，我们现在不知道有任何算法，对于这么大的 p 能够在合理时间之内解决模对数问题。

ElGamal 密码系统

现在我们可以来介绍 ElGamal 密码系统了。其实它就是对于我们前面讨论的基于受限代数的系统的简单改造。

上述方法中用到乘法的结合律：$(a \cdot b) \cdot c = a \cdot (b \cdot c)$。在 ElGamal 密码系统中用到一个类似的运算法则：$(g^{a \cdot b})^c = g^{(a \cdot b) \cdot c} = g^{a \cdot (b \cdot c)} = (g^a)^{b \cdot c}$。这里只给出法则，略去证明。

还有一个重要的数学性质：1 和 $p-1$ 之间的任何数均能表示为 $g^x \bmod p$；换句话说，对 1 到 $p-1$ 之间的任何数 i，一定存在某个数 j，满足 $i = g^j \bmod p$。这里，g 称为生成元素（$\bmod p$），因为用 g 的幂可以表示集合 $\{1, 2, \cdots, p-1\}$ 中所有元素。从下表中可见，4 不是模 7 的生成元素，但 3 和 5 都是。

模 7 的生成元素：3 和 5

i	$3^i \bmod 7$	i	$4^i \bmod 7$	i	$5^i \bmod 7$
0	1	0	1	0	1
1	3	1	4	1	5
2	2	2	2	2	4
3	6	3	1	3	6
4	4	4	4	4	2
5	5	5	2	5	3
6	1	6	1	6	1

Alice 先确定了一个素数 p 以及 p 的一个生成元素 g。假设她选的素数是 59，生成元素是 2。然后 Alice 又选定了自己的私钥 x。以此她算出公钥的第一部分 $y = (g^x) \bmod p$，这里就是 $42 = (2^x) \bmod 59$。她在学校公告牌上公布了 $p = 59$，$g = 2$，$y = 42$。注意前面的表中并没有 42，这说明 Alice 的私钥是奇数。你能算出 Alice 的私钥吗？

Alice 的 ElGamal 系统中的数字	
59	Alice 选的素数
2	Alice 选的生成元素
x	Alice 的私钥
42	Alice 的公钥

Bob 想告诉 Alice 晚会的日期。今年的晚会安排在十天后，因此密信的内容应该是 15。为了发送密信，Bob 首先记下了公告牌上的三个数，并选择 9 作为发送密字，由此可算出 $a = 2^9 \mod p = 40$。Bob 还算出解密伴字 $b = (15 \cdot 42) \mod 59 = 38$。他在学校公告牌上公开了这两个数。

Bob 的 ElGamal 系统中的数字	
40	给 Alice 的解密伴字
38	发送给 Alice 的密件内容

Alice 开始解码，首先计算 $h = 40^x \mod 59$，结果是 34。用模除 Alice 可知 $33 \cdot 34 \mod 59 = 1$。我们称 33 是 34 模 59 的逆元素。

我们对逆元素进一步解释一下。在做加法时，x 的逆元素是 $-x$，因为 $x + (-x) = 0$。对乘法，x 的逆元素是 $1/x$，因为 $x \cdot (1/x) = 1$。而对于模乘，x 的逆元素 y 满足 $(x \cdot y) \mod p = 1$。

给定素数 p 和 1 到 $p-1$ 之间的 x，通过快速幂即可算出 x 模 p 的逆元素（这是唯一的）：计算 $y = x^{p-2} \mod p$，显然 $x \cdot y \mod p = x^{p-1} \mod p$。根据数论中的费马小定理，这个数一定是 1。

通过计算 $38 \cdot 39 \mod 59$，Alice 就得到 15，这就是原报文。

我们一直避免说出 Alice 的私钥究竟是什么。你试试看能否找出这个值，也许你会发现当这个值很大时找出它会非常困难。

其他方法

使用中的公钥密码系统还有许多，其原理都是一样的。为了更安全，系统采用更复杂的运算，例如"圆锥曲线"，甚至"超圆锥曲线"。

16.4 安全性

我们自然会问：这样的系统究竟有多安全呢？一个重要的因素是用的数字有多大。数字必须很大，这样计算机用尝试的方式就得要很长时间。这个时间应该保证不会比需要的保密期短。例如在我们的例子中，这个秘密至少得保持到晚会开完。

另一方面，当然也有可能有人突然发现了计算模对数的有效算法。至今也没人能证明这样的算法不存在。数学家和计算机科学家为了找这样的方法已经努力了许多年。因此科学家认为这样的算法不存在。

如果有一天找到了解模对数问题的算法，ElGamal 的方法就不安全了。我们希望这不会发生。不过也应该知道，即使上面的算法不能用了，我们还是可以换一种数学运算继续使用类似的想法。

第 17 章

如何共享机密

Johannes Blömer，德国帕德博恩大学

下面的情节在"金银岛"之类的小说或电影中经常出现：有人拿到了一张藏宝图的一部分，但仅有这部分还无法确定保藏的位置，需要完整的图才行。于是他就设法去找其他部分，当然其他部分的拥有者同样渴望找到缺失的残图，故事就此展开。

本章将讨论如何共享机密，上面的故事只不过是这个问题的一个例子而已。我们要研究如何将一张藏宝图或者其他信息分割成几部分，使得任何人在没有得到所有部分的情况下不可能还原原来的信息，就如在上面的例子中只有拿到图的所有部分才能找到宝藏。我们将看到其实把地图割成几部分并非好办法，还有其他好得多的方法。如果仔细想想，确实也很难让人信服非得拿到藏宝图的所有部分才能找到宝藏。

问题的表述很简单。假设我们打算将一个秘密 S 分割为若干部分，每部分由不同的人收藏，要实现的目标如下：

1. 如果大家将各自收藏的部分合在一起便可完全复原 S。

2. 如果合作的只是所有信息收藏者的一个真子集，他们不可能完全复原 S。而且这些人从恢复的部分中很难得到关于 S 的有用信息。

分享机密未必只是电影或小说中的故事，它有很多重要的实际应用。设想一下，如果一个国家或者企业有极其重要的文件存放在保险箱中，只有当一个特设委员会中的所有成员均同意其公开时才能打开保险箱。要实现这个要求，可以用与委员会人数一样多的锁，委员会每位成员只保存其中一个锁的钥匙。当需要公开文件时，保险箱的锁必须全部打开，也就是人人都同意打开各自的锁。

利用机密共享技术，我们能保证只有当全体委员同意时才可能公开文件。我们并不在保险箱上使用各自有钥匙的多个锁，而是用一个组合锁，其组合码是保密的，可以用十进制数

表示。组合密码分为若干部分，分给委员会成员，每人会拿到自己的组合密码，对其他人是保密的。如果所有成员同意公开文件，他们便可将各自的密码组合在一起生成完整的组合密码，即可打开保险箱，公开文件。委员们各自的密码就像加在保险箱上不同锁的钥匙。他们就用这样的方法替代物理钥匙实现秘密共享。

除了共享保险箱的组合密码，机密共享还有许多其他应用。实际上，机密共享是密码学、信息加密，甚至更广泛的防恶意侵入或恶意篡改保密信息等相关科学中最重要的内容。假如将秘密共享与第 16 章中讨论的公钥密码结合起来，我们就可以用秘密信息和算法替代密钥，就像替代保险箱和锁一样。利用这样的组合方法，只有所有委员会成员提供各自所掌握的部分秘密信息才能对文件解密。这里的部分秘密信息就是公钥密码系统中公钥的组成部分。

17.1 共享机密的一种简单方法

说到现在我们还没有介绍共享机密的方法。我们该如何用委员会成员各自知道的部分秘密替代锁和钥匙呢？我们回顾一下前面讨论的文件保存在保险箱中的情况，假设我们用如下所示的 50 位组合密码：

S = 65497 62526 79759 79230 86739 29671 67416 07104 96409 84628

另外假设委员会共有 10 人。因此密码必须分为 10 部分，只有 10 个人掌握的信息放在一起才能恢复密码 S（见图 17-1）。

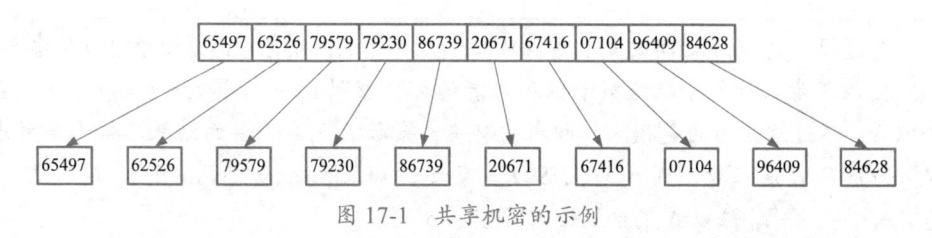

图 17-1 共享机密的示例

这显然不是什么好办法。如果 9 个委员同意公开文件，那他们就能恢复 50 位密码中的 45 位。我们希望即使 9 个委员合作，对还原 S 也不该有太大帮助。可是用上述简单方法，一旦 10 个人中的 9 个意见一致，他们每人都能知道密码中的 45 位，而不是原来只知道 5 位。这有多大影响呢？如果没有合作，每个委员想猜出密码，需要尝试 10^{45} 种可能。一旦 9 人合作并共享了每人知道的秘密，只需要尝试 10^5 = 100 000 种可能就可以找到密码。我们可以更具体地体会 9 个人合作带来的收益。假如每个人测试一个 50 位的密码是否有效需要 1 秒钟。要试出目前还不确定的 5 位数涉及的全部 10^5 种可能，9 个人共需用 3 小时。1 小时是 3600 秒，因此 1 小时内可以测试 3600 个可能的数是否能打开保险箱。显然，即使第十个人不同意，这九个人一起仍然可以在相对较短时间内确定密码，打开保险箱，公开文件。现在再看单独一个委员，他只知道密码中的 5 位，要试出他不知道的那 45 位，需要

尝试所有 10^{45} 种组合。仍然假设测试一个 50 位的数需要 1 秒钟，通过简单计算就可知一个委员需要大约 10^{35} 年才能确定组合密码。物理学家告诉我们宇宙诞生至今还没这么长时间，很有可能这个委员还没测试完，宇宙就不复存在了。

所以还是试试其他方法，以便我们能距离目标更近一些。在这个方法中，我们随机地选择 10 个大于 0 的数，它们的和等于 S。这 10 个数就是部分密码，分别给委员会各位成员。我们来看一个小例子。这里的 S 是自然数，部分密码是 1 到 50 之间的数。简单起见，假设委员会只有 4 个人，不是 10 个人。假设 S 等于 129。四个部分密码分别为 17、47、31 和 34，注意 $17 + 47 + 31 + 34 = 129$。显然如果四个人意见一致，立即可以还原密码 129：只要相加即可。可是这里还是有问题：所有成员都知道部分密码在 1 和 50 之间。因此即使还没拿到自己那部分之前，每个人也都知道 S 是在 4 至 200 之间。现在假如前三个委员合作，他们将已知的三个数相加得到 $17 + 47 + 31 = 95$。这样他们便知道 S 一定在 $95 + 1 = 96$ 和 $95 + 50 = 145$ 之间，因为第四位委员的部分密码是在 1 与 50 之间。那么 S 的值就从 200 种可能下降为 50 种可能了。这意味着三个委员合作能获取有关 S 的大量信息。只要加一点小小的窍门就能帮我们改进此方法，使得即使所有委员任意的真子集共享他们的信息也不会得到多少关于 S 秘密的信息。这个窍门采用模除。

新方法工作过程如下。假设需要在若干参与者中共享的密码是 0 到一个非常大的数 N 之间的某个数。我们前面用保险箱保存文件的例子中密码是 50 位，那么这个 N 就是 10^{50}。因为用了很大的数，我们还是假设密码由 10 个人共享。你一旦理解了这个方法就会知道其实不管是多少人共享都可以。整个过程分为两步：

> 1. 先选择 0 到 $N-1$ 之间的 9 个随机数 t_1, t_2, $\cdots$, t_9，并将它们分配给前 9 位参与者。
> 2. 按以下步骤计算分配给第十位参与者的部分密码 t_{10}：计算 $t_1 + t_2 + \cdots + t_9$，再用和除以 N，不过这里用的是模除，即商被忽略，余数 R 是我们要的结果。接下来考虑差 $S-R$。如果 $S-R$ 是正数，则 t_{10} 即为 $S-R$。反之，如果 $S-R$ 是负数，则 t_{10} 是 $S-R+N$。注意 $t_1 + t_2 + \cdots + t_{10}$ 除以 N 的余数恰好是密码 S。

我们看一个简单例子，所用的数值不大，可以手动计算。令 $N = 53$，密码 $S = 23$，假设有四个参与者。

1. 选择前三个部分密码，假设分别是 17、47 和 31。
2. 确定第四个部分密码。首先计算前三个值的和：$17 + 47 + 31 = 95$。用 53 除 95，余数为 42。由于 $S-R = 23-42$ 是负数，因此第四个部分密码是 $23-42 + 53 = 34$，如图 17-2 所示。

这个方法真能满足我们的要求吗？我们看看上面的例子。如果四个参与者合作就能算出四部分密码的和，密文 S 只需用 $N = 53$ 除和数并取余便可得。例子中和为 129，除以 53 的余数是 23，正是密文 S。很容易验证这个方法不仅适用于这个例子，换了数据照样有效。

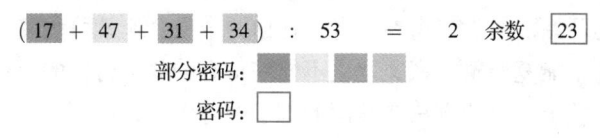

$$(\boxed{17} + \boxed{47} + \boxed{31} + \boxed{34}) \div 53 = 2 \text{ 余数 } \boxed{23}$$

部分密码：▨ ▨ ▨ ▨

密码：▨

图 17-2　采用模除运算的机密共享方法示例（见彩插）

如果不是所有参与者都一致呢？假如只是部分参与者合作，他们能确定密文 S，或者获得有关 S 的有价值的信息吗？初看上去似乎对待最后那个参与者与前面各位不一样，他的部分密码取决于前面诸位的部分密码。不过你再仔细想想就明白其实并非如此。我们再次审视一下上述例子。注意第一个部分密码 17。除开 17，其他几个部分密码之和为 $47 + 31 + 34 = 112$。而 $x = 17$ 是能满足 $112 + x$ 除以 53 余数为 23 的唯一 x 值。这说明第一个部分密码与其他部分密码的关联与最后一个部分密码依赖前面所有部分密码是完全一样的。

我们仍然没有回答如果试图确定密文的合作者并非全体参与者，那会怎么样。换一个问法：确定密文是否一定要所有的参与者合作。我们还是考虑这个例子。假定只有后三个参与者打算合作确定密文，至少也得发现一些有用的信息。这三个人掌握的部分密码是 47、31 和 34。当然他们知道 $N = 53$，但不知道第一位参与者的部分密码。他们还知道所用的方法，也就是知道密文是用所有人部分密码之和除以 53 得到的余数。他们能算出自己的部分密码之和 112。112 除以 53 余数为 6。如果第一个参与者的部分密码不是 17，而是 0，那原来的密文就不会是 23，而是 6。第一位参与者的部分密码是 1 则密文应为 7，以此类推，一直到第一个参与者的部分密码为 51 或 52，则密文应为 4 或 5。准确地说，对于 0 到 52 之间的任意数 s，一定存在一个数 t，满足 112 加上 t 的和除以 53 余数恰好是 s。这就意味着，第一个参与者的部分密码 t 决定的密文值是 0 到 52 之间的某个值 s，而不是 23。由此可知如果后三位参与者只是知道他们自己的部分密码并不能排除任何一个可能的密文值。总之，我们可以说后三位参与者合作也不可能从自己的部分密码推导出有关密文的任何信息。你很容易验证这不仅仅对这个例子如此，一般情况下也如此。

不过你必须确保选择的数不能太小。以我们例子中的 53，要想测试缺失的部分密码所有可能的值并不困难。毕竟只有 53 种可能。其实密文本身的值也只有 53 种可能，你甚至不用管部分密码，直接测试密文本身所有可能的值。因此实际应用于信息共享的数值比我们的 N 大得多。例如取 $N = 10^{50}$。如果这样，一个部分密码的值就有 10^{50} 种可能。前面已经说过，对这么大的值试图尝试一切可能以找出部分密码是不现实的。

17.2　推广的机密共享问题

我们前面只讨论了一种情况，即所有参与者合作才能复原密件的内容。现在考虑更一般的情况：只要有足够多的部分密文就能复原整个密文。

我们从简单情况开始。假设三个参与者中任何两个人合作就可以复原整个密文。不过一个人掌握的部分密文不能复原整个密文，也不能获得有关整个密文的有价值的信息。我们采用部分密码的和表示整个密码的方法在前面的例子中有效，在这里恐怕没什么用了。我们需要新的思路，几何知识可以帮我们。假设我们的机密是平面上的一个点 P。三条直线是部分密文。可以将点的两个坐标值作为保险箱的组合密码。我们选择平面上相交于 P 的三条直线，如图 17-3 所示。假如三个掌握部分密文的人中任意两个合作，他们可以计算对应于各自的部分密文的两条直线的交点，也就得到了三条直线的交点 P。图 17-4 中三个图给出了描述。

图 17-3　三条交于一点的直线，交点是密文（见彩插）

a) 用绿线与蓝线确定密文　　b) 用绿线与红线确定密文　　c) 用蓝线与红线确定密文

图 17-4　平面上的机密共享（见彩插）

一个参与者从自己掌握的部分密文能学到什么吗？显然能学到点东西。在没拿到自己那部分信息之前他只知道机密是平面上某个点。拿到自己的部分密文后他就会知道这个点在自己的那条直线上。因此他确实能得到一些信息，但也仅此而已，他还是无法获知机密。

我们很容易将此方法推广到 m 个部分密文拥有者中的任意两个人合作可以复原密文。机密仍然是平面上的一个点 P。但不是三条直线相交于 P，我们选择 m 条直线相交于 P，其中每条直线是一个部分密文。

如果问题改为要让任意三个部分机密拥有者能够复原密文呢？我们离开平面进入三维空间。机密仍然是一个点 P，不过是三维空间的点。表示部分密文的不再是直线，而是相交于 P 的三个平面。图 17-5 显示了总共四个参与者的情况。

通过计算三个作为部分密文的平面的交点，任意三个掌握部分密文的人能复原密文，如图 17-5c 所示。不过少于三人合作也能获得一点关于密文的信息。例如两个掌握部分密文的参与者合作能计算出相应两个平面的交线。图 17-5b 描绘的就是掌握红色和绿色平面的参与者将他们的部分密文结合起来推导出机密一定在这两个平面的交线上，但究竟是这条线上的哪一点，他们仍然得不到任何线索。

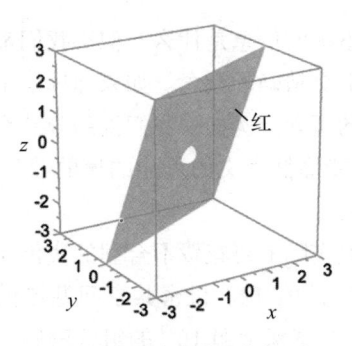

a) 中间的白点表示密文 P。P 位于红色平面上

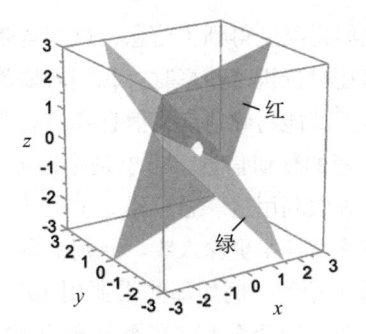

b) 密文在绿色与红色平面相交处，也就是两个平面的交线上

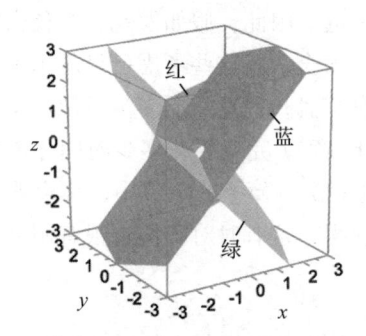

c) 密文位于绿色、红色与蓝色平面相交处，三个平面可以确定密文

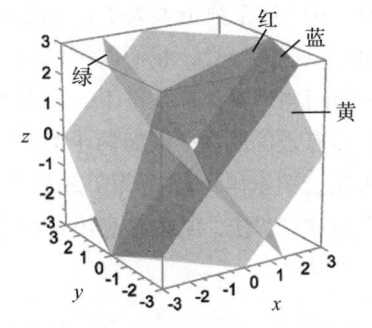

d) 密文位于四个平面（绿，红，蓝，黄）相交处。其中任意三个平面可以确定密文

图 17-5　空间的机密共享（见彩插）

17.3　机密共享、信息论与密码学

我们还能将机密共享问题进一步推广为是否可能由 m 个参与者共享机密 S，其中任意 t 个或 t 个以上的人合作就能复原密件，但只要少于 t 个人就不可能复原密件，甚至不可能获得多少关于机密 S 的信息。其实对于任意的 m 和 t 都是可能的，这称为 m 选 t 机密共享问题。一种方法就是推广上述的几何方法。当然要得到 m 选 t 的机密共享方案需要用到 t 维空间。甚至可能构造少于 t 个人即使合作也绝对不能获得任何关于 S 的相关信息的 m 选 t 机密共享方案。这样的方案利用多项式，而不是用几何方法。它的发明者是著名的密码学者 Adi Shamir，因此也称为 Shamir 机密共享方案。

谁来计算和分配部分密码呢？我们一直未涉及这个问题。显然这个问题很重要。不管谁来计算和分配，他就知道机密了。假如你要用机密共享方案，通常一定会假定有一个值得信赖的人，由他来计算和分配部分密码。你可以认为此人是一个绝对可信赖且绝不可能被贿赂的中间人。

如果我们说某人得到了信息，这究竟是什么意思呢？信息是什么？似乎我们都知道什么是信息。但在讨论机密共享时，我们需要数学意义上更精确的概念。如果你理解了我们上面讨论的内容，就能精确地定义信息和信息获取这样的概念。例如，我们说部分共享不会泄露有关整体机密的任何信息，意思是指部分共享不可能降低密文的可能的值的数量。1948 年著名数学家香农利用这一思想建立了数学的分支信息论。

我们还能讨论得更深入些。原则上可以获得，但实际上要花费不合理的代价才能获得的信息是没有用处的，例如那些需要用 10^{35} 年才能得到的信息。机密共享问题提供了很好的例子。不论我们用什么方法在委员会的 10 个成员中共享保险箱 10^{50} 的组合密码，理论上总是可能通过尝试全部 10^{50} 种可能确定正确的组合密码。但在现实中这是不可行的。即使有计算机相助，10^{50} 这个数也太大了，不可能全部试一遍。因此，假如发现一个秘密需要的时间长到实际上不可能接受，我们就可以说这个秘密是安全的。这些考虑已经超出信息论的范围。这涉及的问题是要计算某件事，或者要获得某种信息，究竟需要多少资源。本书中你会读到对于许多有趣的问题（例如两个大数相乘（第 11 章））究竟要花多少时间才能解。另一方面，在有关公钥密码（第 16 章）或有关单向函数（第 14 章）的章节中，你会看到，某个问题无法找到有效解法，某些信息不可能或者很难获得，这有时对我们也很有用处。

第 18 章

通过电子邮件玩扑克

Detlef Sieling，德国多特蒙德工业大学

本章中我们将探讨玩家不见面如何玩纸牌游戏。与网上的商业扑克游戏系统不同，洗牌和发牌都由玩家自己使用电子邮件或者蜗牛邮政实现。没有大家共同信任的中间人，显然这会带来一些难点：洗牌和发牌的玩家不能借此获得关于发出的牌的任何信息，虽然他必须用邮件把这些牌的有关信息发送出去。再者，每张牌只能发出一次，但发牌者不能知道哪些牌已经发出去了。最后，当一个玩家作弊时，其他玩家必须能发现。

18.1 通过蜗牛邮政发牌

为了说清通过电子邮件玩牌的基本思想，我们先试试通过蜗牛邮政玩牌。先考虑两个玩家，分别是 Alice 和 Bob。他们不在同一地点，相互看不到对方。每个玩家很容易手边再另外放一副外观一模一样的纸牌用来欺骗对方，例如从中选一手同花顺之类的好牌。要避免这种情况发生，正常使用的每张牌必须有个印记，指明使用的牌是合法的，而不是从另外的地方拿来冒充的。

如何洗牌和发牌

我们使用的一副牌有 52 张，包括草花 A，草花 2，⋯，方块 K。洗牌后给每个玩家发 5 张牌。怎么样能让一个玩家洗牌、发牌，但却无法知晓发给对方的是什么牌呢？我们利用信封实现这一目的。Bob 把 52 张牌各自放入一个不同的信封。后面的关键是确认牌是谁放进去的，所以 Bob 在每个信封上签上自己的名字，如图 18-1 所示。

Bob 像通常洗牌一样把封口的信封混在一起发送给 Alice。Alice 无法区分每个信封内是什么牌，因此也不可能自己选好牌，将差牌发给 Bob。Alice 只能将信封再倒腾几下，拿出

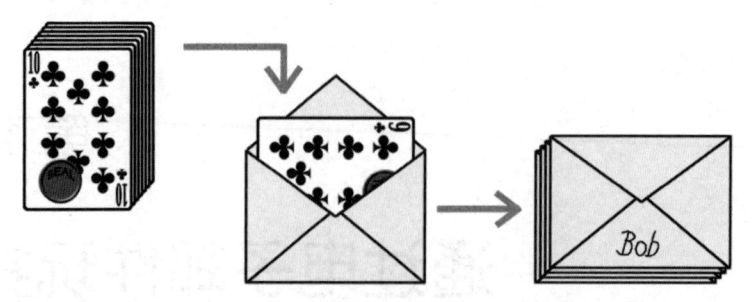

图 18-1　Bob 将 52 张牌放入不同的信封，并签上自己的名字

5 个留给自己，拿出 5 个发给 Bob。这些牌完全是随机选的。Alice 把给 Bob 的信封送还给 Bob。各人打开自己的信封就可以看到自己手上的牌了，如图 18-2 所示。

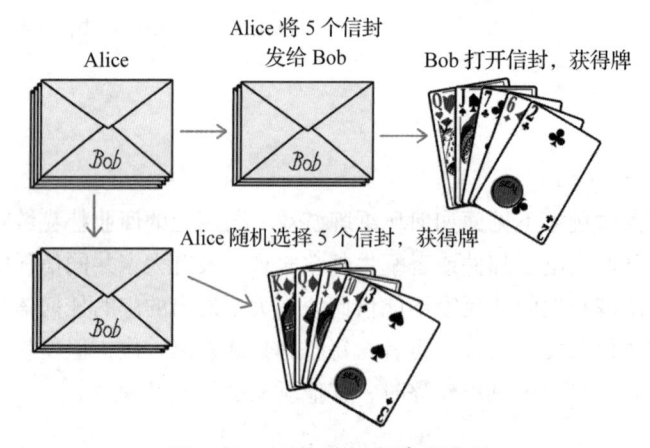

图 18-2　Alice 随机发牌的过程

玩家能作弊吗？例如 Alice 打开其他没发出去的信封，这样就能从更多的牌中选好牌。显然没法保证 Alice 不这么做。但如果 Alice 没有作弊，以后如果两人能碰面，Alice 就能将另外 42 个 Bob 签过名的信封原封不动地交给 Bob 检查。信封上有 Bob 的签名，Alice 不可能把牌放进信封，也不能换个信封替代原来的。Bob 在往信封中装牌时也有可能想作弊。他可能自己留了一张牌，让一个信封空着。假如空信封恰好发到 Bob 自己手上，他也就等于拿到了那张留下来的牌，这也没得到好处。而且打完牌 Alice 和 Bob 检查所有信封时就能发现 Bob 使了诈。

如何叫牌

下一步是叫牌。玩家想叫什么也可以写下来放入信封。这不需要什么新方法。

如何换牌

每个玩家叫牌后可以从未发出的牌中随机选一张或几张更换手中的牌。首先 Alice 可以换 n 张（n 的值为 1 到 5）。这里可能有问题：Alice 首先得丢弃 n 张牌，然后才能取新牌。否则，如果她像上面一样从收到的信封中选新牌，就无法防止她丢弃的是从新打开的信封中取得的牌。这样 Bob 也必须介入 Alice 换牌的过程。

另一方面 Alice 不能将剩下的 42 个信封还给 Bob，否则她无法证明自己没作弊。况且 Bob 前面有可能在信封上已做过手脚，能够辨别出好牌和坏牌。例如他可以在签名的字迹上故意弄出点差别。甚至可以让差别小到别人很难注意到。如图 18-3 所示，按牌的好坏用不同签法（小写的字母 b 不相同）。

信封里是 A   信封里是 K   信封里是 2

图 18-3　Bob 用不同签法作弊

不过这个问题也可以用信封解决。Alice 将剩下的 42 个浅色信封各自放进略大一些的深色信封里并签上自己的名字，混合在一起送给 Bob，如图 18-4 所示。

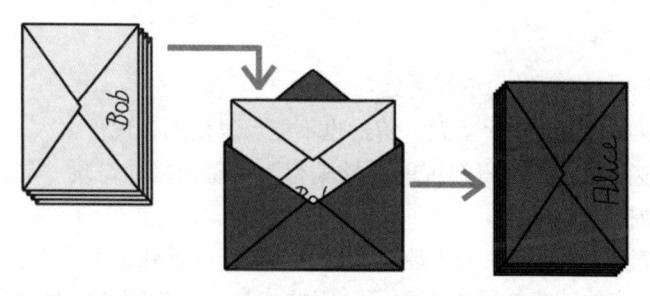

图 18-4　Alice 将 42 张牌放入深色信封并签名

Alice 也将要被置换的 n 张牌每张放入一个单独的信封交给 Bob。Bob 不能打开看里面装的是什么牌，如图 18-5 所示。后面当两人碰头时可以查验信封是否原封不动，并确实有 n 张牌在里面。

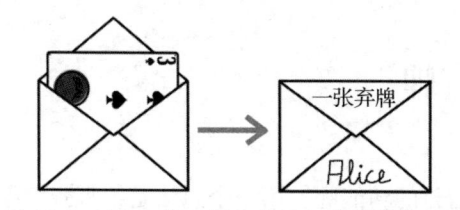

图 18-5　Alice 将 n 张弃牌放入信封交给 Bob

Bob 并不能区分深色信封的内容，他只能再洗牌后选 n 个信封送给 Alice，如图 18-6 所示。这样牌就换好了。

出牌

游戏最后两个玩家各自向对方出牌。这只需向对方发一封信，写明出的牌即可，但各人保留自己的牌，以便后面证明自己当时手上真有那张牌。出牌后便可确定输赢。

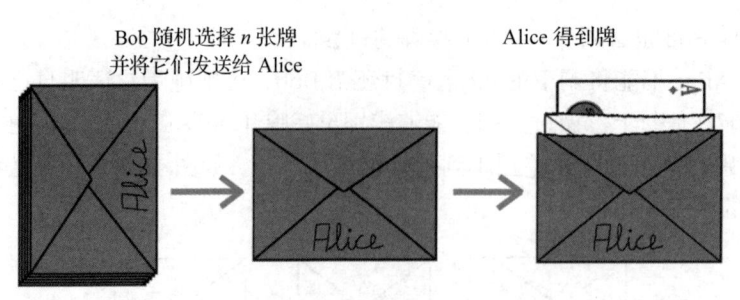

图 18-6　Bob 从 42 张牌中选 n 张

如何证明无人作弊

两个玩家都有多种可能不按规则而欺骗对方。例如每个玩家可能打开不应该打开的信封以便获得更好的牌，或者获得关于对方牌的信息。如果游戏结束后双方能碰面，欺骗容易被发现。双方在碰面前保留自己的牌以及未打开的信封，碰面时可以当场打开所有信封证明各自没有欺骗对方。

讨论

这个游戏过程有几点明显的不利之处：

- 将牌放入信封只能由人手工做，信封也不能反复使用，代价太大。
- 两个玩家碰面之前无法得知可能的欺骗行为。碰面之前每玩一局游戏得使用不同的图戳给牌做标记。
- 蜗牛邮政太慢，玩家会失去兴趣，而且也比电子邮件代价大很多。
- 如果丢失了信件游戏就玩不下去了。因此如果一个玩家认定自己要输了，他可以故意毁信，不可能查出信件卡在什么地方了。

现在的问题是：是否存在某种电子信封能起普通信封一样的作用，甚至性能更好？特别是可以通过计算机发送电子邮件来实现。这就免了装信封的劳动。而且发送方能保存电子邮件，假如丢失可以重发。

18.2　用电子邮件打牌

电子信封

如何用电子邮件实现信封的功能呢？第一个想法是给每张牌编码。Bob 创建编码并进行"洗牌"操作，然后发送给 Alice。Alice 并不知道具体的编码，她可以选牌但不知道究竟选了什么牌。在介绍如何用编码洗牌和发牌之前，我们仅考虑只有 Bob 必须拿牌的特例。可以假设每张牌有固定编号，两个玩家都知道这套编号。假设 0 对应草花 A，1 对应草花 2，2 对应草花 3，…，12 对应草花 k，13 对应黑桃 A，以此类推，最后是 51 对应方块 K。

如何洗牌并发牌给 Bob

开始时 Bob 随机地给每张牌分配编码，比方说，得到如下的列表：

牌	编码	牌	编码
0（草花 A）	→1	5（草花 6）	→0
1（草花 2）	→42	6（草花 7）	→43
2（草花 3）	→22	⋮	
3（草花 4）	→25		
4（草花 5）	→51	51（方块 K）	→13

表的左边一列是所有的牌。右边一列是随机创建的编码，0 到 51 每个数字恰好出现一次。Alice 到目前为止并不知道这个编码表。

Alice 随机选择 0 到 51 之间的 5 个数发给 Bob，对应于要发给 Bob 的 5 张牌。Bob 用编码表查出究竟是什么牌。假如 Alice 为 Bob 选了 0、1、13、42 和 51，按照上面的编码表，Bob 拿到的牌是草花 6、草花 A、方块 K、草花 2 和草花 5。因为 Alice 并不知道编码表内容，她给 Bob 选牌不会受到影响。但 Alice 知道那些编码已经被选过，因此不会重复选同样的牌。

这个做法与使用真正的信封很类似。不同之处在于，当处理的是草花 A 时，Bob 不是将这张牌封进一个信封，而是为它分配一个数字，这里分配的是 1。使用信封时 Alice 不能打开来看里面的牌；这里，Alice 也不知道 1 究竟代表哪张牌。两种情况下 Alice 都无法影响发给 Bob 的牌。

不过游戏结束时，Bob 可能会声称他原先创建的编码不是使用中的样子，而是另外对他更有利的情况。因此必须有个办法将编码表固定，Bob 不能再改它。下面我们会看到如何利用单向函数实现这个要求。

单向函数

第 14 章中我们介绍过单向函数。回顾一下：单向函数求值很容易，但其反函数求值很难。第 14 章的例子是电话号码簿。从姓名查电话号码就是个单向函数，显然很容易查。但反过来，知道电话号码想查使用人姓名就很困难了。

怎样能利用单向函数防止 Bob 更改纸牌的编码本呢？类似于电话号码簿，假设 Alice 和 Bob 各自保存同一本书的副本，其中包含大量的编码表，见图 18-7。

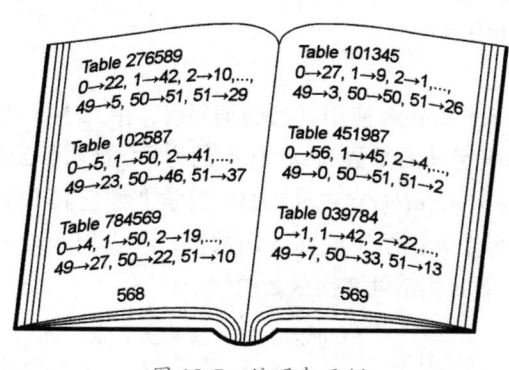

图 18-7 编码本示例

按以下方式发牌给 Bob：第一步 Bob 从书中随机选一个编码表（例如选书中第 569 页最下方的表）。Bob 把表的编号（即 039784）发给 Alice。如果 Alice 想找出 Bob 用的表就必须搜索整本书，假如需要的时间太长，可以认为 Alice 不可能知道 Bob 用的编码表。那么 Alice 只能从 0 到 51 中随机选择 5 个数发送给 Bob。Bob 很容易在表中查出手中的 5 张牌究竟是什么。序号为 0 的牌（草花 A）编码是 1，序号为 1 的牌（草花 2）编码是 42，等等。游戏结束后，Bob 可以把使用的编码表在书中的位置告诉 Alice。Alice 得知所用表的内容，然后就可以验证游戏开始时 Bob 发给自己的编码表号是否真是使用的编码表。而且 Alice 也能验证 Bob "出" 的牌是否确实是手上有的牌。

如何换牌

换牌并不需要新方法。以前面 Bob 那手牌为例，如果 Bob 想换掉草花 2，他就告诉 Alice 他要换掉编码为 42 的牌。Alice 不知道这个编码是指草花 2，当然就不知道 Bob 丢弃哪张牌。然后 Alice 选一个新码作为发给 Bob 的新牌。Alice 知道哪些编码已经用过，她不会将一张牌发两次。这样 Alice 不知道发出了什么牌就可以实现换牌。

数学原理

现在我们用更数学化的方法描述上述实现方案。含编码表的书相当于单向函数 f。该函数将书中编码表的位置映射为一个号码。在上述方案中，Bob 随机选择位置 x，将 $f(x)$ 发给 Alice。因为 f 是单向函数，Alice 很难从 $f(x)$ 算出 x。这需要搜索整本书。游戏结束时 Alice 可以从 Bob 那里获知 x。那时 Alice 很容易计算 $f(x)$，验证 Bob 在游戏开始时发来的确实是这个数字。因此 Bob 也不可能谎称他用的是另一个编码表。

但是计算机存储和搜索整本书不难。我们不用书本形式的编码表，而是使用合适的单向函数实现编码表到一个数字的计算，并用这个数字锁定编码表。这里我们略去这样的单向函数的细节。

也可以将每个编码表当作一个函数。上面我们介绍了纸牌的编号方案。编码表 b 是一个将纸牌序号（从 0 到 51）映射到编码（也是从 0 到 51）的函数。编码表也定义了其逆函数 b^{-1}，它将每个编码映射到对应的纸牌序号。要计算 $b^{-1}(z)$，我们在表中右边一列搜索 z，在左边一列中得到结果。对只有 52 项的表这当然很简单。因为右边列中每个数字恰好出现一次，所以对任意 x，$b^{-1}(b(x)) = x$。

发牌给两位玩家

为了发牌给双方，Alice 和 Bob 使用自己的编码表，由二人分别独立创建，且不让对手知晓。假设 Alice 的编码表定义的函数为 a，Bob 的为 b。这两个函数必须满足对于 0 和 51 之间的任何数（包括 0 和 51），$a(b(x)) = b(a(x))$。数学上称它们可交换。对于可交换函数 a 和 b，先用 a 作用于 x，再用 b 作用于前面的函数值，与先用 b 作用于 x，再用 a 作用于前面的函数值，结果相等。下面就是可交换函数的例子：

$$a(x) = \begin{cases} x+25, & x+25 < 52 \\ x+25-52, & x+25 \geq 52 \end{cases}$$

$$b(x) = \begin{cases} x+37, & x+37 < 52 \\ x+37-52, & x+37 \geq 52 \end{cases}$$

这个例子中编码表没有完全给出。我们只是给出如何从表的左列项计算相应的右列项的公式。很容易验证 $a(b(x))$ 和 $b(a(x))$ 相等。计算 $a(b(x))$ 时首先在 x 上加 37，再加 25，如果结果大于 51 就减去 52。计算 $b(a(x))$ 时不过是将加数的次序倒过来。不是 37 和 25，任何其他数也一样。

这么简单的可交换函数显然不适用于编码表。例如若 Bob 得到 $a(x)$ 的值，他很容易算出 Alice 用的加数 25，这样就得到了函数 a，可以破解 Alice 所有的编码。我们这里不再讨论合适的可交换函数的细节。

锁定已选的编码表

我们还是用 a 和 b 分别表示 Alice 和 Bob 所选的编码表。如上所述，我们使用单向函数 f。Alice 计算 $f(a)$ 并将结果发送给 Bob。同样地，Bob 计算 $f(b)$ 并将结果发送给 Alice。因为 f 是单向函数，两人分别收到 $f(b)$ 和 $f(a)$，但并不能从中得到有关原来编码表 b 和 a 的任何信息。另一方面两人所用的编码表却分别被相应的函数值锁定了。游戏结束时，Alice 将 a 发给 Bob，Bob 很容易计算 $f(a)$ 从而确认 a 确实是 Alice 在游戏开始时选用的编码表。同样 Alice 获知 b 后也可以验证 Bob 是否诚实。

将牌放入信封

Alice 要将牌 x 放进信封，她只需计算 $a(x)$。如果要将牌从信封中取出，用反函数 a^{-1} 作用于 $a(x)$ 即可，因为 $a^{-1}(a(x)) = x$。同样 Bob 可以用函数 b 将牌放入信封。牌的序号以及编码（编码就是信封）都是从 0 到 51 的数，Alice 可以把 Bob 装好的信封 $b(x)$ 装入自己的信封：$a(b(x))$。

我们利用蜗牛邮政玩牌的协议，Bob 先将牌放入信封，然后 Alice 在那些信封外面再套上一个信封。Bob 做的事相当于计算 $b(0), \cdots, b(51)$。很容易看出这些值也恰好就是 0 到 51 的数。以后 Alice 要计算 $a(b(0)), \cdots, a(b(51))$。结果仍然是 0 到 51 的数。Alice 和 Bob 无须计算就知道编码集合 $a(b(0)), \cdots, a(b(51))$ 就是集合 $\{0, 1, \cdots, 51\}$。但 Alice 并不知道 b，所有也不可能知道 x，即那张牌究竟是什么。同样 Bob 也不可能知道，因为他不知道 a。

发牌给 Alice

Bob 从尚未使用的编码列表中（开始时包括 0 到 51 范围内所有的数）选择任意编码作为发给 Alice 的一张牌，并从可用编码列表中将它删除。Bob 并不知道 a，所以无法影响选哪张牌。Bob 将函数 b^{-1} 作用于选定的编码 $a(b(x))$ 就得到 $a(x)$，因为 a、b 可交换，且 $b^{-1}(b(z)) = z$，所以 $b^{-1}(a(b(x))) = a(x)$。然后 Bob 将 $a(x)$ 和 $a(b(x))$ 一起发送给 Alice。Alice 可以用 a^{-1} 作用于 $a(x)$ 收到牌 x，还可以将 $a(b(x))$ 从自己的可用编码表中删除，这样就不会重复发牌了。

发牌给 Bob

Alice 每给 Bob 发一张牌时，先从未使用的编码中选一个。Alice 并不知道函数 b，所以只能随机选择。因为 $a^{-1}(a(z)) = z$，Alice 可以将 a^{-1} 作用于每个选中的 $a(b(x))$，得到 $a^{-1}(a(b(x))) = b(x)$。然后 Alice 将 $b(x)$ 和 $a(b(x))$ 发送给 Bob。Bob 能从收到的 $b(x)$ 算出实际的牌 x，也可以将 $a(b(x))$ 从可使用编码列表中删除。

弃牌

换牌时必须先丢弃手中的部分牌，但不能让对手得知丢弃的是什么牌，玩家将手中打算丢弃的牌的对应编码 $a(b(x))$（对手发牌时发过来的）发送给对方。我们已经讨论过对手不可能从中获知任何信息。

电子信封的性质

我们对纸质信封与电子信封做个比较：先看给 Alice 选牌的过程。Bob 把一张牌放进浅色信封相当于应用函数 b。Alice 再将这个信封放入深色信封相当于应用函数 a。给 Alice 选定了所有的牌以后，Bob 甚至可以不打开深色信封就将里层的浅色信封取出来，这可以通过 $b^{-1}(a(b(x))) = a(x)$ 实现，注意此时 Bob 其实已无法知道取出的究竟是前面封口的浅色信封中的哪一个。用纸质信封这就不可能了，因此电子信封具有纸质信封没有的某些性质：

- Alice 打不开浅色信封，Bob 也打不开深色信封。特别是游戏结束时也不需要去确认双方都没有开过没有使用的信封，因为反正他们也开不了。
- 可以将信封连同里面装入的内容一起复制，却无法得知其中的内容，也得不到任何相关信息。
- 特定的一张牌放入浅色信封再一起装入深色信封，其效果跟先装入深色信封然后再一起装入浅色信封是完全一样的，见图 18-8。因此不破坏外层的深色信封就可以删除里层的浅色信封。

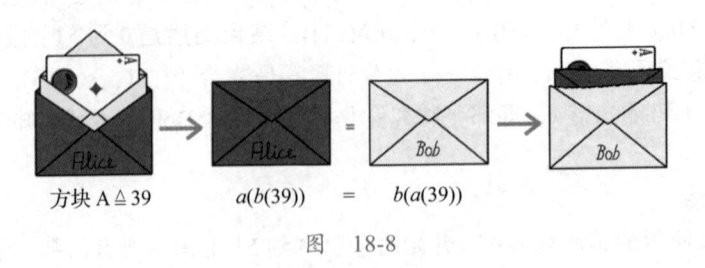

方块 A△39　　　$a(b(39))$　=　$b(a(39))$

图 18-8

如何检查是否有人作弊

游戏结束时，每人将各自的编码表 a 和 b 分别发给对方。然后两人分别计算 $f(a)$ 和 $f(b)$ 即可验证 a、b 是否即为锁定的编码表。利用编码表能验证所有的计算。游戏过程中任何玩家单方面无法打开信封，因为打开信封必须计算反函数 a^{-1} 和 b^{-1}。因此双方见面检查未使用的信封是否完好就没有必要了。

18.3　更多玩家参与的纸牌游戏

我们讨论的只是两个玩家的情况。如果有 3 个甚至更多的玩家呢？我们可以尝试推广前面讨论的策略，但这会导致一个关键问题。我们的基本假设是交手双方都不可能观察对方。那么新加入的第三方有什么办法能防止 Alice 和 Bob 通过手机互通信息呢？网上的商业化扑克系统有可能做到使玩家之间互不知晓。还有可能通过玩家行为分析判断，例如，若发现手上牌较差的玩家总是不叫牌就显出异常。不管怎么样，想证明其他玩家作弊是很困难的。所以如果希望更多的人一起玩，还是大家坐在一起更有趣。

第 19 章

指　　纹

Martin Dietzfelbinger，德国伊尔梅瑙工业大学

19.1　如何在电话上比较长文本

Alice 和 Bob 是很好的朋友。Alice 住在澳大利亚的阿德莱德，但 Bob 住在英国的巴恩斯利。他们喜欢在电话上交谈，但讲的时间长了，电话费很贵。两个人有很多共同兴趣，而且他们对很多东西感兴趣。因此两个人都买了百科全书也就不奇怪了。电话上他们跟对方说了各自买的书。真巧了，两人买的是同样的百科全书。Alice 问了 Bob 一个简单的问题：两人买的版本一模一样吗？真是一字不差，连一个标点符号也不差？

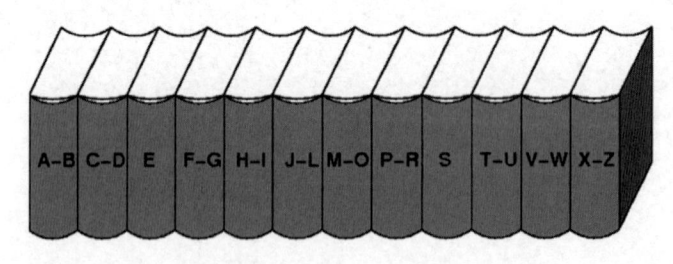

即使 Alice 和 Bob 确认两人购买的都是第 37 版的百科全书，也不能保证澳大利亚印刷的书与英国印刷的书完全一致。有可能一方纠正了一个错字，另一方却没有。两人怎么才能确认两套书确实完全一样呢？Alice 可以拿着自己的书在电话上一字一字地念，Bob 一面听一面比较每个字和标点符号。总可以比出结果，但电话费可是天文数字了（如果用手机更不得了）。Alice 和 Bob 买的可是大部头的百科全书：12 卷，每卷 1500 页，每页上有 2800 个字符；总共大约 18 000 页，5000 万字符。就算 Alice 五分钟就能读完一页，他们也得不间断地忙上 60 多天（电话计费系统也会连续工作那么长时间）。

在计算机中我们可以用一个字节，即 8 位二进制字位（0 或 1）表示一个字符，包括逗号、空格、短横以及分页符等。这整套百科全书有多达 5000 万个字节，或者说 50 兆字节。假设 Alice 和 Bob 每人已分别将自己的书全部输入计算机。一旦整套书已经用电子形式保存，实际上通过电子邮件将它从澳大利亚发送到英国也不算件大事。不过为了说明有关算法，我们且假设通信联络很贵，或者错误很多，因此传送大量信息不可能或者不是好的选择。

是否有可能让 Alice 和 Bob 比较他们的百科全书，但又不必逐字比呢？他们还是希望通过手机联系，因此通信量必须很小。

如果你曾利用电子邮件发送很大的文件，或者你遇到过硬盘快满了，需要腾出一些空间，那你很可能听说过一种称为"数据压缩"的方法。通过数据压缩我们可以让文本或图像等数据"挤在一起"，这样可以减少占用的空间，也可以缩短传输时间。Alice 和 Bob 可以用这个方法。可是即使他们能将数据压缩到原来大小的五分之一，通信时间还是太长。因此数据压缩解决不了我们的问题。

有一个非常简单的比较：Alice 数出自己的书中的字符数，假如结果是 n。Alice 把 n 告诉 Bob，这也就是 8 个十进制数字，眨眼之间的事。Bob 也数自己书中的字符个数，比如说结果是 n'。如果 n 不等于 n'，Bob 立即可以说两人的书不完全一样（假设两人都没数错）。下面我们假设两人的百科全书确实文本长度一致。

19.2 数字串表示的文本与模算术

我们最终的目标是能找到一种技巧，可以通过很短的信息交换来比较两个文本。为此我们要把文本转换为数字，然后对数进行计算。我们需要一些基础知识。你可能已经注意到在计算机中每个字符是用字节，也就是 8 位二进制字位（0 或 1）串表示的。有一种标准的编码方法，称为 ASCII 码。在这种编码方案中 A，B，C，…编码为 01000001，01000010，01000011 等。这些字位串可以看作用二进制表示的数。我们用这种方法给字符编码便可以得到如下的字符与数的对照表：

A	B	C	…	Z	a	b	c	…	z
65	66	67	…	90	97	98	99	…	122

标点符号同样有对应的数，例如，感叹号（"!"）是 33，空格（""）是 32。在这样的编码方案下，每个字符对应 0 到 255 之间的一个数。文本"Alice and Bob have a chat"编码为如下形式（包括空格）：

65　108　105　99　101　32　97　110　100　32　66　111　98　32
　　104　97　118　101　32　97　32　99　104　97　116　46，

数学上我们可以将其表示为一个序列：

(65, 108, 105, 99, 101, 32, 97, 110, 100, 32, 66, 111, 98, 32, 104, 97, 118, 101, 32, 97, 32, 99, 104, 97, 116, 46)

现在我们可以想象 Alice 把她整套百科全书转换为一个很长很长的数字串：

$$T_A = (a_1, a_2, \cdots, a_{n-1}, a_n)$$

其中每个数字在 0 到 255 之间，并且 Bob 也做同样的事，得到如下的结果：

$$T_B = (b_1, b_2, \cdots, b_{n-1}, b_n)$$

这里的 n 大约是 5000 万，在本书中不可能把它们全写出来。为了便于解释，假设 $n = 8$：

> 用数字串表示文本（"Adelaide" 和 "Barnsley"）
>
> $T_{Ad} = (a_1, a_2, \cdots, a_8) = (65, 100, 101, 108, 97, 105, 100, 101)$
>
> $T_{Ba} = (b_1, b_2, \cdots, b_8) = (66, 97, 114, 110, 115, 108, 101, 121)$

现在我们打算对这些数进行计算。这需要一种称为"模算术"的方法，在第 17 章中我们提到过，第 25 章中会更详细地解释。任意整数 a 对整数 $m>1$ 取模就是计算 a 除以 m 得到的余数。换句话说，在数轴上从整数 a 开始向左，计算碰到第一个 m 的整数倍时走过了多少个整数。这个值记为 $a \bmod m$。例如，当 $m = 7$，$16 \bmod 7 = 2$，$-4 \bmod 7 = 3$。下表中列出 $a \bmod 7$ 更多的值。很容易找到规律：假如沿数轴向右走，$a \bmod m$ 的值会按照 $\{0, 1, \cdots, m-1\}$ 重复循环改变。

a	$\cdots$	-4	-3	-2	-1	0	1	2	3	4	5	6	7	8	9	10	$\cdots$
$a \bmod 7$	$\cdots$	3	4	5	6	0	1	2	3	4	5	6	0	1	2	3	$\cdots$

所谓"模算术"就是两个数相加或相乘"对 m 取模"具体计算方法是这样的：先按照普通的加法和乘法对两个数字进行计算，然后计算其结果除以 m 得到的余数。例如：$3 \cdot (-6) \bmod 7 = (-18) \bmod 7 = 3$。计算的数字很大时，简单起见，可以对中间结果取模。例如：计算 $(6 \cdot 5 + 5 \cdot 4) \bmod 7$，可以先计算 $6 \cdot 5 \bmod 7 = 30 \bmod 7 = 2$，再计算 $5 \cdot 4 \bmod 7 = 20 \bmod 7 = 6$，最后得到结果 $(2 + 6) \bmod 7 = 8 \bmod 7 = 1$。

19.3 指纹

现在我们将模算术用于文本 T_{Ad} 和 T_{Ba}。首先选一个数 m，后面我们会理解为什么 m 应该是大于 255 并大于 n 的素数，可能大到 $2n$ 或 $10n$。为了方便计算，我们选 $m = 17$。

对 $r = 0, 1, 2, \cdots, m-1$ 以及文本 $T = (a_1, a_2, \cdots, a_{n-1}, a_n)$，考察下面的数

$$\mathrm{FP}_m(T, r) = (a_1 \cdot r^n + a_2 \cdot r^{n-1} + \cdots + a_{n-1} \cdot r^2 + a_n \cdot r) \bmod m$$

例如，对于 T_{Ad} 和 $r = 3$，则：

$$\mathrm{FP}_m(T_{\mathrm{Ad}}, 3) = (65 \cdot 3^8 + 100 \cdot 3^7 + 101 \cdot 3^6 + 108 \cdot 3^5 + 97 \cdot 3^4 + 105 \cdot 3^3$$
$$+ 100 \cdot 3^2 + 101 \cdot 3) \bmod 17$$

注意最右边的 n 是文本长度，这个值可能很大，m 的位数会很少，因此 $\mathrm{FP}_m(T_{\mathrm{Ad}}, 3)$ 的位数也很少。$\mathrm{FP}_m(T, r)$ 可以用十进制或二进制表示，我们称它为文本 $T = (a_1, a_2, \cdots, a_n)$ 相对于 r 计算的"指纹"。

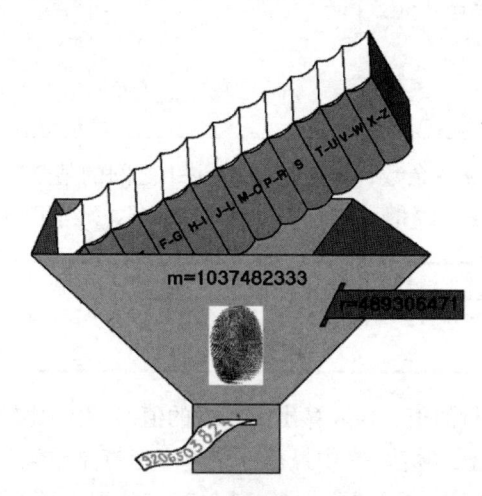

称其为"指纹"是因为数 $\mathrm{FP}_m(T, r)$ 只需要用很小的存储空间就能保存关于文本 T 的信息，这些信息有可能帮我们把这个文本与其他文本区分开来。这就像人的一个小小指纹就能将这个人与其他人区分开来一样。当然我们也可以用文本长度作为文本的"指纹"，但这过于粗糙。

乍看上去，计算 $\mathrm{FP}_m(T, r)$ 也很有风险，特别是我们感兴趣的文本可能都很长，r 的高次幂会是很大的数。不过一个简单的因子分解技巧可以消除这个问题：

$$\mathrm{FP}_m(T, r) = ((((\cdots(((a_1 \cdot r) + a_2) \cdot r) + \cdots) \cdot r + a_{n-1}) \cdot r + a_n) \cdot r) \bmod m$$

如果这个表达式按照正常方式从最里面的括号开始，逐步向外计算，每一步都对 m 取模，中间结果都是很小的数。例如对于 $r = 3$，我们有如下的式子：

$$\mathrm{FP}_m(T_{\mathrm{Ad}}, 3) = (((((((65 \cdot 3) + 100) \cdot 3 + 101) \cdot 3 + 108) \cdot 3 + 97) \cdot 3$$
$$+ 105) \cdot 3 + 100) \cdot 3 + 101) \cdot 3) \bmod 17$$

每一步计算的中间结果如下表所示：

	值	中间结果		值	中间结果
a_1	65	$(65 \cdot 3) \bmod 17 = (14 \cdot 3) \bmod 17 = 8$	a_5	97	$((1 + 97) \cdot 3) \bmod 17 = (13 \cdot 3) \bmod 17 = 5$
a_2	100	$((8 + 100) \cdot 3) \bmod 17 = (6 \cdot 3) \bmod 17 = 1$	a_6	105	$((5 + 105) \cdot 3) \bmod 17 = (8 \cdot 3) \bmod 17 = 7$
a_3	101	$((1 + 101) \cdot 3) \bmod 17 = (0 \cdot 3) \bmod 17 = 0$	a_7	100	$((7 + 100) \cdot 3) \bmod 17 = (5 \cdot 3) \bmod 17 = 15$
a_4	108	$((0 + 108) \cdot 3) \bmod 17 = (6 \cdot 3) \bmod 17 = 1$	a_8	101	$((15 + 101) \cdot 3) \bmod 17 = (14 \cdot 3) \bmod 17 = 8$

最终结果是 $\mathrm{FP}_{17}(T_{\mathrm{Ad}}, 3) = 8$。

下面是计算指纹 $FP_m(T, r)$ 的算法：

```
算法 FP，计算 FP_m(T, r)
1   procedure FP (m, T, r)
2   begin
3       fp := (a_1 · r) mod m;
4       for i from 2 to n do
5           fp := ((fp + a_i) · r) mod m;
6       endfor
7       return fp
8   end
```

计算得到的指纹是模 m 的余数，显然是 0 到 $m-1$ 之间的某个数，中间结果始终小于 m^2。用上面的过程计算当 $r = 17$ 时，T_{Ad} 和 T_{Ba} 的所有指纹，结果如下：

r	0	1	2	3	4	5	6	7	8	9	10	11	12	13	14	15	16
$FP_m(T_{Ad}, r)$	0	12	7	8	11	14	15	5	11	1	2	12	13	13	6	6	0
$FP_m(T_{Ba}, r)$	0	16	9	2	2	6	14	3	11	12	2	11	12	15	2	10	11

（Alice 可能算出第一行的值，Bob 算出第二行的值。）我们比较这两个值。当 $r = 0$，两行上的值都是 0。这不奇怪，算法 FP 中最后一个算术运算是乘以 r，因此 $r = 0$ 的指纹不能提供任何信息，我们根本不需要考虑 $r = 0$。其他对应位置上两行的值很难看出什么规律。我们靠比较一下同一列上的数。当 $r = 3$，也就是我们上面计算的例子，$FP_{17}(T_{Ad}, r) = 8$，而 $FP_{17}(T_{Ba}, r) = 2$。知道这两个指纹足以让 Bob 立即判定两人的文本不可能一样。但在其他某些列上，例如当 $r = 8$ 和 $r = 10$，结果相同（分别为 11 和 2）——这些 r 值帮不了我们。

19.4　基于随机数的指纹

怎么能让上面的方法真正实用呢？为什么 Alice 和 Bob 要计算上面表中所有的值呢？（想想 n 和 m 很大的情况，他们不可能有足够时间计算那么多值。）Alice 随机地在 1 到 $m-1$ 之间选一个数作为 r。例如她重复旋转一个"幸运轮盘"，轮盘圆周等分为 10 部分并标上数字，每旋转一次可以选定一个十进制数字，如下图所示。

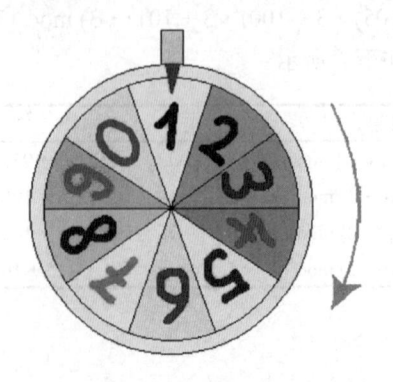

（每种程序设计语言中都会提供生成随机数的操作。第 25 章中讨论随机数生成的原理。）Alice 打电话给 Bob 告诉他自己选的数，这只需要说出很少的十进制数就可以了。挂断电话后，Alice 计算 $\text{FP}_m(T_A, r)$，多半是让计算机算。同时 Bob 也在计算 $\text{FP}_m(T_B, r)$。这可能得花些时间，但不必通信，因此也没有电话费。一旦两人的计算都完成了，Alice 再打电话告诉 Bob 自己的"指纹" $\text{FP}_m(T_A, r)$。现在有两种可能性。

情况 1：文本 T_A 和 T_B 相同。那么 Alice 和 Bob 的计算结果也一定相等，不管选中的 r 是什么数。

情况 2：文本 T_A 和 T_B 不同（在上面的例子中，文本分别是"Adelaide"和"Barnsley"，$m = 17$）

- 如果 Alice 选的 r 使得 $\text{FP}_m(T_A, r) = \text{FP}_m(T_B, r)$（如上面例子中的 $r = 8$ 或 $r = 10$），那么 Bob 算出的指纹和 Alice 的一样，这样两人以为两个文本相同。
- 如果 Alice 选的 r 使得 $\text{FP}_m(T_A, r) \neq \text{FP}_m(T_B, r)$（如上面的例子另外 14 个数中的任何一个），那么 Bob 算出的指纹和 Alice 的不一样，Bob 立即可以判定两个文本一定不一样。

这个例子中 Alice 和 Bob 发现文本不同的概率是 14：16，也就是 87.5%。一般情况下发现差别的概率是多大呢？为了能得到一些有关结论，我们必须首先回顾一点数论知识。数论是数学的一部分，在密码中很有用（参见第 16 章）。我们可以证明：

> **指纹定理**
>
> 如果 T_A 和 T_B 是两个长度为 n 的不相等的文本（字符串），如果 m 是大于 T_A 和 T_B 中任何数的素数，则在 m 个数对 $\text{FP}_m(T_A, r)$，$\text{FP}_m(T_B, r)$ 中最多有 n 对中两个数值相等，$r = 0, 1, \cdots, m-1$。

这个数学定理几百年前就被发现了。素数有许多有趣的性质——这个性质是比较简单的。如何证明对 Alice 和 Bob 并不重要，对我们现在关心的内容也不重要，到本章最后一节中我们会给出证明的概要。现在我们更关心的是这对 Alice 和 Bob 解决他们的问题有什么帮助。

在我们的例子中，$n = 8$，指纹定理的含义是：不管 T_A 和 T_B 看上去如何，只要它们不相等，在我们的表中最多不超过 7 个非零的 r 值有可能使 Alice 和 Bob 算出相同的指纹。这也意味着他们能看出不同的概率是 9：16，大于 50%。且慢，这未必真实。上述例子中选的 m 很小，不大于 255（文本中出现的最大数），这不符合指纹定理的要求。因此，发现 T_A 和 T_B 不同的概率大于 50% 这个结论只有在以下条件满足时才成立：至少在一个字符位置 i 上，a_i mod 17 $\neq b_i$ mod 17。如果选的 m 大于 255，这个问题就不存在了。

现在我们试试用这个方法考虑本章开始的问题，文本长度达 5000 万字符。Alice 和 Bob 为了结论有效必须选择大于 5000 万的素数 m，假设 $m = 1\ 037\ 482\ 333$。（在互联网上能找到可以提供这么大甚至更大素数的表。）对于这么大的 n 和 m，我们当然不会列表写出 $\text{FP}_m(T, r)$ 的所有值。但根据指纹定理，我们能够知道如果我们真全写出来，那么在总共 m

列中，$FP_m(T_A, r)$ 和 $FP_m(T_B, r)$ 相等的列数不会超过 n（包括 $r = 0$ 那列）。

假设 Alice 在 1 到 $m-1$ 之间随机选择了 r，Alice 和 Bob 计算后相互告知各自的指纹，Alice 不巧选到"坏" r 值，以致不能发现 T_A 与 T_B 不同的概率最多是：

$$\frac{n-1}{m-1} \approx \frac{50000000}{1000000000} = 0.05$$

或者说 5%。他们能发现文本不同的概率至少为 95%。

那么通信代价呢？虽然 Alice 和 Bob 计算量不小（或者说他们的计算机工作量不小），他们需要传送的信息量非常少：Alice 需要告诉 Bob 她的字符数（8 位十进制数）和素数 m（10 位十进制数），她还要将 r 和 $FP_m(T_A, r)$ 告诉 Bob（20 位十进制数字）。

> Alice 和 Bob 传送不到 40 位十进制数字就能实现小于 5% 的出错率。

这就意味着本章开始时我们认为不可能的事（通过电话比较特别长的文本）其实要不了一分钟，完全可行。

可能 Alice 和 Bob 对 5% 的出错率并不满意，坚持要更小得多。我们完全可以做到不用增加多少通信量就能降低出错率。Alice 随机选择两个数 r_1 和 r_2，并将这两个数以及相应的指纹 $FP_m(T_A, r_1)$ 和 $FP_m(T_A, r_2)$ 告诉 Bob，如果 Bob 根据 T_B 算出两个相同的指纹，他就（冒着小小的出错风险）判定两个文本相同。Bob 认为两个文本相同但其实不同的概率不大于：

$$\frac{(n-1)^2}{(m-1)^2} < \left(\frac{n}{m}\right)^2 \approx 0.05^2 = 0.0025$$

也就是说注意到文本不同的概率至少是 99.75%。Alice 甚至可以选发送 3 对数给 Bob（总通信量略少于 80 位十进制数字），出错率会下降到 (n^3/m^3) ≈ 0.000 125，或者说 0.0125%，发现不同的概率高达 99.9875%。

19.5 协议

我们总结一下 Alice 和 Bob 检查文本是否一致时使用的方法。这里既有计算也有通信，我们不称它"算法"，而称作"协议"（含义是一组规则，指明什么人在什么时候该做什么事）。

> **利用指纹比较两个文本的协议**
>
> Alice 有 0 到 $d-1$ 之间的数字构成的序列 $T_A = (a_1, \cdots, a_n)$。
> Bob 有 0 到 $d-1$ 之间的数字构成的序列 $T_B = (b_1, \cdots, b_{n'})$。
> 1. Alice 告诉 Bob n 的值，如果 $n \neq n'$，Bob 宣布"不同"，终止。
> 2. Alice 和 Bob 商定重复次数 k。

> 3. Alice 选择一个素数 m，m 略大于 d 与 $10n$，并随机选择 1 到 $m-1$ 之间的 k 个数 $r_1, \cdots, r_k$，将 m 与 $r_1, \cdots, r_k$ 告诉 Bob。
>
> 4. Alice 计算 $FP_m(T_A, r_1), \cdots, FP_m(T_A, r_k)$。（修改算法 FP，使其在计算所有 k 个结果时对文本 T_A 只读一次）。
>
> 5. Bob 用相同的算法计算 $FP_m(T_B, r_1), \cdots, FP_m(T_B, r_k)$。
>
> 6. Alice 将自己计算的 k 个结果告诉 Bob。
>
> 7. Bob 用自己计算的 k 个值与 Alice 的结果比较。
>
> 如果有不同的值，Bob 宣布"不一致"，终止。
>
> 如果所有结果值均相等，Bob 宣布"未发现不一致"，终止。

协议的结果具有下面的性质：

- 如果 Alice 和 Bob 有相同的文本，他们计算出的 k 个指纹全部相等。因此协议的结果一定是"未发现不一致"。
- 如果 Alice 和 Bob 的文本不一致（但长度相等），根据指纹定理，在 Alice 从中选 r 的 $m-1$ 个数中，最多有个 $n-1$ 个值能使 $FP_m(T_A, r)$ 与 $FP_m(T_B, r)$ 相等。因为 r 是随机选取的，$FP_m(T_A, r)$ 和 $FP_m(T_B, r)$ 相等的概率最多是 $(n-1)/(m-1)$。Alice 选的所有 k 个 r 值全部是"坏" r 以至于 Bob 宣布"未发现不一致"的概率不大于：

$$\frac{(n-1)^k}{(m-1)^k} = \left(\frac{n-1}{m-1}\right)^k < \left(\frac{n}{m}\right)^k$$

由于我们假设 $m \leq 10n$，这个上界小于 $1/10^m$，只要选择足够大的 k，Alice 和 Bob 可以将出错的概率限定值任意小。

假设 $m \approx 10n$，且 n 的十进制表示位数为 t。如果 Alice 和 Bob 要求出错概率不超过 10^{-k}，那么 Alice 最多传送 $(t+1) \cdot (2+2k)$ 个十进制数字。令人惊奇的一点是当文本长度增加时，传输量增加非常慢。假如需比较的文本长度增大 10 倍，也就是说 n 增大 10 倍，传输数字量只增加 $2k$。

19.6 总结

- 如果要求绝对确定地比较两个文本可以采用"无损压缩"技术，不过通常压缩结果不可能达到文本长度的五分之一左右。
- 如果能接受很小概率的错误判断，认为两个实际不同的文本相同，可以采用指纹技术。这会大大减少需要传送的信息长度。
- 对于长度为 n 的文本，采用大于 n 的素数 m。如果发送 k 个指纹，出错率不大于 $(n/m)^k$。这种情况下必须传送 $2k+k$ 个不大于 m 的数。

- 如果能容忍错误结果会以小概率出现，那么在算法和通信协议中使用随机数能够显著减少存储空间或计算时间等资源消耗。而且往往有办法（例如重复执行算法或协议）使出错概率减低到实际应用中可以忽略不计。
- 使用随机方法进行决策或选择的算法或协议称为"随机算法"或"随机协议"。在第25章中将讨论随机怎样进入计算机，即如何让计算机能生成随机数。
- 有时候，乍看上去虽然很好但似乎没有实际价值的数学概念可以得到很好的应用，能节省计算开销、存储空间或者减少通信代价。

19.7 关于指纹定理的注记

下面概要地讨论指纹定理成立的理由，对数学感兴趣的读者不难理解。

"多项式"或者更精确地说"有理多项式"的形式如下：

$$f(x) = c_n x^n + c_{n-1} x^{n-1} + \cdots + c_1 x + c_0$$

这里 x 称为"变量"，"系数" $c_n, c_{n-1}, \cdots, c_1, c_0$ 均为有理数，或分数 p/q，p 和 q 为整数，$q > 0$。下面的表达式均为有理多项式：

$$2x^2 + \frac{3}{2}, \quad \frac{3}{4}x - \frac{1}{10}, \quad x^5 + 4x^4 - 3x^2 - \frac{15}{29}x + \frac{1}{3}, \quad \frac{7}{8}, \quad 0$$

在倒数第二个例子（7/8）中，$n = 0$，$c_0 = 7/8$；最后一个例子（0）中，根本没有非零项。写多项式时，系数为 0 的 i 次项 $c_i x^i$ 通常被省略。

可以用通用的法则对多项式进行加法和减法运算：

$$\left(2x^2 + \frac{3}{2}\right) + \left(-3x^2 + \frac{3}{4}x - 1\right) = (2-3)x^2 + \frac{3}{4}x + \left(\frac{3}{2} - 1\right) = -x^2 + \frac{3}{4}x + \frac{1}{2}$$

$$\left(2x^2 + \frac{3}{2}\right) - \left(-3x^2 + \frac{3}{4}x - 1\right) = (2+3)x^2 - \frac{3}{4}x + \left(\frac{3}{2} + 1\right) = 5x^2 - \frac{3}{4}x + \frac{5}{2}$$

任何多项式减自己结果是"0 多项式"：$f(x) - f(x) = 0$。当然也可以对多项式进行乘法运算。做乘法时，用分配律展开乘积，然后按照 x 的幂次合并系数。下面是一个例子：

$$\left(2x^2 + \frac{3}{2}\right) \cdot \left(\frac{3}{4}x^3 - x\right) = \frac{3}{2}x^5 + \frac{9}{8}x^3 - 2x^3 - \frac{3}{2}x = \frac{3}{2}x^5 - \frac{7}{8}x^3 - \frac{3}{2}x$$

多项式另一个重要运算是"代入"：如果 $f(x)$ 是多项式，r 是一个有理数，$f(r)$ 表示用 r 置换多项式中的 x 并计算得到结果。举例来说，如果 $f(x) = x^3 - (1/2)x^2 + 2x - 1$，那么 $f(0) = -1$，$f(1) = 3/2$。一个有理数 r 如果满足 $f(r) = 0$，则 r 称为多项式 $f(x)$ 的根。例如 $r = 1/2$ 是多项式 $f(x) = x^3 - (1/2)x^2 + 2x - 1$ 的根。

显然，0 多项式有无穷多个根，其实所有的有理数都是它的根。多项式 $f(x) = 10$ 没有有理数根，而 $2x + 5$ 有唯一的根，即 $-5/2$。多项式 $x^2 - 1$ 有两个根，即 1 和 -1，多项式 $x^2 + 1$

没有（有理数）根。可以证明：

> **定理（有理多项式根的个数）**
>
> 假设 $f(x) = c_n x^n + c_{n-1} x^{n-1} + \cdots + c_1 x + c_0$，$n \geq 0$，$c_n \neq 0$ 是多项式，f 的不同根的数量最多为 n。

（粗略地说，假设 $r_1, \cdots, r_k$ 是 $f(x)$ 的 k 个不同的根，我们就可以将 $f(x)$ 写为 $(x-r_1) \cdot \cdots \cdot (x-r_k) \cdot g(x)$，$g(x)$ 是非零的多项式。由于 $f(x)$ 中 x 的最高幂次项是 x^n，k 不可能大于 n。）

根据这个关于多项式根的定理可知，如果有如下两个不同的多项式：

$$g(x) = c_n x^n + c_{n-1} x^{n-1} + \cdots + c_1 x + c_0$$
$$h(x) = d_n x^n + d_{n-1} x^{n-1} + \cdots + d_1 x + d_0$$

那么最多有 n 个不同的数 r 满足 $g(r) = h(r)$。为什么呢？考虑两个多项式的差：

$$f(x) = g(x) - h(x)$$
$$= (c_n - d_n) x^n + (c_{n-1} - d_{n-1}) x^{n-1} + \cdots + (c_1 - d_1) x + (c_0 - d_0)$$

可能会发生这样的情况：$c_n = d_n$，$c_{n-1} = d_{n-1}$，等等，也就是 $f(x)$ 的很多系数等于 0。但是我们如果假设 $g(x)$ 和 $h(x)$ 不相等，$f(x)$ 不可能是零多项式，将 $f(x)$ 写为一般形式：$f(x) = e_k x^k + \cdots + e_1 x + e_0$，$0 \leq k \leq n$，$e_k \neq 0$。根据关于根个数的定理，$f(x)$ 最多有 k 个根，且 $k \leq n$。但是，对于任意有理数 r，若 $g(r) = h(r)$，则 $f(r) = g(r) - h(r) = 0$。因此能使 $g(r) = h(r)$ 的数 r 的个数不超过 n 个。

嘿！这不几乎就是指纹定理的说法吗？只有一点不同，指纹定理中是对某个素数的模计算，这里是有理数计算。不过多项式根个数定理成立不一定要求有理数，只要有个确定的数域，加减乘除计算均在这个范围内进行（除数不能是 0）。我们可以证明，当且仅当 m 是素数，模算数满足这个性质。这就意味着根数量的定理对于以素数为模的模算数仍然成立。

第 20 章

哈希方法

Christian Schindelhauer,德国弗莱堡大学

哈希是英语"Hash"的音译。原来的意思是切碎的菜肉拌在一起。样子与原料不一样了,但仍然能尝出里面是什么。在德语里这个发音很像"兔子"。

很难看见兔子。这些害羞的动物善于隐藏。但仔细观察会发现雪地上留下的脚印。

这是两只兔子并排在雪地上奔跑。足迹会告诉我们关于动物的许多事。大小,重量,是否结伴而行,等等。有时会看到这样的东西:

这是兔子的排泄物。它能告诉我们兔子吃什么，这只兔子是否健康，还可能有其他许多事。今天通过复杂的实验室测试，我们甚至能区分这是哪一只兔子。这种方法也适用于其他动物（在马德里，这种方法用于确定哪条狗污染了环境）。

20.1 消化信息

这和算法有什么关系呢？好吧，我来告诉你。这些排泄物是从兔子吃下去的食物转化来的。

吃下去的食物被嚼碎，消化，脱水，等等，最后得到的是排泄物。你不妨将"哈希"这个词就理解为这样的过程。可以从最后的产物往前探寻。很多信息丢失了，例如消化过程，但原先吃了什么还是能辨识的。

我们可以用那些食物类比计算机处理的文本、音乐或者视频。这些在计算机中都是文件，在计算机工程师眼中都是字位串，即 0 或 1 构成的序列。它们被混合、合并、压缩、成为固定长度的字位串。我们称这些序列被"哈希"了，就像下图所示。

在维基百科等网络百科全书中你会查到最著名的哈希算法，如 MD-5（信息消化-5）、SHA（安全哈希算法）等。

20.2 安全哈希方法

为什么需要这些哈希算法呢？首先，需要将长度不同的文件映射为长度相同的文件。其次，算法的结果可以帮助我们识别原先的文件，但未必能让我们恢复原件。下面我们来讨论相关的数学原理。

$\{0, 1\}^*$ 表示所有二进制字符串构成的集合 $\{0, 1, 00, 01, 10, 11, 000, 001, \cdots\}$，其中包括不含字符的空串。$\{0, 1\}^k$ 表示长度恰好为 k 的所有二进制字符串，例如 $\{0, 1\}^3 = \{000, 001, 010, 011, 100, 101, 110, 111\}$。哈希函数是一个映射：$f\colon \{0, 1\}^* \to \{0, 1\}^k$。

如果我们说哈希函数的结果识别输入，那是什么意思呢？所谓"识别输入"意味着当且仅当 $x = y$，$f(x) = f(y)$。相反的说法则是：存在不同的值 x 和 y，能满足 $f(x) = f(y)$。

后面这个等式被称为"冲突"。哈希方法的隐性论断是存在哈希函数，能保证无穷多的字位串从不导致冲突。数学上绝对是荒唐的。为什么？

你可以想象一下我们有很多盒子，数量恰好和长度为 k 的二进制字符串一样，也就是 2^k 个。每个盒子就是 $f(x)$，只能放入一个输入的二进制字符串。二进制字符串的个数比 2^k 多得多，有无穷多个。因此至少有一个盒子会遇到无穷多次冲突，如图 20-1 所示。

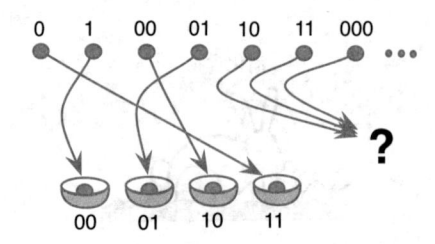

图 20-1 无穷多输入放入相应的盒子，会遇到冲突

其实这里有陷阱！我们选的 k 足够大，有足够的盒子放可能创建的所有文件，如图 20-2 所示。因此，我们为这个星球上每台待创建计算机上的每个待创建的文件，都预留了一个哈希值。假如选 $k = 512$，那就有 $2^{512} > 10^{154}$ 个盒子。假如能不断往盒子里放文件，没有人（或者计算机）能造成冲突，那我们就成功了。

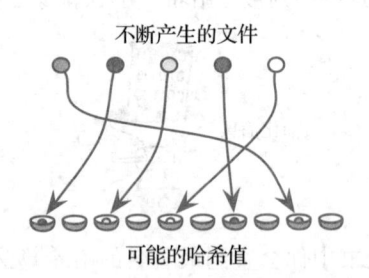

图 20-2 有足够的盒子放文件

时至今日，我们仍然不知道是否可能实现上述目标，尽管我们已经找到一些 SHA-512（哈希值含 512 位二进制字符）之类可能的候选函数。但这还不能证明什么，例如 MD-5 对现存的文件可以看作无冲突的安全哈希函数，但也许有一天我们发现一种方法可以产生任意多的冲突。那时它又不安全了。

能在实际使用中避免冲突的哈希函数很有用，计算机工程师利用上述的候选函数解决自己的问题。例如这些哈希函数能用于证明通信传输的正确性，哈希值能证明传输过程中不会丢失或更改任何一位数据，任何人也无法替换整个报文。

20.3 字典中的哈希方法

考虑在存储区 S 中存放 m 个数据项。存储单元组织为数组，存储位置 $S[1]$，…，$S[m]$ 可以直接访问，存取数据。存储操作中根据字位串（或文本）识别数据项。

如表 20-1 所示，数据量很小，但索引名很长。如果有个哈希函数映射到区间 $\{1, 2, 3, \cdots, m\}$，可能情况如图 20-3 所示。

表 20-1　存储示例

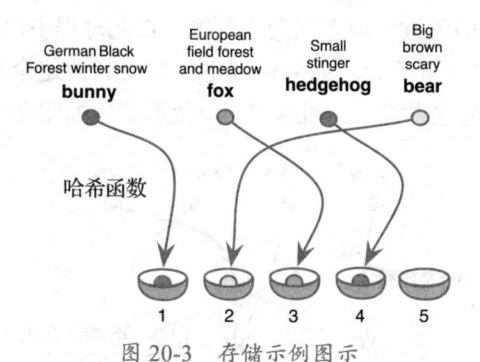

索引名	总数据量
German Black Forest winter snow bunny	12
European field forest and meadow fox	2
Small stinger hedgehog	4
Big brown scary bear	1

图 20-3　存储示例图示

现在我们可以将"12"存入哈希表的位置 $S[f("...bunny")]$，"2"存入哈希表的位置 $S[f("...fox")]$，等等。这个操作称作 PUT。

```
PUT
1    procedure PUT (string x, int z)
2    begin
3        S[f(x)] := z
4    end
```

另一个操作 GET 返回搜索到的值，如果当前位置上没有值保存则返回 0。

```
GET
1    procedure GET (string x)
2    begin
3        return S[f(x)]
4    end
```

遗憾的是，如果发生冲突，这些操作执行就会出错，比方说 bunny 和 hedgehog 被哈希到同一位置。只有当 m 比较小，并且关键字都是已知的（就像这里的 bunny、fox、hedgehog 和 bear），就可以选用完美哈希函数避免冲突。

假如事先不知道可能出现的关键字，一旦出现冲突就必须找到空位置。找空位置有不同的方法，最简单的方法称为线性查找。在那样的情况下必须将数据和关键字一起保存。

存储带关键字 x 的数据项 z

首先对 x 计算哈希值 $f(x)$。如果 $S[f(x)]$ 已被占用，就查看右边紧邻的单元（$f(x) + 1$），如果仍然被占用，再查看再右边紧邻的单元，一直到找到空的存储位置为止。如果在此过程中到达存储区的右端，则从整个存储区的第一个单元继续查找。找到空的存储位置即可将关键字 x 和数据项 z 一并存入。如果搜索了整个存储区都没找到空位置，那意味着存储区已满，操作无法成功执行，报错。

用关键字 x 搜索数据项

首先还是计算关键字 x 对应的哈希值 $f(x)$。如果 $f(x)$ 所存储的关键字不是 x，我们继续向右搜索，直到找到适合的关键字或者遇到空位置。在此过程中遇到存储区右端后，下一个搜索位置跳转至存储区的开始单元。如果遇到空位置或者搜遍全部单元，其关键字均不匹配，则搜索失败，否则一定会找到 x，则返回相应数据项，如图 20-4 所示。

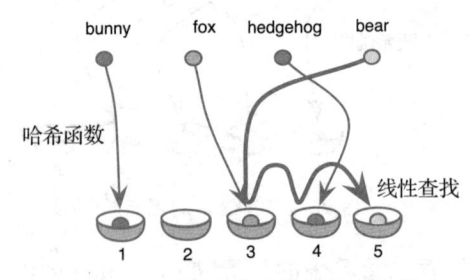

图 20-4　用关键字搜索数据项示图

采用这样的冲突处理策略，无论选择的哈希函数是优是劣，我们总能将 m 个数据项存进存储区。如果你想自己尝试一下，可以用自然数做关键字，哈希函数就采用模 m 函数，即函数值是输入除以 m 的余数。开始时存取操作快得令人惊讶，但表中数据增大以致越来越满时，算法的速度很快下降。

之所以如此是因为需要处理冲突。线性查找只查看相邻位置。还有更好的解决方法，例如平方查找或者双重查找等。

第 21 章

编码——防止数据出错或丢失

Michael Mitzenmacher，美国哈佛大学

21.1 问题描述

假设你在晚会上结识一位新朋友，希望得到他（或她）的手机号码——10 位数字。你的手机不在身边，因此只能让你朋友将号码写在一张纸片上。遗憾的是那位朋友字迹潦草，墨水又不太清晰，你担心回去后会不会发现有一个（或几个）数字看不清了。假设将看不清的数字当作未知，我们用 "?" 表示不能确定的数字，事后电话号码可能看上去是 "617-555-0？23"。你可不想通过打多个电话试出正确号码，那你打算在事前采用什么办法防止以后号码看不清呢？

你朋友可以把相同号码给你写两次，甚至三次，那你以后全都看不清的可能性就小多了。如果仅仅靠重复字符，你得注意别漏掉哪个字符；也就是说你得知道两个号码中任何一个数字都没有被遗漏。但是除非会遇到一堆乱七八糟的符号，重复写号码有点儿不值。现在的挑战是你能否在 10 位电话号码后在加一位，第 11 位数字，能够让你看出来是否有一位数丢失了并能纠正。你可以先考虑一个简单一点的问题：是否可以再写一个 1 到 100 之间的数，能让我们纠正任何可能的单个数字丢失。

这个问题涉及编码。通常编码用于防止通信过程中发生特定形式的错误。上述例子中，因为字符丢失或模糊造成数据难以辨识在编码中称为误删，针对这种错误设计的编码方案称为纠删码。可能发生的错误有许多种。我可能写错字（你也可能读错字），结果 7 变成了 4。也可能把数字写反了，我想写 73，结果写成了 37。也可能我会写漏一个数字，结果 10 位的电话号码写成了 9 位。也有专门处理这些甚至更复杂的错误的编码方案。

编码方案采用添加冗余位的方式保护数据。可能最简单的编码就是重复：写两遍甚至三

遍。重复效果显著但代价很大。传送数据总是有代价的（时间、空间或者要花钱），所以所有数据重复传输至少得花两倍的代价。正因为如此，编码方案设计希望提供最大性价比，用最少的冗余解决尽可能多的错误。

现在回到前面的问题。如果我希望能确保纠正误删一个字符，我将所有位的和告诉你。如果丢失了一位，你可以用总和减去所有其他位得到丢失的那一位。例如，如果我写的是

$$617\text{-}555\text{-}0123\ 35$$

结果你读出的是：

$$617\text{-}555\text{-}0?23\ 35$$

你可以计算：

$$35-(6+1+7+5+5+5+0+2+3)=1$$

这样就找回了丢失的数。

需要传输的信息还可以更少，在这个例子中，其实并不需要传和的 10 位数字。不必写 35，只要写 5 就够了。因为不管丢失的是什么数字，你都能确定其他剩下的数字之和只能是 35 因为不可能是 25 或更小，也不可能是 45 或更大。因此只需一位冗余就能处理任意一位误删。

考虑一下这个附加位在处理其他错误时如何有作用也很有趣。如果你读出的数恰好有一位错误，你能发现有错。例如，假如你读出的结果是：

$$617\text{-}855\text{-}0123\ 5$$

你能发现电话号码与各位之和的个位数不匹配，因为和为 38。在这种情况下，冗余位能让你发现有错，但你无法纠正。因为这个号码可能是由多个不同位上的错误造成的。原号码也许不是 617-555-0123，而是

$$617\text{-}852\text{-}0123$$

这个号码与你收到的同样也仅差一位，而且各位数字和也是 35，与附加位恰好吻合。在没有其他信息的情况下你不可能确定究竟错的是哪一位，因此你只能判定有错但却无法纠正。很多时候发现有错也非常重要，而且发现一般比纠正代价小，因此有时我们采用判错码，而不是纠错码。

如果错了两位，那你可能能发现，但也可能发现不了。如果你收到的号码是：

$$617\text{-}556\text{-}723\ 5$$

附加位与号码数字和不匹配，这样你知道有错。但是如果你收到：

$$617\text{-}555\text{-}8323\ 5$$

你可能不认为有错。两个错反而让数字和与附加位匹配了。类似地，假如错误是把两个数字前后颠倒了，那也发现不了。例如我想写：

$$617\text{-}555\text{-}0123\ 5$$

结果你看到的是：

$$617\text{-}555\text{-}1023\ 5$$

这也看不出什么问题，前后两位颠倒不会影响和数。

哪里需要用编码

你可能并不知道自己一直在使用编码。你每次拿出信用卡消费时就在用编码。信用卡最后一位数字是根据前面的编号推算的，与我们前面那个问题中对付误删或其他错误的做法很类似。附加位防止有人随意编造信用卡号码，最后一位必须正确，而十个数字中最多一个是正确的。附加位也能避免在抄录信用卡号码时笔误。当然数字颠倒了很常见而且上面求和的方法对此没有用。在信用卡编码中采用一种更复杂的方法，称为 Luhn 公式，它能发现所有的一位错（和求和一样），也能避免大多数数字颠倒造成的错误。这一类仅用于发现错误而不纠正错误的附加信息称为校验和。

纠错码还用于保护音乐或视频光盘中的数据。处理这里使用的纠错方法称为交叉交错式里德 – 所罗门编码（CIRC）。后面我们还会涉及里德 – 所罗门码，这里介绍的版本是专门为处理群发错误而设计的。群发错误可能是因为很小的光盘介质瑕疵造成的，原先的数据可以恢复。这种码还能纠正其他错，例如光盘制造过程中产生的小错误。采用这种编码方式的光盘大致会含有四分之一左右的冗余信息，数据保护是有代价的。视频光盘（DVD）使用的编码稍有改进，称为里德 – 所罗门产品码，需要的数据冗余量大约是原先 CIRC 的一半。更一般地说，纠错码普遍用于各种数据存储设备，例如计算机硬盘。编码技术对于方便地存取音频和视频数据至关重要。

当然，纠错码和判错码也用在几乎所有通信技术中。你的手机不仅用编码，而且为了在不同功能上应付不同的需求，使用了多种复杂的编码。iPod、计算机路由器、传真机、高清电视等无不使用各种纠错技术。除了日常生活，高空中的卫星也广泛使用编码保护通信数据，否则就不可能从太阳系中遥远的地方将图片发回地球。

简而言之，编码是所有通信技术的关键。纠正通信中的错误，或者只是判断有错，都必须利用编码实现。数据保护的代价是数据冗余加上计算。核心问题是如何能以较小的代价提供尽可能可靠的数据保护。

21.2 里德 – 所罗门码

对于编码理论和实践，里德 – 所罗门码都可以说是革命性的发明。以两位发明人命名的这个编码于 1960 年左右创建，一直广泛使用至今。它既能处理误删也能处理错码。同样重要的一点是：生成发送信息的编码过程以及从接收的信息解码为原报文的过程效率都很高。里德 – 所罗门编码发明不久，Berlekamp 和 Welch 就开发了快速解码算法。许多编码电路均实现了里德 – 所罗门编码以及改进的 Berlekamp-Welch 解码算法。

我们用一个例子解释里德 – 所罗门编码的基本原理。我想发给你两个数，例如 3 和 5。我要防止误删，为此将这些数看成平面上的点：用 (1, 3) 表示第一个数是 3, (2, 5) 表示第二个数是 5。经过两点的直线在平面坐标系中如图 21-1 所示。从算术上看，每个点的纵坐标等于横坐标的两倍再加1。我们的目标是提供足够的信息能复原这根直线。一旦直线被复原，找到原先的两个点（1，3）和（2，5）就能确定报文。这样你就知道我发给你的是3和5。这里的关键是我们将关注的焦点从数据转移到直线，用直线编码。

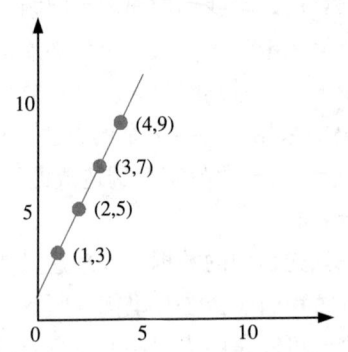

图21-1 里德–所罗门编码的例子。给两个数3和5生成坐标平面上经过（1，3）和（2，5）两点的直线，并由此确定需要发送的附加数。对方接收到任意两点，例如（3，7）和（4，9），均能复原这条直线，并由此确定发送的报文

为了防止误删，我们只需再给你发送直线上另外的点。沿直线找后面的点，（3，7），（4，9）等，作为附加信息发给你。我依次发送每个点的纵坐标：

$$3, 5, 7, 9$$

还可以发送更多的点，下一个点是（5，11），我们可以再发送11——想发多少都可以。发送的数越多，能处理的误删项越多，当然冗余代价也越大。

现在你只要能正确地收到两个值就能得到原来的报文。这是怎么做到的呢？假设你收到的只有7和9，即收到的信息如下：

$$?, ?, 7, 9$$

这里 "?" 表示被误删的数字。你知道最后两个数字对应于点（3，7）和（4，9），因为在你收到的序列中7在第三位，9在第四位。任何两点均能确定一条直线，这就是图21-1中的直线。复原了直线，你就能确定报文。

这里的关键是两点可以确定直线，至于是哪两点无关紧要。如果要发送三个数，必须使用抛物线，因为三个参数可以确定一条抛物线。如果要发送100个数，那就得使用一条由100个参数确定的曲线。这样的曲线可以用多项式表示：为了处理100个点，建立方程 $y = a_{99}x^{99} + a_{98}x^{98} + \cdots + a_1x + a_0$，适当选择系数 a_i，使得所有的点（x，y）满足方程。要发送 k 个数，需要 k 个系数，或者说需要一个 $k-1$ 次多项式来表示这 k 个数。

里德–所罗门码有个与误删相关的非常重要的性质：如果我要发送100个数给你，我可以设计一种编码，用这种编码你只要收到我发的任意100个点就能正确地收到报文，与你收到的100个点是什么点无关。换句话说，如果我想给你发送 k 个数，你只要能收到我发的任意 k 个点就能收到报文。如果报文是100个数，你也只需要收到100个点就很可能正确收

到我的报文。因此在这个意义上里德－所罗门编码是最优方案。100 个数，随便什么数，这真令人吃惊！

你可能会注意到一个重要的细节，如果我要发送的数不是整数怎么办呢？应用中如果需要发送 16.124 875，那会复杂得多。类似的问题包括如果要发送非常大的数也会很难处理。为了应付这样的情况，我们用模算术（或者称为时钟算术）代替普通数学运算。在模算术中，运算结果总是用其除以某个特定值的余数来替代。假如发送 47，在"对 17 取模"的模算术中实际上发送的是 13，因为 $47 = 2 \times 17 + 13$。模算术有时被称为"时钟算术"，因为它与在钟面上读数字很类似。图 21-2 是对应于"模 5"的钟面。到达 4 后如果再加上 1 就会回到 0（除以 5 的余数为 0）。实际上我们在前面的问题中已经用到过模算术。我们在发送附加数时并没有用整个的和数，只是发送和数的个位数，这就相当于对 10 取模。里德－所罗门编码实现中所有的计算都可以用对某个大素数取模的方法进行，这就能保证需要发送的数大小合适。（选大素数有很多数学上的理由。特别是在这种情况下，每个非零数均有乘法的逆，所谓"乘法的逆"就是与原来的数相乘等于 1 的数。例如 6 和 2 对 11 取模是互逆的：$6 \times 2 = 12 = 11 + 1$，因此 $6 \times 2 \equiv 1 \mod 11$。实际应用中情况更复杂一些，不是简单对某个素数取模，而是采用一个具有类似性质的数系统，包括我们需要的每个非零元素乘法有逆元素的性质。）

现在来讨论除了误删以外的其他错。只要错误数量很少就比较好处理。例如我要发送：

$$3, 5, 7, 9$$

但你收到的是

$$3, 4, 7, 9$$

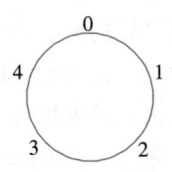

图 21-2 模算术："模 5"计数与这样的钟面上 4 后面是 0 是一样的。在模算术中对 5 取余数，因此 7 和 2 在模 5 算术中相等

一个数有错。如果在坐标平面上标出相应的点 (1,3), (2,4), (3,7), (4,9)，你能发现只有原来的数据对应的直线有可能经过这四个点中的三个。一旦复原了该直线，就能恢复正确的报文。如果错误更多，我们很可能得不到任何能经过三个点的直线，那就能发现错误过多，如图 21-3 所示。不过也有可能在多个错误的情况下，你会得出错误的直线，那就会导致解码错，如图 21-4 所示。假如只发送两个数，情况完全一样。如果要发送三个数，发送同一抛物线上的 5 个数就能处理一个错误。在仅有一个错的情况下，只有唯一一个抛物线可能经过五个点中的四个。同样的思想可扩展到更大的报文，Berlekamp-Welch 算法在上述错误条件下仍然能高效解码。

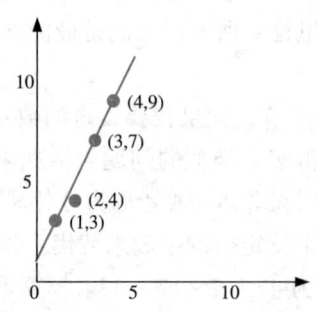

图 21-3 在有错的情况下对里德－所罗门码解码的例子。给四个点，其中一个是错误点，只有一条直线可能经过这四个点中的三个，也就是原报文对应的直线。确定了这条直线就能正确解码

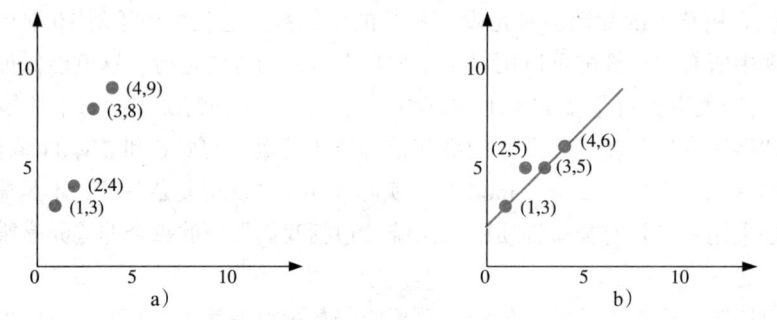

图 21-4 错误数量过多时里德－所罗门码解码的例子。给四个点，其中有两个甚至更多的错。a) 找不到可能经过至少三个点的直线，则可以报错但无法纠错。b) 确实得到一条直线经过三个点，但并非原来的直线，这导致错误解码，以为（2, 5）为（2, 4）

由于里德－所罗门码表现出色，很多年里大家觉得很难超越，尽管理论上对许多类型的错，它并非最优。理论家总希望得到最好的解，至少也得很接近最优解。在应用中虽然里德－所罗门码对较小的报文速度很快，但当报文很大时效率就降低了。一个原因是模算术辅助开销不可忽略，另外一个原因在于当报文长度增加，或者错误及丢失增加时，解码需要更多时间。解码时间大致正比于报文长度和错误量的乘积 ke。也就是说，如果报文长度加倍，在错误率不变的条件下错误量也会加倍，那么解码时间会达到原来的四倍。假设报文长度增大到十倍，错误量也成比例上升，解码时间会增大到 10 000 倍，影响会非常大。在计算机和网络出现之前这个问题的重要性尚未充分显现，现在有了计算机和网络，传输长度数量级达到兆（百万）甚至 G（十亿）的报文是很普通的事。我们可以用分块的方法，即将一个大报文分成若干较小的报文，来解决这个问题。但这种做法并不能令人满意，因此人们开始寻找其他编码方案防止数据丢失或出错。

21.3 新的编码技术：低密度奇偶校验码

过去 15 年中，一种新型编码投入应用。这种编码具有坚实的理论基础，采用这种编码的系统快速增长。虽然有许多不同变形，这类编码有个总的名称：低密度奇偶校验码

(LDPC)。LDPC 特别适合对大量数据编码，例如用于电影或大程序。

LDPC 和里德－所罗门编码一样，是以方程为基础的。里德－所罗门码的方程依赖于报文中所有数据，所以被称为"高密度"。而 LDPC 则不同，它使用多个小方程，每个方程基于报文中的少部分数据，因此被称为"低密度"。

LDPC 中用的方程基于针对字位的"异或"（XOR）操作：两个字位相等，则结果为 0，否则为 1。用 $\oplus$ 表示异或操作，则运算法则如下：

$$0 \oplus 0 = 0;\ 1 \oplus 1 = 0;\ 1 \oplus 0 = 1;\ 0 \oplus 1 = 1$$

你也可以将异或运算理解为模 2 计数，对应于只有两个数字的钟面。例如，很容易理解：

$$1 \oplus 0 \oplus 0 \oplus 1 = 0$$

可以把异或运算拓展到两个长度相等的字位串，结果逐位进行异或运算。换句话说，结果的第一位即两个串的第一位的异或结果，第二位即两个串第二位异或的结果，等等。例如：

$$10101010 \oplus 01101001 = 11000011$$

异或运算有个很好的性质，即对任意的字符串 S，$S \oplus S$ 为 0。因此使用异或运算的方程很容易解。例如，给定方程

$$X \oplus 10101010 = 11010001$$

在方程两边"加上"10101010，就得到

$$X \oplus (10101010 \oplus 10101010) = 11010001 \oplus 10101010$$

括号中的值为 0，所以 $X = 01111011$。

现在我们来看 LDPC 在数据丢失的情况下如何工作。LDPC 的基本思想是将报文分为多个较小的数据块。在互联网上传输数据时数据会被分为长度相等的数据包，每个数据包就可以作为 LDPC 中的一块。报文分块后，重复地随机选择少量的块进行异或运算，结果发送给对方。这可以看作是发送一组方程。例如，以 8 位为一块，依次传送的 X_1, X_2, X_3, X_4, ···如下：

$$X_1 = 01100110,\ X_2 = 01111011,\ X_3 = 10101010,\ X_4 = 01010111,\ \cdots$$

我可能把 $X_1 \oplus X_3 \oplus X_4 = 10011011$ 发给你，也可能只发 $X_3 = 10101010$；还可能将 $X_5 \oplus X_{11} \oplus X_{33} \oplus X_{74} \oplus X_{99} \oplus X_{111} = 10111111$ 发给你。注意，每发一个数据块，我必须选择用多少报文块做异或，并确定要异或哪些报文块。

这个做法看上去有点奇怪，但确实有效。按照下面描述的方法随机处理，效果尤其好。每次发送编码数据时，我会随机选择不同数量的报文块异或在一起，数量按照特定概率分布：可能有 1/2 的发送次数中只发送一个数据块，1/6 的发送次数中将两个数据块异或起来发出，1/12 的发送次数中将 3 个数据块异或起来发出，等等。一旦确定发送块数就按照一致分布选择要参加异或的报文块，一致分布是指每个块被选中的概率相等。

采用这样的方式，有些数据可能冗余，因此没有用处。例如 X_3 可能被发送两次，其

实只需要一次。这样的无用信息在里德–所罗门码中是没有的，但 LDPC 在速度上有优势。实验表明，如果采用的随机方法得当，额外的无用信息量很小。例如，假设报文长度为 10 000 个数据块，对于设计良好的编码方法，平均 10 250 个数据块就能解码，10 500 个数据块几乎能保证解码。

LDPC 解码的方法很有趣，也非常快。基本原理大致如下：如果我收到两个方程 $X_3 = 10101010$ 以及 $X_2 \oplus X_3 = 11010001$。知道了 X_3 的值，带入第二个方程就得到 $X_2 \oplus 10101010 = 11010001$。这个方程中只有一个变量，立即可得 $X_2 = 01111011$。接下来就可以将推出的 X_2 再带入其他含 X_2 的方程，这就像你在代数中学到的解方程组的方法一样。当我们能将所有的 X_i 复原，解码成功。

正像里德–所罗门码一样，LDPC 也能处理错码。令人吃惊的是在许多常见的通信场景中，可以证明 LDPC 几乎达到了最优。理论上可以证明，在可能有某种错误的通信信道上，我们能达到多少有效信息存在上限。对于数据位丢失，里德–所罗门码的上限是显而易见的，你要收到含 100 个数的报文，至少得收到 100 个数。我们已经看到里德–所罗门码能让你在收到 100 数后即可解码，因此它能达到上限。而 LDPC 对于许多存在不同类型的错误的条件下能够逼近理论上限！LDPC 非常接近最优，因此我们很难期望再有多少改进了。

21.4　网络编码

你可能会想，既然 LDPC 取得的成功使我们实际上达到了理论极限，那编码研究是否就走到尽头了呢？你的想法一点也不奇怪。在学术会议上这也是大家会讨论的问题，因为完全有可能某个科学方向发展足够成熟，似乎没有什么有价值的问题可以研究了。

我可以很高兴地告诉你，完全不是那么回事。还有很多方向有待探索，也还有许多基本问题尚未解决。下面介绍一个很有趣的新兴领域，也吸引了很多研究者的关注。

下一个十年中，网络编码会是很重要的研究方向。网络编码有革新当前通信基础的潜力，但它是否真能在应用中脱颖而出，还是仅仅在数学上很漂亮而已，现在断言还为时过早。

要理解网络编码的重要性必须理解过去若干年来网络工作的基本原理。计算机网络（特别是互联网）是基于路由器架构的。当我们从一个地方发送文件到相距遥远的另一个地方，数据会被分块，分成所谓数据包。数据包经过一系列称为路由器的专门机器；路由器试图将数据包送往其目的地。路由器可以对数据包进行检查、修改或者按照需要的方式重组。整个互联网基于路由器设计，每个路由器的职责是转发数据，让数据按照正确的方向进入下一段旅程，直至到达目的地。在庞大的互联网上，路由器必须以令人难以置信的速度完成自己的任务，为此路由器的工作方式必须极其简单。这样整个互联网的速度才能提高，你才可能高速下载网页、电影、学术论文等。

这种架构对于编码的意义非常明确：如果你希望用编码保护数据，编码必须在发送数据的机器上进行，这称为数据源。你必须在把数据包投入网络之前进行编码。而解码则必须在目标机器上进行，也就是当数据包离开网络后进行。路由器并不介入其中，它们只专注于自己的任务，就是转发数据。

现在这种网络工作模式受到中心审视。科学家和网络管理者都在考虑是否该让路由器多承担一些任务，而不仅仅是转发数据。例如，路由器是否能尽快发现与删除有害数据流，诸如病毒、蠕虫等。或许能让路由器监控数据流，收集统计数据用于向用户收费等。互联网的发展以及技术变化引起了思想变化。黑客攻击日益猖獗，电子商务走向前台，所有这些趋势推动人们思考网络能否承担更多任务。随着路由器本身速度更快，功能更加强大，考虑设计出不仅转发数据速度更快，而且功能更加多样化的路由器，这是很自然的。

一旦跳出了路由器就是转发数据这样传统的想法，各种各样的问题就出来了。在编码技术领域，我们可能会问是否能让路由器参与编码；或者反过来看，编码方法是否能促进路由器功能更加强大。比起原先只能在源计算机和目标计算机上编码的传统思想，利用路由器编码是全新的思路。一旦人们开始考虑这一类问题，有趣和创新性的结果就开始出现，从而开创了网络编码的新领域。

在网络上能做什么样的编码呢？图 21-5 中是一个基本模型的例子。为了便于理解，我们假想在管道中传输水或油之类的商品。假设供应端 S 是可控的，我希望通过图中所示的管道输送水和油。每段管道输送率为每分钟 1 加仑，但是不能在同一段管道中同时输送水和油。简单地说，油与水不能混送。是否能够每分钟向目标节点 X 和 Y 各输送 2 加仑水和油呢？

答案显然是不能。问题在于每分钟我总共只能从 S 向外发送 2 加仑液料，因此不可能让 X 和 Y 每分钟各获得 2 加仑水和油。

现在我们来考虑发送数据包的情况，比如水和油换成了供用户下载的电影。网络的形式仍然是图 21-5 中的样子，但现在输液管道换成了光纤，每秒钟每段光纤可以传输 10 兆字位的数据。是否能够以每秒 10 兆的速率同时向两个端口 X 和 Y 发送数据呢？注意现在没有像输送油和水时的限制了，因为数据很容易复制，每个节点可以在不同的输出链路上同时发送相同的副本。

如果节点只有转发功能，似乎不可能实现将电影同时发送到 X 和 Y，如图 21-5b 所示。为了便于解释，假设我们要将两个 8 位二进制字符串 M_1 = 00000011 和 M_2 = 00011110 不受干扰地送达目标节点 X 和 Y。因为可以在中间节点复制数据，S 只有两条链路可直接发送数据就不会成为问题了。从 S 发送到 U 的数据块 M_2 可以被转发给 V 和 Y，继而可以从 V 转发至 X。但是虽然进入 X 和 Y 各有两条链路，好像并不能将它们都充分利用起来。因为 V 到 W 是瓶颈。从 S 将 M_1 = 00000011 经由 T 转到 X，并将 M_2 = 00011110 经由 U 转到 Y，这都没问题；但是还得试图将 M_1 经由 V 转到 Y，并将 M_2 经由 V 转到 X，这时两个数据块在 V 遇到一起了，必须一个一个地转发，整个网络被拖慢。

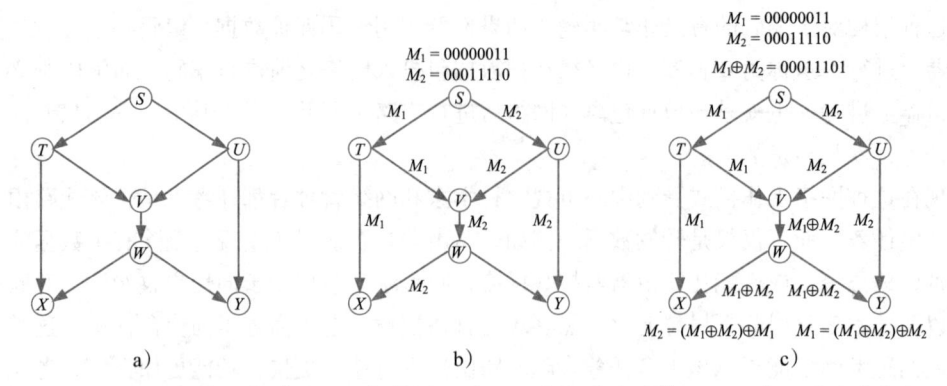

图 21-5 网络编码示意图。a）传输网络拓扑图。b）显示数据转发的情况，V 到 W 的链路上出现瓶颈，网络速度下降，可以将两个数据块发送到 X 和 Y，但无法同时到达。c）显示网络编码工作方式，通过将 M_1 和 N_2 的异或值经由 W 发送给 X 和 Y 的方式可以消除网络瓶颈

解决这个问题的方法之一是提高链路 VW 的速度，使得相同时间内两个报文都能发送出去。同样也可以在 V 和 W 之间加一条链路。

是否有什么办法可以不用给链路提速或者增加链路就能解决网络瓶颈呢？也许让你吃惊，但还真有这样的办法。因为和传输像水或者油这类实体商品的情况不同，数据不但可以复制，而且可以混合。图 21-5c 说明了为什么能做到这一点。开始像前面一样通过链路发送 M_1 和 M_2，但当 M_1 和 M_2 同时到达 V 节点时，我们对这两个数据块做异或运算，并把结果值 00011101 通过 W 发送到 X 和 Y。数据被混在一起了，但当需要的信息都到达 X 和 Y 后，同样使用异或运算很容易还原原来的值。在 X 节点，我们收到了数据块 $M_1 \oplus M_2$ = 00011101，用它与 M_1 = 00000011 进行异或运算即可得：

$$M_2 = 00011101 \oplus 00000011 = 00011110$$

同样，在 Y 节点，我们收到数据块 $M_1 \oplus M_2$ = 00011101，用它与 M_2 = 00011110 进行异或运算即可得：

$$M_1 = 00011101 \oplus 00011110 = 00000011$$

这里异或一次，那里异或一次，瓶颈居然就消失了！奥妙在于 X 和 Y 使用相同的 $M_1 \oplus M_2$。

网络编码当然比我们这个例子困难得多。在很大的网络中要确定混合数据的最佳方式很复杂。但是用全新的角度看网络可能的新工作方式，尽管有很大挑战，也让人非常兴奋。我们刚刚试图理解网络编码，它还很难产生多大实际作用。但是其潜力很吸引人。也许有一天网络上传输的大部分数据都会采用某种形式的网络编码。今天看上去新奇的东西可能会成为日常的现实。

第三部分

规划、协同与模拟

Helmut Alt，德国柏林自由大学
Rüdiger Reischuk，德国吕贝克大学

　　战略思维和规划通常被认为是人类特有的能力。但是自从计算机打败了象棋大师之后，人们认识到计算机也可能成功掌控这类能力中的一部分。另一方面，有些游戏获胜只需要简单的策略，但必须有正确的知识。关于火柴游戏 Nim 的第 26 章会让我们印象深刻。

　　在许多游戏中重要的一点是不让对手猜出自己下一步的行动。但简单策略（在计算机科学术语中称为"确定性"）很容易被预测到。假如随机决策就能避免这一点；许多游戏如果没有随机性就很乏味了，例如石头–剪子–布。很多算法可以通过随机改进或者提高速度，这些算法称为概率算法或随机算法。我们需要问自己，计算机是完全精确地工作的，怎么能让它抛硬币呢？第 25 章将回答这个问题。

　　即使是日常生活中的问题，用策略或算法方式来考虑解决也很有价值。比如要用电话向许多人传递消息，或用网络连接多台计算机，你需要很好地计划才能又快又可靠地实现。第 22 章会介绍解决方法。第 24 章会介绍一种聪明的办法能确定选举的胜者。

　　有些任务需要仔细的长期规划。比如德国足球协会安排竞赛日程就是一个例子，需要考虑的因素很多，详见第 27 章。

　　这一部分中还有两章讨论模拟，即用计算机模拟自然现象。第 30

章考虑的是物理学，我们可以看到如果用高斯–赛德尔迭代计算金属棒或平板中的热传递过程。第 31 章考虑生命科学，我们看到如何根据基因信息（DNA）确定两个物种相近的程度；我们也会了解通过突变（基因遗传中极小的变异）会导致他们之间或与其共同祖先之间产生多么大的不同。

著名的数学家欧拉提出了柯尼斯堡桥问题：能否走过所有七座桥，每个桥恰好一次，并返回起点？这个有趣的问题有重要应用，例如路径规划。第 28 章会讨论这个问题；顺便说一句，欧拉的柯尼斯堡桥问题无解。开车时我们已经习惯了有个悦耳的声音给我们导航，指出方向并告诉我们到下一个转弯处有多远。有很长时间自然语言对计算机是个难题。在第 23 章中我们会了解即使是读出长数字对计算机而言也很复杂。

第 29 章会介绍一个计算机图形问题——在屏幕上画一个尽可能标准的圆。这是通过网格和像素实现的。严格地说，我们不可能像用纸和铅笔一样地画斜线或曲线，不过详细分析这个问题会引导我们设计出简单快速得令人惊讶的算法。

第 22 章

广播——如何迅速发布信息

Christian Scheideler，德国帕德博恩大学

中世纪没有电视和广播之类的大众媒体。普通老百姓能读书写字的人很少，口口相传是主要的信息渠道。那个时代人类旅行速度很有限，信息传递速度主要看马能跑多快（有时也会使用信鸽或者灯光烟火之类的信号）。今天电话和互联网能让我们非常迅速地将消息传遍全球。我们现在来讨论一个特别的例子。学校刚刚放假，Steffi 受委托组织一次全班的晚会。她必须用电话或电子邮件通知每个人。可是 Steffi 没有大家的邮件地址，有的只是一份最近发给全班 121 个同学的各人电话号码表（但愿每人都还保留着！）Steffi 可以打 120 个电话通知每个人（见图 22-1），但这太花时间了。因此她希望想出另一种做法，既能尽快找到每个同学，自己又能省去许多电话费。

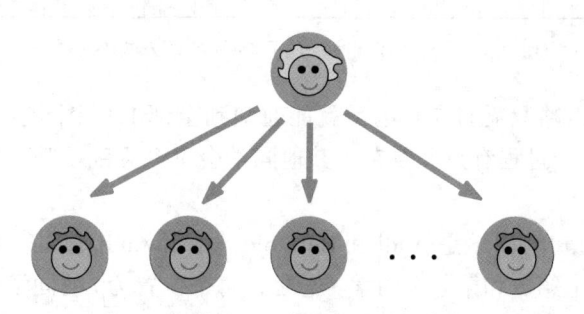

图 22-1 策略 1：直接打电话给每个人

她首先想到的是一个悄悄传话的游戏（见图 22-2），她只需打电话给表上第一个人，再请他通知第二个人，这样按表上的名单顺序往下传。

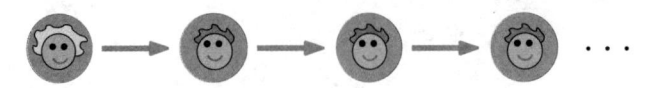

图 22-2 策略 2：悄悄传话

这个策略的好处是每人只需打一个电话，但必须打完一个才能打下一个，通知到最后一个同学得很长时间。假设有 10% 的同学未能当天联系上，那至少得 12 天才能通知到所有人。更糟糕的是如果那个同学懒得打电话通知后面的人，那整个计划彻底失效。因此，Steffi 不能用这个办法。

Steffi 一直对计算机科学感兴趣，她想起了本书第 3 章中介绍过的排序方法。那里，一个主持人把要排序的序列一切为二，指挥两个助手各自对每个较小的子序列排序；而每个助手如法炮制，他们也同样切分问题，再指挥他们的助手去解更小的问题，如此进行直到子问题小到只含一个对象，直接得到解。同样的思想完全可以用在当前面对的打电话的问题上。Steffi 可以将电话号码表分为两段，她自己给两段表中的第一个人各打一个电话，并请他们按照同样方法继续通知各段表中其他人（见图 22-3）。这个过程继续直到终于接电话的人已经没有还需要通知的对象了，这个过程要快很多，全班同学都收到了通知。

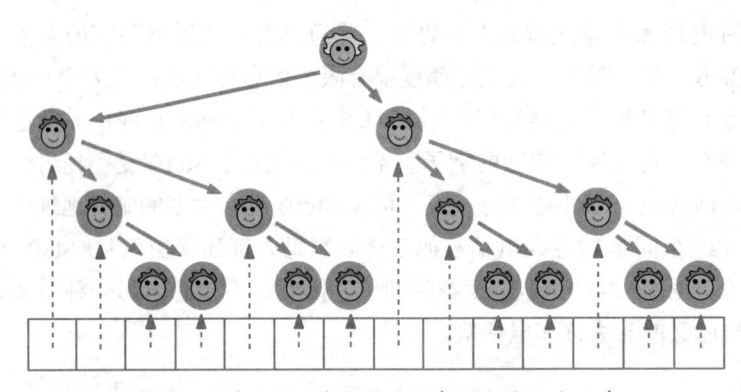

图 22-3 策略 3：将电话号码表划分为两个子表

Steffi 发现这个策略只需打 7 轮电话就能通知到全部 120 个同学，这比打 120 轮电话好得太多了。不过这个过程有点儿复杂，其他同学会不会弄乱了呢？她又想出个办法（见图 22-4）。

假设自己直接通知的同学是 Andi 和 Berthold，她请 Andi 通知表上的第 3 和第 4 个同学，Berthold 通知表上第 5 和第 6 个同学。总之，每个位置为 i 的同学负责通知位置是 $2i + 1$ 和 $2i + 2$ 同学（当然 $2i + 2$ 的值不会超过 121）。改动后信息传递速度和前面的策略一样，但规则自然多了，也容易理解。

Steffi 对新策略仍然不是很满意。如果那位同学数错了位置打错电话怎么办？而且万一少数同学忘了或者怕麻烦没打电话怎么办？有些同学可能收不到通知，他们会怪罪 Steffi！

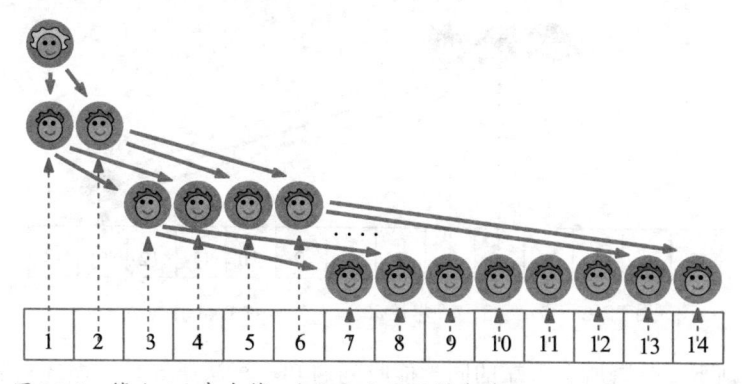

图 22-4　策略 4：表中第 i 个人打电话给排在第 $2i+1$ 和第 $2i+2$ 的人

因此 Steffi 希望找到更可靠的策略。一种办法是电话本中位置为 i 的同学打四个电话，而不是两个，打给 $2i+1$ 到 $2i+4$ 位置上的四个人。这样除了最前面四个人由 Steffi 直接通知，如不出错，其他每个人会得到两个人的通知。只要两个人中最多只有一个不可靠（自己未收到通知或者没给该打的人打电话），所有可靠的同学都会收到通知。道理很简单：假设能给每个可靠负责的同学选定一个通知人，那么对每个可靠的同学一定存在一条通知链，并可以回溯到 Steffi（见图 22-5）。

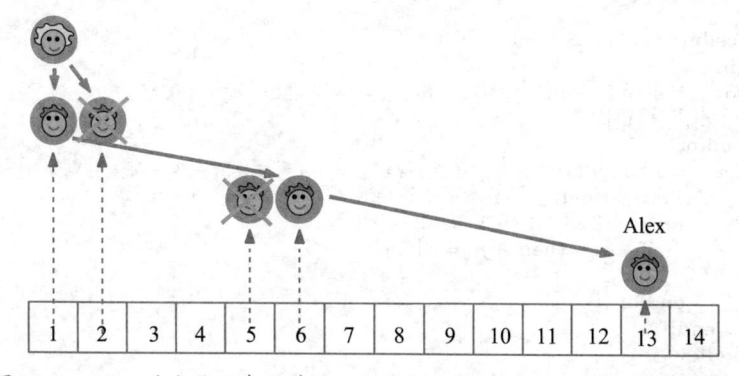

图 22-5　Alex 对应的可靠同学链，电话打给了 $2i+1$ 到 $2i+4$ 位置上的人

Steffi 很快想到这个策略甚至还可以更可靠，使得她能确信通知到了每个该通知的人：设定一个值 r，让位置 i 上的同学打 r 个电话给 $2i+1$ 到 $2i+r$ 位置上的每个人（表中前 $2r$ 个人除外，他们由 Steffi 自己负责通知）。那么理想状况下每个同学会接到 r 个同学的电话通知，只要这其中该打而没打的电话不超过 $r-1$ 个，所有可靠的同学都会收到通知（见图 22-6）。

现在我们可以通过实验来看看效果。设定不可靠同学的数量 x（假设为 10），他们随机分布在电话号码表中。我们希望确定 r 的最小值，使得所以可靠同学收到通知的概率大于 90%。可以用下面的算法确定 r。算法不模拟实际通信过程，现实中那是并行的；算法只确

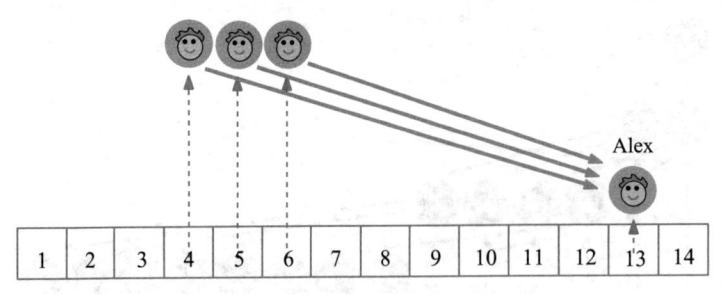

图 22-6　当 $r=3$，理想情况下 3 个同学电话通知 Alex

定在拟定的规则下，是否所有可靠的同学能收到通知。算法第 6 行的循环只需执行到 $N/2$，因为表中位置大于 $N/2$ 的同学不必再通知任何人。算法的核心数据是数组 A，定义如下：

- $A:A[1..N]$ 是整数数组；对位置为 i 的可靠同学 $A[i]$ 的值是他能接到的其他可靠同学打来的电话数。N 是同学总数。
- 对每个可靠同学，$A[i]$ 初始值为 0。
- 对每个位置为 i 的不可靠同学，$A[i]$ 初始值为 $-r$，这样即使有 r 个电话，$A[i]$ 的值仍然是非正值。

```
r 重信息传递算法
1    procedure BROADCAST (r)
2    begin
3      for j := 1 to 2*r do            //Steffi给学生1到学生2r中每人打电话
4        A[j] := A[j] + 1
5      endfor
6      for i := 1 to N/2 do            // 学生i给学生2i+1到学生2i+2r中每人打电话
7        if A[i] > 0 then               // 如果电话接通
8          for j := 2*i+1 to 2*i+2*r do
9            if j ≤ N then A[j] := A[j] + 1
10         endif
11        endfor
12      endif
13    endfor
14    //是否联系到所有人?
15    for i := 1 to N do
16      if A[i] = 0 then 输出"有人未联系到", stop
17      endif
18    endfor
19    输出"联系到所有人"
20   end
```

经过这一阵思考，Steffi 对发明新策略越发有兴趣了。她想到一个更有挑战性的情况：每个同学手中的电话号码表不一样，显然前面那些策略就不能用了。那是否还有快速可靠的方法可以通知到所有可靠的同学呢，假设可能有随机的四分之一同学不可靠。

Steffi 想出一个主意，她从电话号码表中随机选 r 个同学，就像其他首次接到电话的同学一样，她自己给这 r 个同学打电话（见图 22-7）。

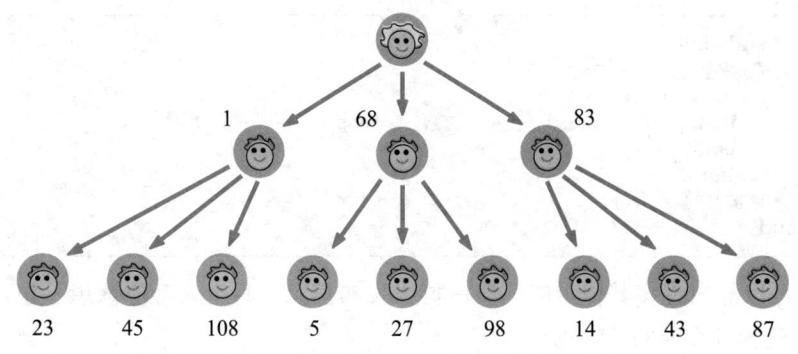

图 22-7　策略 5：每个同学（包括 Steffi 本人）各打 r 个电话，这里 $r = 3$

　　Steffi 按这个想法开始进行，她通知了 r 个同学，这些人都是首次接到电话（假设他们都是可靠的）。理想状况下，这些人都接到了电话也都按要求打出了电话，因此他们每人通知 r 个人，最好情况下就有 r^2 人接到通知。实际上有人会收到多次通知。每个同学只会往外打一轮电话（否则永远打不停了！）这可能影响 Steffi 的信息传递，也可能接到电话的同学不可靠，这会进一步降低信息传播范围。不过实验证实，只要 r 足够大（当然也不该太大），可靠的同学就会有很大的概率收到通知。为了确定这里的 r，我们用下面的算法。这里除了数组 A，还用到数组 C，定义如下：

- A：$A[1 .. N]$ 是整数数组；N 是同学总数。对于不可靠同学 $A[i]$ 初始值为 -1，否则为 0。
- 当一个可靠的同学首次接到电话，$A[i]$ 置为 1，接完所有电话后 $A[i]$ 置为 2。
- C：$C[0 .. N][1 .. r]$ 是二维整数数组；$C[i][j]$ 的值是接到第 i 个学生电话的第 j 个学生的编号。（Steffi 作为第 0 个学生。）C 是随机选择的。

```
    随机 r 重信息传递算法
1   procedure RANDOMBROADCAST (r)
2   begin
3     for j := 1 to r do        // Steffi 打的电话
4       if A[C[0][j]] = 0 then A[C[0][j]] := 1
5       endif
6     endfor
7     continue := 1    // continue 是标识变量，值为 1 表示新增了被联系的人
8     while continue = 1 do
9       continue := 0
10      for i := 1 to N do    // 搜索新联系上的学生
11        if A[i] = 1 then
12          continue := 1; A[i] := 2
13          for j := 1 to r do
14            if A[C[i][j]] = 0 then A[C[i][j]] := 1
15            endif
16          endfor
17        endif
18      endfor
```

```
19      endwhile
20      // 是否联系到所有人?
21      for i := 1 to N do
22          if A[i] = 0 then 输出"有人未联系到", stop
23          endif
24      endfor
25      输出"联系到所有人"
26  end
```

当然还可以想出许多其他策略，向一群人发布信息。每个人都应该想一想，如果你是 Steffi，你会选择什么样的策略呢?

第 23 章

将数字转换为英语单词

Lothar Schmitz，德国慕尼黑联邦国防大学

现在我们考虑如何将数字转换为英语单词。我们与别人交谈或者填写支票的时候经常做这样的事。比方说遇到 31 264 美元，用英语应该说成"thirty-one thousand two hundred and sixty-four dollars"。不过念电话号码通常还是一个一个数字地念。比如电话 31264 就念作"telephone three-one-two-six-four"。

GPS 语音提示的时候，我们会觉得到纽约 1723 英里念成"one thousand seven hundred and twenty-three miles to New York"听起来比"one-seven-two-three miles to New York"要亲切得多。

如果是外太空中的指路系统，可能就得念许多巨大的数字了，例如 12 345 678 987 654 321 应该怎么念呢？

twelve quadrillion

three hundred and forty-five trillion

six hundred and seventy-eight billion

nine hundred and eighty-seven million

six hundred and fifty-four thousand

three hundred and twenty-one

（一万万两千三百四十五万六千七百八十九亿八千七百六十五万四千三百二十一。）

理论上总是可以念出来的（只要为足够大的基数起个名字，例如 thousand（10^3）、million（10^6）、billion（10^9）、trillion（10^{12}）等）。但计算机该怎么做呢？这还真有点儿复杂。首先我们得精确地表述需要解决的问题。

问题：给定自然数 x，$1 \leqslant x \leqslant 10^{27}$，生成 x 的英语表述形式。简单起见，假设我们使

用的程序设计语言允许使用这么大的整数,并能够对它进行比较操作和基本算术运算,包括加减乘和整除。

23.1 算法的逐步精细化

最简单的办法就是对输入数值区间中每个整数保存一个英语表述形式,按需要取出来即可。这个方法显然不现实,需要太多的存储空间。要记住这么多数据人脑也不可能做到。我们希望找一个系统的方法,根据输入值产生相应的英语表述形式。这样需要记住的信息量很少。

先试试能否将我们已经习惯成自然的做法描述清楚。就用上面那个大数做例子。我们从最低的三位数开始,每三位数作为一段,每段有个特定的"权"值,按权值从小到大依次为:

one(个):321
thousand(千):654
million(百万):987
billion(十亿):678
trillion(万亿):345
quadrillion(千万亿):12

很容易看出每段是 0 到 999 之间的某个数值。最左边一段可能不足三位,但至少有一位。

接着就从左向右分段处理。对每一段首先生成相应的数(0 到 999 之间的整数),然后将"权"名紧接在后面,诸如千万亿、万亿、十亿、百万、千等,表示"个"的权略去。

在生成 0 到 999 之间的数值表述时,从左向右处理数字,也就是按照权的降序处理:百、十、个。每个权可能出现,也可能不出现。百位与后面相接的数字(如果有的话)之间加入"and";类似地,在十位与跟在后面的个位之间加短横线。有许多特殊情况,例如"twelve(12)"和"seventeen(17)",十位和个位合并为一个词。后面对算法进一步细化的过程中还会遇到更多的细节。

按三位为一段切分整数

用 1000 反复整除给定的整数,每整除一次就可以得到下一段的三位数。以下的步骤 1 同时计算出给定整数中包含的段数。

> 步骤 1:将整数分段,每段由三位数组成。用数组 *group* 保存各段:*group*[0] 的权是 1,*group*[1] 的权是 1000,*group*[2] 的权是 1 000 000,以此类推。变量 *i* 的值为当前已经找到的段数。

```
1   i := 0           // 开始时没有发现段
2   while number ⩾ 0 do
3       group[i] := number mod 1000    // 余数以及
4       number := number/1000          // 除以1000的商
5       i := i + 1                     //发现一个新的段
6   endwhile
```

生成英语单词表示

我们将步骤 2 中比较复杂的任务交给两个辅助函数完成：一个是 GENERATEGROUP，负责生成与三位数对应的英语单词表述形式；另一个是 GENERATEWEIGHT，负责计算每段的权。在步骤 2 中只引用这两个函数，将函数实现细节另外单独描述，这使得步骤 2 的整个思路更清晰，便于理解。

步骤 2：生成英语单词表示。数组 group 的下标值范围是 0 到 $i-1$，其中 i 是步骤 1 中计算的。输入数最左边的一段首先翻译，对应下标为 $i-1$。变量 text 记录当前已生成的英语文字部分。& 是字符串的"并"操作，即将两个字符串首尾衔接成为一个较长的字符串。

```
1   text := ""        // text 初始值为空串
2   i := i − 1        // 最左边的段号
3   while i ⩾ 0 do
4       text := text & GENERATEGROUP (group[i])    //生成与当前段对应的单词
5       text := text & GENERATEWEIGHT (i)          // 及其权重
6       i := i − 1                                 // 继续处理下一个段
7   endwhile
```

函数 GENERATEGROUP

如果段中的三位数是 0，那不需要在英语表示中体现。例如整数 1 000 111 英语中被念成"one million one hundred and eleven（一百万一百一十一）"直接略去了"000"这一段。

如果一段的数值大于 0，则分为三个位数：h 是百位数，权是 100；t 是十位数，权是 10；o 是个位数，权是 1。

要将整数翻译为英语单词表示，当然得知道每个阿拉伯数字的英语说法，还有一些较小的数也有单独的英语单词表示。小于 20 的数对应的英语单词是固定的，并不遵循某种法则产生，所以我们直接将它们放在字符串数组 lessThen20 中。同样，10 的整数倍（20 至 90）对应的单词放在字符串数组 times10 中。这些数组定义如下：

存放小数字（1 至 19）与 10 的整数倍的数组的说明。1 至 19 之间的整数 i 对应的英语单词在 lessThan20[i] 中。对 2 至 9 范围内任意整数 j，数组 times10[j] 中为 $j \cdot 10$ 的英语名。

```
1   lessThan20: array [0..19] of string :=
2       ["", "one", "two", "three", "four", ..., "eighteen", "nineteen" ]
```

```
3     times10: array [2..9] of string :=
4       ["twenty","thirty","forty",...,"eighty","ninety"]
```

现在可以定义核心函数 GENERATEGROUP 了，这个函数对 0 到 999 范围内的任意整数生成其对应的英语文本形式。当输入是 0，函数生成空文本。字符串变量 *words* 记录已生成的文本，其初始值为空。首先翻译百位数 *h*，然后处理余下的 *r*。如果 $r < 20$，从 *lessThen*20[*r*] 中读取结果。否则，将 *r* 按照十位数 *t* 和个位数 *o* 分别从数组 *times*10 和 *lessThan*20 中读取结果。若百位数值不是 0，则对应的英语词与后两位英语表示之间插入 "and"。同样，非零的 *t* 与对应单词之间插入 "–"。记住，实际上所有部分都可能缺省，单词之间也必须插入必要的空格。

将 0 到 999 范围内的任意整数翻译成英语文本

```
1   function GENERATEGROUP (number)
2     h := number/100
3     r := number mod 100
4     t := r/10
5     o := r mod 10
6     words := ""
7   begin
8     if h > 0 then words := words & lessThan20[h] & "hundred " endif
9     if h > 0 and r > 0 then words := words & "and " endif
10    if r < 20 then
           //因为 lessThan20[0] = ""，当 r = 0，算法仍正确
11        words := words & lessThan20[r]
12    else
13        if t > 0 then words := words & times10[t]
14        if t > 0 and o > 0 then words := words & "-"
15        if o > 0 then words := words & lessThan20[o]
16    endif
17    return words
18  end
```

函数 GENERATEWEIGHT

如同阿拉伯数字一样，每三位对应的权的名称也必须保存在计算机中，为此定义了字符串数组 *weight*。记住权 1 不用"说出来"。

数组 *weight* 的定义

```
1   weight : array [1..8] of string :=
2     ["","thousand","million","billion","trillion",
3      "quadrillion","quintillion","sextillion","septillion"]
```

与其他有些语言相比，英语文本数的表达方式非常规律，几乎没有什么语法上的例外。少有的一个特殊之处是：如果最后部分小于 100，总是用 "and" 连接，即使没有百位数字也是如此。例如，4 000 001 读作 "four million and one"，而 5 004 003 读作 "five million four thousand and three"。

下面的函数 GENERATEWEIGHT 会考虑上述各种因素，并能正确地在权名和数字段之间插入空格。

为第 i 个数字段生成与数位权对应的英语名称，并在单词间正确插入空格。

```
1    function GENERATEWEIGHT (i)
2      words := ""
3    begin
4      if group[i] > 0 then
5        words := " " & weight[i] & " "
6      endif
7      if i = 1 and group[0] < 100 and group[0] > 0 then
8        words := words & "and"
9      endif
10     return words
11   end
```

23.2 我们该领悟到什么

现在知道了该如何编程让 GPS 指路系统把距离"说"出来。其实我们一直在试图模仿从小就习以为常的数字表达方式，因此我们现在应该能更深入地理解如何用英语文本表达数。

令人吃惊的一点在于只要我们记住非常少的东西就能表达实际上任意多的数。我们将与数相关的最基本的名词保存在数组 $lessThan20$、$times10$ 和 $weight$ 中就可以让算法知道所有需要知道的名词了。总共 36 个很短的字符串足以生成 10^{27} 个英语数字名——我们一辈子也不可能用到这么多数（100 年也不过 3 153 600 000 秒而已！）。

而且不仅如此，假如你还想表达比如大 1000 倍，那也只不过在 $weight$ 数组中增加一项就可以了。你很容易想到，按照这样的做法，其实想表达任意大的数都可以，只是你得为新的"权"找名字。（可以试试在网上搜索英语中更大的权的名称。）

如果考虑的语言不是英语，只要那种语言也是按数字的位置表示"权"的，诸如法语、德语等，处理的方式其实是一样的。实际上，只要对算法中某些细节略做修改就能适用于那些语言。

当需求变化时很容易通过略做修改就可以适应，这是现代软件重要的性质。例如我们前面描述的算法只要改动数组 $weight$ 就能扩大数字范围，只要修改存入的少量名词就能适用于德语或法语。通常，实现高适应性就是采用适当的数据结构存放可能要修改的数据，就像我们的算法中把所有基本名词存放在三个数组 $lessThen20$、$times10$ 和 $weight$ 中。

第 24 章

确定多数——谁当选为班级代表

Thomas Erlebach，英国莱斯特大学

Adam 看着眼前的一叠纸。他所在的班刚刚选举班级代表。每个同学在一张纸上写下各自中意的候选人名字，Adam 自告奋勇担任计票人。选举前全班同学议定只有超过半数票的人才能当选。如果没人得票超过半数那就得重选。Adam 的任务就是搞清楚是否有候选人得票已超过半数。

Adam 该怎么做呢？他没想太多，打算用最简单的做法：在一张纸上列出所有候选人的名字，在每个名字旁边画短线，短线总数就是得到的票数。Adam 逐次拿起每张选票查看上面的姓名。如果遇到计票纸上还没有的名字就添上去并画一根短线；如果名字已经有了，就加上一根短线。选票查完后计票纸上的记录如图 24-1 所示。

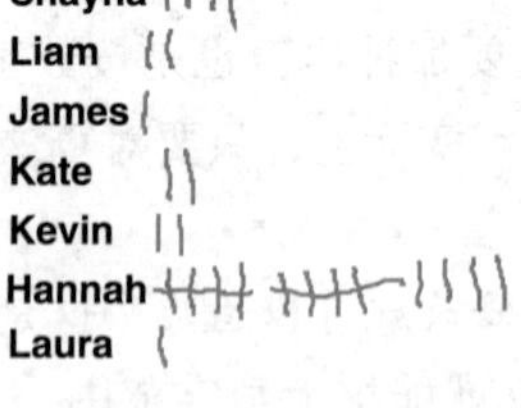

```
Shayna ||||
Liam   ||
James  |
Kate   ||
Kevin  ||
Hannah |||| |||| |||
Laura  |
```

图 24-1 Adam 的计票纸

Adam 找出旁边短线最多的名字。如果短线数超过半数，这名候选人就是选举获胜者。否则就没人赢得半数以上，必须重新选举。Adam 看到 Hannah 得到 14 票，得票最高。全班有 27 人，14 大于半数 13.5，Hannah 得到绝对多数，因此当选为班级代表。上一年度的班级代表也是 Hannah，相信她会继续担任好这个角色。全班同学和老师都祝贺 Hannah 当选。

事后 Adam 还在想计票的事。他很想知道是否有更好的方法。拿起每张选票自己都得到计票纸上找当前的名字是否已经有了，要在计票纸上加短线，甚至还可能要添姓名。总共 27 张选票当然没问题，但如果数量很大，比如成百上千甚至更多，那可就够烦的了！计票纸上的名单也会越来越长，那找名字也不那么容易了。Adam 的做法获得的信息其实有些未必需要。他不仅确定谁是胜者，其实也统计了每个候选人的得票数。我们并不需要这项数据。也许我们可以忽略这些数据使得计票效率更高。

我们应该认识到从数据保护的角度看，避免收集与处理并非必要的信息也是很重要的，这样能大大降低个人信息被滥用的危险。更详细地讨论数据保护不是本章的内容。这里我们只讨论如何聚焦于解决当前问题必需的数据，试图提高解题效率。

Adam 近来对算法产生了兴趣，知道很多问题都有更好的方法解决，会比那些直观的解法快很多。因此他找到同样对算法感兴趣的 Laura，两人一起研究是否有更好的办法可以确定选举中的绝对多数。他们查了很多关于算法的书，搜寻关于确定多数的问题。

24.1　确定多数的算法

Laura 和 Adam 还真找到了相关的信息：多数问题是从给定的 N 个元素中确定出现次数超过 $N/2$ 的元素，他们也查到了如下的算法。

> **确定多数的算法**
> 1　建立一个栈，初始状态为空。
> 2　第 1 阶段：对 N 个给定元素中的每个元素 X，进行下列操作：
> 3　　如果栈为空，X 进栈。
> 4　　否则，比较 X 和栈顶元素。如果相等，X 进栈；如果不同，栈顶元素退栈。
> 5　如果栈为空，则报告：输入中不存在出现次数超过 $N/2$ 的元素。
> 6　第 2 阶段：否则取出栈顶元素 Y，对输入中的 Y 计数。如果 Y 出现次数超过 $N/2$，则输出 Y；否则报告：输入中不存在出现次数超过 $N/2$ 的元素。

Laura 和 Adam 对这样的算法能有效感到很吃惊。投票人很多时，这个算法确定获胜者的方法确实简单多了。每张选票上的名字只需要与一个名字进行比较，就是栈顶的名字。最后还必须再扫描一次所有选票，数出第 1 阶段锁定的名字出现的次数，这也花不了太多时间。算法很有趣，但 Laura 和 Adam 对这个算法是否肯定能给出正确结果将信将疑。算法结束时，栈顶出现的有可能会是第 1 阶段遇到的任何一个碰巧在输入序列最后面连续出现两次的元素，而真正出现次数超过 $N/2$ 的可能是另一个完全不同的元素。带着心中的疑惑，两人决定用几个例子试一试。他们首先考虑包含 7 个元素的序列（假设每个元素均为大写字母，这样比较简单）：B，B，A，A，C，A，A。算法第 1 阶段执行过程，如表 24-1 所示。

表 24-1 包含 7 个元素的输入示例的执行过程

栈	当前读入元素	执行的操作	栈	当前读入元素	执行的操作
空	B	B 进栈	空	C	C 进栈
B	B	B 进栈	C	A	栈顶的 C 退栈
B, B	A	栈顶的 B 退栈	空	A	A 进栈
B	A	栈顶的 B 退栈	A		

算法结束时栈顶元素是 A。第 2 阶段中算法对 A 计数，结果是 7 次中出现 4 次。算法正确地判定 A 是要找的结果。你一定注意到算法执行过程中栈内只要非空，其中的元素总是相同的。这一点也不奇怪，因为只在栈空或者栈顶元素与当前查看的元素相同时，当前元素才会进栈。

现在看看如果输入序列中没有出现次数超过一半的元素时算法表现如何。假设输入是 A, B, C, C。这里 C 出现两次，但多数是指出现次数严格大于 $N/2$。算法第 1 阶段如表 24-2 所示。

表 24-2 输入系列为 A, B, C, C 的执行过程

栈	当前读入元素	执行的操作	栈	当前读入元素	执行的操作
空	A	A 进栈	C	C	C 进栈
A	B	栈顶的 A 退栈	C, C		
空	C	C 进栈			

这次第 1 阶段结束时留在栈顶的是 C。这说明第 2 阶段是必要的。第 2 阶段中算法对 C 计数，但 C 只出现两次，算法正确地报告输入中没有任何元素出现超过 $N/2$。

我们再看看下面这个例子：A, A, A, B, B。这个例子中正确的结果是 A，但输入最后部分连续出现的元素是 B。即便如此，算法的输出仍然是正确的，如表 24-3 所示。

表 24-3 输入序列为 A, A, A, B, B 的执行过程

栈	当前读入元素	执行的操作	栈	当前读入元素	执行的操作
空	A	A 进栈	A, A, A	B	栈顶的 A 退栈
A	A	A 进栈	A, A	B	栈顶的 A 退栈
A, A	A	A 进栈	A		

最后栈顶有一个 A，因此算法仍然能找到正确的多数元素。虽然 Laura 和 Adam 还是说不清个中的奥妙，但算法似乎总是能找到正确的结果。他们又去查看了算法教科书，结果找到算法正确性的一个证明。初看上去证明似乎很复杂，令人难以理解，但 Laura 和 Adam 反复看了几遍，经过相互讨论他们总算弄明白了，终于相信这个算法对任何输入总是能给出正确的答案。

24.2 算法的正确性

算法正确性的证明可以概要地描述如下：如果算法输出某个元素 X，由于第 2 阶段对 X 的出现次数计数，因此 X 的出现次数必然大于 $N/2$，算法正确。因此，算法如果出错只可能在输入中确实包含某个出现次数大于 $N/2$ 的元素 A，而算法却报告输入中没有出现次数大于 $N/2$ 的元素。这就意味着算法第 1 阶段结束时，栈顶元素不是 A。我们可以证明这样的情况不可能出现。

考虑长度为 N 的任意输入序列，其中等于 X 的元素个数大于 $N/2$。假设第 1 阶段结束时栈顶元素不是 X。由于任何时刻栈中的元素只会是同样的元素，因此第 1 阶段结束时栈内不含 X。由此可知，对于序列中出现的任意 X，只可能有以下两种处理方式：

1. 当遇到输入中的 X 时，栈中包含的元素 Y 与 X 不同，此时算法将栈顶的 Y 退栈；
2. 当遇到输入中的 X 时，栈为空，或者栈中的元素也是 X，此时算法将输入中的 X 放进栈中。但第 1 阶段结束时栈中并没有 X，那就意味着在此之后会在输入中遇到一个不同于 X 的 Z，导致这里进栈的 X 退栈了。

基于这两种情况，我们可以让每个 X 对应一个不同于 X 的元素：第一种情况下，X 对应为当时退栈的 Y；第二种情况下，X 对应为导致 X 退栈的 Z。很容易看出不会有两个 X 对应于同一个不等于 X 的元素。因此不等于 X 的元素至少和 X 一样多。换句话说 X 不可能出现次数超过 $N/2$。反之，若 X 出现次数确实大于 $N/2$，第 1 阶段结束时 X 必然出现在栈顶。因此算法的输出一定正确。

24.3 需要进行多少次比较

算法确定是否有出现次数超过半数的元素究竟需要进行多少次元素间的比较，这也是很有趣的问题。这里，"比较"指能判定两个元素是否相等的操作。我们的算法在第 1 阶段最多执行 $N-1$ 次比较，因为第一个元素进栈不需要比较，后面每个元素最多与栈顶元素比较一次。第 2 阶段中同样最多执行 $N-1$ 次操作。因此，如果算法的输入含 N 个元素，算法最多进行 $2N-2$ 次比较。

一个很自然的问题是：比较次数还能减少吗？是否少于 $2N-2$ 次比较就够了？回答是肯定的。下面改进的算法最多进行 $\lceil 3N/2 \rceil - 2$ 次比较。（$\lceil a \rceil$ 表示不小于 a 的最小整数；例如，若 $N=5$，$\lceil 3N/2 \rceil = \lceil 15/2 \rceil = \lceil 7.5 \rceil = 8$，若 $N=6$，则 $\lceil 3N/2 \rceil = \lceil 18/2 \rceil = \lceil 9 \rceil = 9$。）

> 确定多数的算法改进版
> 1 创建两个栈：s1 和 s2，初始状态均为空。
> 2 第 1 阶段：逐个读入输入元素，对每个元素 X 执行如下操作：
> 3　　如果 s2 非空，且栈顶元素等于 X，则 X 进 s1。

> 4 否则，X 进 s2，并且若 s1 非空，s1 栈顶元素退栈，将其放入 s2。
> 5 假设第 1 阶段结束时 s2 栈顶元素是 Y。
> 6 第 2 阶段：只要 s2 非空，就反复执行如下操作：
> 7 比较 s2 栈顶元素与 Y。
> 8 如果 s2 栈顶元素等于 Y，s2 栈顶连续两个元素退栈。（如果 s2 中只有一个元素，退栈并将其放入 s1。）
> 9 否则（s2 栈顶元素不等于 Y），s1 和 s2 栈顶元素分别退栈。（如果 s1 为空，没有元素可退栈，则算法报告：输入中没有出现次数大于 $N/2$ 的元素。）
> 10 如果 s1 非空，输出 Y；否则报告：输入中没有出现次数大于 $N/2$ 的元素。

这个算法看上去就挺复杂。不但很难看出为什么算法是正确的，就是给个小例子试一试也是个挑战。我们先看看对输入：B、B、A、A、C、D、A、A、A，算法第 1 阶段的执行情况，如表 24-4 所示。

表 24-4 算法改进版示例的第 1 阶段执行情况

栈 s1	栈 s2	当前读入元素	执行的操作
空	空	B	B 进 s2
空	B	B	B 进 s1
B	B	A	A 进 s2，s1 栈顶的 B 退栈进 s2
空	B, A, B	A	A 进 s2
空	B, A, B, A	C	C 进 s2
空	B, A, B, A, C	D	D 进 s2
空	B, A, B, A, C, D	A	A 进 s2
空	B, A, B, A, C, D, A	A	A 进 s1
A	B, A, B, A, C, D, A	A	A 进 s1
A, A	B, A, B, A, C, D, A		

A 在输入序列中出现次数大于 $N/2$ 次，第 1 阶段结束时 s2 栈顶确实是 A。现在我们来看第 2 阶段的执行情况，如表 24-5 所示。

表 24-5 算法改进版示例的第 2 阶段执行情况

栈 s1	栈 s2	执行的操作
A, A	B, A, B, A, C, D, A	s2 栈顶元素是 A（必然如此，第 1 阶段最后一步选择的元素就是当时 s2 栈顶元素），于是 D、A 从 s2 退栈
A, A	B, A, B, A, C	s2 栈顶不是 A，于是 s1、s2 栈顶元素均退栈
A	B, A, B, A	s2 栈顶元素等于 A，于是 B、A 从 s2 退栈
A	B, A	s2 栈顶元素等于 A，于是 B、A 从 s2 退栈
A	空	

进行到最后一行栈 s2 空了，第 2 阶段执行终止。此时 s1 非空，算法输出 A，结果显然正确。在第 2 阶段中算法只比较 4 次，其中第一次根本不用比，所以实际需要的比较只有 3 次。

我们简单讨论一下为什么这个算法是正确的。其实第一个算法中的栈在改进的算法中就是 s1。算法执行过程中，s1 中的元素始终相等，而且一定等于 s2 栈顶元素。而且在 s2 中不会有两个元素紧挨在一起。这就意味着第 1 阶段结束时，s2 栈顶元素 Y 是唯一可能的正确结果。第 2 阶段中每次循环从 s2 栈顶删除两个元素，一个是 Y，一个不是。因此 Y 在输入中出现次数大于 N/2 当且仅当此时 s1 非空（至少有一个 Y）。因此改进的算法是正确的。至于比较次数，在第 1 阶段最多进行 N−1 次，而第 2 阶段最多进行 $\lceil N/2 \rceil - 1$ 次，因为每次循环中比较一次，却删除两个元素。因此为了找到出现次数大于 N/2 的元素或者判定不存在这样的元素，总共最多比较 $\lceil 3N/2 \rceil - 2$ 次。

还能再改进吗？这次答案是否定的。可以证明确实某些包含 N 个元素的输入需要进行至少 $\lceil 3N/2 \rceil - 2$ 次比较。从最坏情况下需要比较的次数来看，不可能找到比这里改进后的算法更好的确定多数的算法了。

24.4 应用与拓展

确定多数的问题并不仅限于选举，另外也有许多应用。例如，在某些应用中结果是否正确至关重要。我们可以用 N 台机器同时计算，如果有超出一半的机器执行结果相同，我们就采纳这个结果。只要出错的机器不到一半，结果的正确性就能得到保证。

在我们的问题中，多数是指出现次数大于 N/2 的那个元素。推而广之，我们可以考虑一般意义下的"频繁"出现的元素，即出现次数大于 N/K 的元素，K 是选定的值。假如选择 K = 10，则要求出现频度大于 10%。识别频繁出现的对象对于互联网流量监控很有意义，这可以告诉我们究竟哪些应用或哪些用户产生最大流量。网络上的数据包需要以极快的速度处理，这就需要能在尽可能短的时间内处理新数据包的算法。确定多数的算法经拓展可以用于这类问题。

24.5 确定多数问题的解给我们什么启示

- 最直观的解决方案未必是最快的解法。
- 对很多问题可以寻找更聪明的算法，以更高的效率解决。
- 要看出算法对每个可能的输入结果都正确往往不是件容易的事。
- 对有些问题，我们有可能证明当前已知的算法已经是最好的了。

第 25 章

随机数——如何在计算机中创造随机

Bruno Müuller-Clostermann，德国杜伊斯堡埃森大学
Tim Jonischkat，德国杜伊斯堡埃森大学

算法是能有效解决各种问题的聪明的过程。前面各章中我们学到了若干"正常"算法的例子，如二分索搜、插入排序、图的深度优先搜索以及寻找最短路径的算法等。单看这些算法有人可能会认为尽管所有这些算法既聪明又有效，但它们是很僵硬的反复过程，在任何情况下均产生完美但单一的结果。算法似乎与随机（或者碰运气）没有关系。别急着这么说！在应用快速排序时，支点元素就可以随机地选取。一次性加密过程使用随机选择的密钥。在指纹算法中数字也是随机选取的。

各种类型的电脑游戏同样要利用依赖于随机性的算法。在许多游戏中计算机的角色也是一个玩家，在算法控制下模仿聪明合理的行为。很多著名的交互式游戏，如 Simes、SimCity、Settlement 游戏、World of Warcraft 充分体现了随机性。在相同的场景下计算机并不是一成不变地行事，它们能做出各种不同反应，大大增加了多样性和刺激性。

随机数或随机事件可以掷色子产生（1，2，…，6），或者抛硬币产生（正面，反面）；但计算机肯定做不了这样的事。那么随机事件能被编程吗？算法是否能模拟随机性，产生看上去随机的数值呢？计算机产生的这样的数称为"伪随机数"（直接称之为随机数的也很常见）。本章讨论著名的随机数生成算法，这些算法被广泛认可用于许多应用领域。我们介绍两个例子：一个计算机游戏以及用于确定表面积的所谓的蒙特卡罗模拟。

25.1 "石头，剪子，布"：一个策略游戏

"石头，剪子，布"是历史悠久、流传极广的游戏。我们把它搬到计算机上，编个程序做你的对手。作为玩家，你有三种选择：石头、剪子、布（见图 25-1）。算法也会做出它的选择。胜负按如下规则确定：石头胜剪子；剪子胜布，布胜石头。胜者得 1 分，游戏继续。

图 25-1　石头，剪子，布（图片出处：Tim Jonischkat）

算法是怎么进行选择的呢？始终交替地选"剪子"或"布"当然也是一种策略，但这很乏味，很快你就能猜到它的下一个选择。显然我们希望算法的选择是"不可预测"的，就像掷色子、选彩票或者玩轮盘赌那样（见图 25-2）。

图 25-2　硬币（正面，反面）；色子（1，2，…，6）；轮盘（0，1，…，36）
（图片出处：Lukasz Wolejko-Wolejszo，Toni Lozano）

如果让算法机械地模仿掷色子或转轮盘不是好主意，那会非常复杂，效率也很低。我们需要设计一个算法，能在石头、布和剪子三种可能中随机地选择。我们需要随机数生成器。

25.2 生成随机数的方法：模算术

你可以将模算术理解成沿着一个标有数字 0，1，2，…，$m-1$ 的圆周移动。要得到 x mod m（x 除以 m 的余数 r）对应的弧长，从 0 开始按顺时针方向移动 x 步。经过的整圈数对应于商 a，而停止位置上的数字即余数 r。

想象一下从 1 月 1 日凌晨 0 点到 1 月 2 日早上 7 点时钟的时针运动情况。很明显时间已经过了 43 小时，这期间，时针转了 3 圈（每圈 12 小时），又行进了 7 步到达 7 点位置。钟面是按照模 12 标注的，7 就是 43 mod 12。模算术加法就对应于时钟顺时针方向。我们考虑两个例子（见图 25-3）。

假如从位置 $x = 9$ 开始，加 6，也就是按顺时针方向行进 6 格到达位置 3；这就说明 (9 + 6) mod 12 = 3（见图 25-3a）。

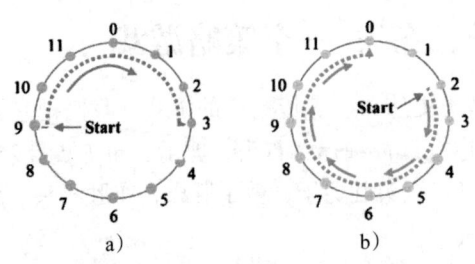

图 25-3 模算术的两个例子：9 mod 3 = 6 和 (6·2) mod 12 = 0

x 乘以 a 可以用一系列加法实现；如果我们从位置 $x = 2$ 开始，做 5 次加 2，也就是按顺时针方向每次行进 2 格，连续做 5 次，结果停在位置 0，因此 (6·2) mod 12 = 0（见图 25-3b）。

计算机科学中模算术是很自然的，因为计算机存储空间总是有限的；存储单元也是有限的，只能存放不超过一定数量的数。

25.3 生成伪随机数的算法

下面的算法利用模算术产生 $\{0, 1, \cdots, m-1\}$ 范围内的随机数。算法原理非常简单：选择初始值 x_0、乘法因子 a、常量 c 以及模数 m。计算 $r = (a \cdot x_0 + c) \bmod m$。取 r 为第 1 个随机数 x_1。接下来用第 1 个随机数计算第 2 个随机数 $x_2 = (a \cdot x_1 + c) \bmod m$，再以相同方式用 x_2 计算 x_3，等等。这样可以得到随机数序列 $x_1, x_2, x_3, \cdots$

这个过程可以精确描述如下：

$$x_1 := (a \cdot x_0 + c) \bmod m$$
$$x_2 := (a \cdot x_1 + c) \bmod m$$
$$x_3 := (a \cdot x_2 + c) \bmod m$$
$$x_4 := (a \cdot x_3 + c) \bmod m$$
$$\cdots$$

可以用下面更一般的形式描述循环过程：

$$x_i + 1 := (a \cdot x_i + c) \bmod m, \quad i = 0, 1, 2, \cdots$$

在实现随机数生成器时，需要指定乘法因子 a、常量 c 以及模数 m 的值；另外还需要指定初始值 x_0，有时我们称初始值为生成器的"种子"。

例如，设定 $a = 5$，$c = 1$，$m = 16$，而 $x_0 = 1$，则计算过程如下：

$$x_1 := (5 \cdot 1 + 1) \bmod 16 = 6$$
$$x_2 := (5 \cdot 6 + 1) \bmod 16 = 15$$
$$x_3 := (5 \cdot 15 + 1) \bmod 16 = 12$$
$$x_4 := (5 \cdot 12 + 1) \bmod 16 = 13$$
$$x_5 := (5 \cdot 13 + 1) \bmod 16 = 2$$

$$x_6 := (5 \cdot 2 + 1) \bmod 16 = 11$$
$$x_7 := (5 \cdot 11 + 1) \bmod 16 = 8$$
$$x_8 := (5 \cdot 8 + 1) \bmod 16 = 9$$
$$\dots$$

显然，一旦所有参数确定，这个序列也就确定了。换句话说，给定一个初始值，我们得到的随机数序列是完全一样的，这称为"确定的"。选择另一个初始值，算法则会另外确定一个固定的序列。

25.4 周期性行为

假如将上述计算继续下去，我们就会发现第 16 步执行后又得到初始值 1，这时 {0，1，2，…，15} 中每个值都恰好出现了一次。继续计算后面 16 个随机数 x_{16}，x_{17}，…，x_{31}，生成的序列完全重复前面的 16 个随机数。这就产生了周期为 16 的重复行为。如果模数 m 很大，选择的乘法因子 a 和常量 c 适当，可能实现较大的周期。理想情况下周期长度可以达到 m。有些程序设计语言会内设随机数生成器，也可通过函数库提供同样功能；Java 语言提供了全周期随机数生成器，选取参数 $a = 252149003917$，$c = 11$，$m = 2^{48}$。

25.5 模拟真正的随机数生成器

产生 {0，1，2，…，$m-1$} 范围内的伪随机数是许多应用得以实现的基础。伪随机数用于模拟抛硬币，产生正面或反面；模拟掷色子，产生 1、2、3、4、5 或 6；也可以模拟轮盘赌，产生 0，1，2，…，36 中任何一个可能的数字。

我们假设上面每个例子中所用的工具完全没有偏向，即各自产生每个可能的结果的概率确实是 1/2、1/6 或 1/36。在模拟抛硬币时，我们需要一个过程，将 {0，1，…，$m-1$} 中的任意随机数 x 映射到 {0，1} 中的任意值 z，若得到 0，就是"正面"，1 就是"反面"。一种简单的映射就是"小"数对应 0，"大"数对应 1，准确地说：当 $x < m/2$，$z := 0$；当 $x \geq m/2$，$z := 1$。如果模拟轮盘赌，可以选择函数 $z := x \bmod 37$；而模拟掷色子，则可以选择函数 $z := x \bmod 6 + 1$。

25.6 游戏"石头，剪子，布"的算法

现在可以回到我们的策略游戏上来了。我们需要一个算法，能在石头、剪子和布这三种可能的预期中随机选择一种，至少做到看上去是随机的。为此我们需要一个随机数生成器，每轮游戏提供一个随机数 x，然后计算 $z := x \bmod 3$，就能得到三个值（0，1，2）中的一个。根据 z 的值确定石头（0）、剪子（1）和布（2）。这个算法已经实现为 Java 小程序

rock-paper-scissors-applet。

有四个不同的（伪）随机数生成器可以选用；第一个是极端情况，直接采用固定序列 0、1 和 2。

1. 确定序列：数字序列是 2，0，1，1，0，0，0，2，1，0，2。
2. RNG-016：$a = 5$，$c = 1$，$m = 16$；初始值为 $x_0 = 1$（周期 16）。
3. RNG100：$a = 81$，$c = 1$，$m = 100$；初始值为 $x_0 = 10$（周期 100）。
4. Java 生成器：Java 语言提供的生成器："Java.util.Random"。

算法 NEXTRANDOMNUMBER 输入值 x，并使用参数 a、c 和 m。返回 $\{0, 1, \cdots, m-1\}$ 范围内的一个随机值。此值为跟随在 x 后面的随机数。

```
1   procedure NEXTRANDOMNUMBER (x)
2   begin
3       return (a · x + c) mod m
4   end
```

过程 RANDOMNUMBEREXAMPLE(n) 调用函数 NEXTRANDOMNUMBER(x)。本过程首先给参数 a、c 和 m 赋值。初始值选定为 1。每次调用 NEXTRANDOMNUMBER(x) 后改用 x 的新值并打印。另外打印 $x \bmod 3$ 的值。

```
1   procedure RANDOMNUMBEREXAMPLE (n)
2   begin
3       a := 5; c := 1; m := 16;
4       x := 1;
5       for i := 1 to n do
6           x := NEXTRANDOMNUMBER (x);
7           print(x);
8           print(x mod 3)
9       endfor
10  end
```

生成的随机数如下：
x_i：6，15，12，13，2，11，8，9，14，7，…
$x_i \bmod 3$：0，0，0，1，2，2，2，1，2，1，…

"人""机"对抗可能的两次结果见图 25-4。

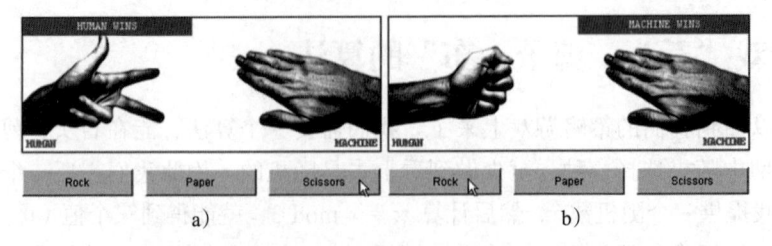

图 25-4 a) 剪子剪布；b) 布包石头

三轮游戏后双方得分见表 25-1。

表 25-1　三轮之后双方得分：人为 2；机为 1

Round	Human			Machine
1	Rock	0	1	Paper
2	Scissors	1	1	Paper
3	Rock	2	1	Scissors

图 25-5 所示为选定的随机数生成器（这里是 RNG-016）的工作原理。当前计算用粗线标出，后面的计算值也能看到。因此你可以预测机器未来的决策（这不太厚道）。

```
○ deterministic    ● RNG-016    ○ RNG-100    ○ Java generator
Randomizer: RNG-016                a=5, c=1, m=16, x0=1
x0 = 1
x1 = (a * x0 + c) mod m = 6
x2 = (a * x1 + c) mod m = 15     x2 mod 3 = 0 -> Rock
x3 = (a * x2 + c) mod m = 12     0 equals "rock"
x4 = (a * x3 + c) mod m = 13     1 equals "paper"
x5 = (a * x4 + c) mod m = 2      2 equals "scissors"
```

图 25-5　机器算法

25.7　蒙特卡罗模拟——利用"随机雨"确定面积

随机数应用的一个重要领域是蒙特卡罗模拟，这个名字源于蒙特卡罗的赌场。作为蒙特卡罗模拟应用的一个例子，我们可以用这种方法确定非规则平面形状的面积。"随机雨"这个名字形象地反映了这种方法的关键，即让多个二维随机点（x，y）像下雨一样落到平面上。平面上每个随机点用一对数值（x，y）随机坐标表示，其中 x、y 为实数区间 [0, 1] 中的随机值。这里我们将 $x \in \{0, 1, \cdots, m-1\}$ 转换为 0.0 到 1.0 范围内的某个实数；转换规则用 $x := x/(m-1)$ 即可。

如果在平面上的单位正方形（边长为 1.0）中放入一个任意的区域，然后随机点被撒入该正方形，部分点会落入给定区域，也有些点会落在正方形中的其他地方，如图 25-6 所示。

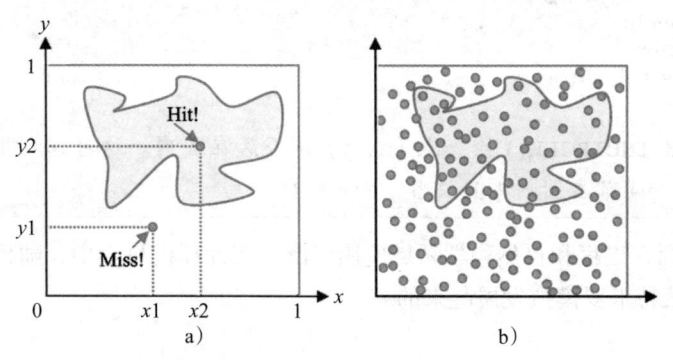

图 25-6　a）两个随机点（$x1$，$y1$）和（$x2$，$y2$），一个落在区域内，一个在外面；
　　　　　b）随机雨：对落在区域内的点计数

我们可以对落在给定区域内的点计数，并计算 A =（落入区域内的点数）/（落在正方形中的总点数），则 A 可以看作该区域面积的估计值。想得到较好的估计值，落下的点数应该足够多，比如数百万，甚至数十亿。当然这就不可能由人工计算了，但设计一个算法让计算机在正方形内撒下几百万个随机点是没有问题的。

我们举个例子，用蒙特卡罗方法判断著名的数学常量 $\pi = 3.14159\cdots$ 的前几位。这可以通过向单位圆中撒随机点 (x, y) 来估计。考虑一个单位正方形（即边长为 1，面积也为 1）以及内接该正方形的单位圆的一个象限。由于单位圆半径 $r = 1$，面积 $A = r^2 \cdot \pi = \pi$，则该象限的面积是 $\pi/4$，如图 25-7 所示。

如果落入指定象限的点数为 T，落入单位正方形中的点数为 N，我们可以近似地计算 $\pi \approx 4T/N$，

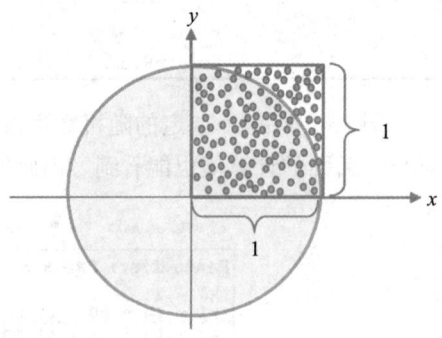

图 25-7　多少点落入指定的象限中

上面的图中总共 130 个随机点中有 102 个落入指定象限，因此 $\pi \approx 4 \cdot (102/130) \approx 3.1384$。这个结果还很不精确；不过若用 10 万、数百万甚至数十亿个点结果会好很多。下面的算法 RANDOMRAIN 更具体地描述上述过程。

算法 RANDOMRAIN 利用单位正方形（边长为 1，面积也为 1）给出数学常数 π 的估计值。

```
1    procedure RANDOMRAIN (n)
2    begin
3        a := 1103515245; c := 12345; m := 4294967296;    // 参数
4        z := 1; hits := 0;        // 初始值
5        for i := 1 to n do
6            z := (a · z + c) mod m;
7            x := z/(m − 1);
8            z := (a · z + c) mod m;
9            y := z/(m − 1);
10           if INCIRCLE (x, y) then
11               hits := hits + 1
12           endif
13       endfor
14       return 4 · hits/n
15   end
```

附注：函数 INCIRCLE() 检查点 (x, y) 是否落在圆内。这可以利用方程 $x^2 + y^2 = r^2$ 判断，点 (x, y) 落在圆内当且仅当 $x^2 + y^2 < 1$。

蒙特卡罗模拟在工程和自然科学领域应用广泛。在计算机科学中，随机算法（或称概率算法）也是基于蒙特卡罗模拟发展起来的。

第 26 章

火柴游戏的取胜策略

Jochen Könemann，加拿大滑铁卢大学

我有点恼火，还有点困惑。昨晚我发现哥哥似乎心情大好，这可得当心，不是什么好兆头。带着满脸笑容，他告诉我有个智商测试"非常有趣"，他很想让我试试。我可了解这个哥哥，好多次类似的情况最后都有花样，一定要小心。可是我又确实扛不住好奇心："听起来不错啊，说说看！"

"太好了！"他笑得更开心了，即刻在口袋里摸出一盒火柴。他打开火柴盒，盒中有 18 根火柴掉落在我俩面前的桌上。"我们来玩个游戏"他说，接着就说起游戏规则。规则倒是非常简单。他和我轮流取火柴。第一个人可以选择取 1 根、2 根或者 3 根。接下来的人必须从剩下的火柴中也取走 1 根、2 根或者 3 根。就这么轮流取，谁取了最后的火柴就输了。

"听明白了吗？"弟弟问道。他总希望炫耀，弄得好像我是小孩似的！"当然啦！"我说，"这一点也不复杂。"他脸上又露出那种可疑的微笑，说道："好！那我们开始。反正谁先谁后也无所谓，我年纪大，我就先开始吧。"他迅速取走 1 根火柴，桌上还剩 17 根。

好的，反正这一轮没危险，不管我拿几根，桌上至少还有 14 根火柴，他还得继续。我决定取走 2 根。轮到他了，桌上还有 15 根火柴。他似乎一直在傻笑（真不知道为什么），又取走 2 根，桌上还剩 13 根火柴。表 26-1 显示了当前形势。左边一列是剩下的火柴根数，右边一列是我和哥哥依次做的动作。

表 26-1 取火柴游戏的过程

剩余的火柴根数	动作	剩余的火柴根数	动作
(13)	我拿 3 根	(7)	哥哥拿 2 根
(10)	哥哥拿 1 根	(5)	我拿 1 根
(9)	我拿 2 根	(4)	哥哥拿 3 根

哥哥最后一次取走 3 根后，桌上只留下 1 根火柴。按照规则我必须取这根火柴，我输了！"你就靠运气！"我提出再玩一次，想报仇。真倒霉，他连赢了三次，这下我有点灰心了。他似乎总占优势，那是为什么呢？

26.1 从小例子开始试试看

我想搞清楚这里有什么奥妙，决定先拿几个小例子试试。我已经知道轮到我时，如果桌上只剩 1 根火柴我就输了。如果桌上是 2 根呢？这很简单，我取 1 根，那我哥哥必须取剩下的 1 根，他就输了。这就是说在轮到我时，对于剩下 2 根火柴的情况我有取胜策略。按照这个思路，很容易知道在轮到我时，对于 3 根或 4 根的情况我都有取胜策略。只剩 3 根火柴时我取走 2 根，而剩余 4 根火柴时我取走 3 根。这两种情况下，哥哥都必须面临只有 1 根火柴在桌上的情况，他必输。

我们来总结一下。我们已经知道一个玩家在轮到他时，如果桌上剩下的火柴数是 2、3 或 4，总有取胜策略。他只需要选择留下 1 根火柴给对方就必定能赢。

表 26-2 汇总了我们分析的结果。下面一行中第 i 列表示当前轮到取火柴的玩家是否有取胜策略（表示为 GS_i），其中 i 是当前桌上剩下的火柴数。

表 26-2 剩余 1、2、3 或 4 根火柴时的分析结果

i	1	2	3	4
GS_i	No	Yes	Yes	Yes

这很容易理解。但如果桌上的火柴有 5 根呢？与上面的情况相比，形势就不那么明显了。不过，剩下 5 根正是我和哥哥第一盘较量中倒数第二轮我面临的情况。那是我可能迫使他输吗？我试试看！按照规则我至少取走 1 根火柴，最多取走 3 根。无论我怎么做，哥哥面临的局面是 2、3 或 4 根火柴。我们已经知道在哪些情况下他有取胜策略！所以只要他不糊涂，他总能让我输。只要对方按策略行事，当剩下的火柴是 5 根时，轮到取火柴的玩家是没有取胜策略的，即 $GS_5 = No$。

当桌上有 6 根火柴时，我可以选择取 1、2 或 3 根，则桌上留下 3、4 或 5 根。我们已经

知道对 3 根和 4 根对方有取胜策略，而对 5 根对方没有取胜策略。因此，我有取胜策略：我取 1 根火柴，桌上就留下 5 根。于是，GS_6=Yes。

26.2　计算取胜策略的算法

很容易扩展上面的例子。比方说我们已经计算出当 $i = 1, 2, \cdots, 14$ 时的 GS_i，也就是说我们知道，对于不大于 14 的任何 i，当玩家面对桌上剩下的 i 根火柴时，他是否有取胜策略。如果剩下 15 根火柴，轮到取火柴的玩家必须取走 1 根、2 根或者 3 根火柴，留给对方的可能是 12、13 或者 14 根。假如对方在这些情况下均有取胜策略，即 $GS_{12} = GS_{13} = GS_{14}$ = Yes，而且对方足够聪明，那么当前的玩家输定了；因此，GS_{15} = No。反之，如果对 $j \in \{12, 13, 14\}$，至少有一个 j，使得 GS_j = No，那当前的玩家只要取走 $15-j$ 根火柴就能让对方必输，因此 GS_{15} = Yes。

我们可以得到计算 GS_1 到 GS_x 的如下算法：

```
WINNINGSTRATEGY (x)
  1    GS₁ = No, GS₂ = Yes, GS₃ = Yes
  2    i := 3
  3    while i < x do
  4        i := i + 1
  5        if GS_{i-3} = GS_{i-2} = GS_{i-1} = Yes then
  6            GS_i = No
  7        else
  8            GS_i = Yes
  9        endif
 10    endwhile
```

表 26-3 中列出计算 GS_1 到 GS_{18} 的结果。简洁起见，用"Y"和"N"分别代表"Yes"和"No"。

表 26-3　计算 GS_1 至 GS_{18} 的结果

i	1	2	3	4	5	6	7	8	9	10	11	12	13	14	15	16	17	18
GS_i	N	Y	Y	Y	N	Y	Y	Y	N	Y	Y	Y	N	Y	Y	Y	N	Y

太好了！我知道哥哥每次从 18 根火柴开始是有取胜策略的。但他怎么知道他需要拿走几根的呢？

我来回忆一下他和我玩的第一局游戏。开始时有 18 根火柴，他先取。如表 26-3 所示，GS_{18} = Y，所以他有取胜策略。只要他不犯错就总能赢我。他必须从 18 根火柴中取走 1、2 或 3 根。他该取几根呢？表 26-3 中显示如果他留给我 15 根火柴，那我就有取胜策略了。哥哥自然不希望这样，所以不会取 3 根。同样他也不会取 2 根，因为留下 16 根我也有取胜策略。哥哥剩下的唯一选择只能是取走 1 根，留下 17 根火柴给我。从表 26-3 中可以查到 GS_{17} =

N，只要他下面不会犯错，我必定会输。

"哥哥取走 1 根火柴后我是怎么应对的呢？"对！我当时从剩下的 17 根火柴中取走 2 根，留 15 根给他。表中可以看出，他在面对 15 根火柴时仍然有取胜策略。接下来他一定取 2 根，保持他的优势，因为 $GS_{12} = GS_{14} = Y$，而 $GS_{13} = N$。"说到底，这个'游戏'还是个陷阱，根本不是什么智商测试！哥哥完全清楚怎么能保证赢我！"

26.3 算法的运行时间

这个算法计算 GS_x 需要执行多少次基本操作（比较与赋值）呢？算法中的 while 循环执行 $x-3$ 次。每次循环为了计算 GS 需要访问三个对象 GS_{i-3}、GS_{i-2} 和 GS_{i-1}，因此算法第 4～9 步执行 3 次比较和 2 次赋值，总共执行操作数为 $(x-3) \cdot (3+2) + 4 = 5x-11$。

运行时间与火柴数成正比。如果我们坐在桌边玩这个游戏应该没问题。但若用计算机执行算法，这就使我们能对很大的 x 计算 GS_x。如果我们想用计算机确定当火柴数 x = 9 876 543 210 时，究竟谁会赢。尽管用 10 个十进制数字能表达这个数，但大约要执行 5×9 876 543 210 次基本操作才能得到答案，这个代价太大了。

如果算法执行步数不是与 x 这个数成比例，而是与表示 x 所需要用的数字的个数成比例，那改进可就大了。表示 x 需要用多少个数字与采用的数制有关。计算机中一般采用二进制表示，x 写为 0-1 的字符串 $a_k a_{k-1} \cdots a_0$，满足：

$$x = \sum_{i=0}^{k} 2^i a_i$$

算法的输入长度为 x 的表示的长度 $k+1$，而不是 x 的值。那么长度为 k 的 x 是多大呢？显然：

$$2^{\lceil \log_2 x \rceil + 1} \geq 2^{\log_2 x + 1} = 2 \cdot x \tag{26-1}$$

因此，当 $i > \lceil \log_2 x \rceil$，$a_i = 0$。换句话说，$x$ 的二进制表示最多有 $\lceil \log_2 x \rceil + 1$ 位。用 $k+1$ 位二进制数字能表示的最大的 x 是：

$$\sum_{i=0}^{k} 2^i = 2^0 + 2^1 + \cdots + 2^k$$

这是个几何级数，很容易证明它的值恰好是 $2^{k+1} - 1$。用 $k = \lfloor \log_2 x \rfloor - 1$ 替换，得到：

$$\sum_{i=0}^{\lfloor \log_2 x \rfloor - 1} 2^i = 2^{\lfloor \log_2 x \rfloor} - 1 \leq 2^{\log_2 x} - 1 = x - 1 \tag{26-2}$$

因此，x 的二进制表示需要至少 $\lfloor \log_2 x \rfloor + 1$ 位。

式（26-1）和式（26-2）表明 x 的二进制表示的长度在区间 $[\lfloor \log_2 x \rfloor + 1, \lceil \log_2 x \rceil - 1]$ 中。所以算法的执行基本操作数为：

$$5x-11 \geqslant 5 \cdot 2^k - 11$$

这是输入 x 的长度 k 的指数函数。一般地说，如果算法的运行时间的上限是输入长度的多项式函数，那我们就认为这个算法效率可以接受。而如果算法执行时间是输入的实际值的多项式函数（就像本例中的情况），那就称其为"伪多项式时间算法"。

根据上面的分析，算法 WINNINGSTRATEGY 并非真正有效。我哥哥不太可能在和我玩游戏时真用这个算法计算取胜策略。他的确告诉过我，很容易证明只要 x 除以 4 余 1 就有 $GS_x = N$。这样一旦遇到某种自己有取胜策略的状态，后面的策略就很简单了：每次对手取 y 根火柴，紧接着自己就取 $4-y$ 根，这样两人加起来取走的火柴一定是 4 根。

我和哥哥之间进行的游戏显然验证了这个规律的正确性，难怪当时他完全不需要一个表或者计算机就能确定该如何行动了。

26.4　扩展和背景

本章中讨论的火柴游戏有许多扩展形式。一种很流行的变形称为 Nim。Nim 开始时桌上放了几排火柴。和我们这里的游戏一样，Nim 也是两人对阵，轮流取走火柴。当轮的玩家选择一排，并从中取走至少 1 根火柴，也可以取这一排中任意多根。最后取的为输者，这也和我们的游戏一样。我们的游戏相当于 Nim 的单排版，因此对 Nim 的分析也类似。特别是 Nim 也同样有可以推导取胜策略的公式。

Nim 历史悠久，很多人相信它起源于中国一种叫作"拣石子"的古老游戏。16 世纪 Nim 出现在欧洲，1901 年 Charles Bouton 发表了关于 Nim 的完整分析，也确定了 Nim 这个名字。

算法 WINNINGSTRATEGY 可以看作一种称为"动态规划"的算法设计策略的简单例子。动态规划是由美国学者 Richard Bellman 在 20 世纪 40 年代提出的一种非常有效的解题方法。动态规划采用将问题实例分解为结构相同但规模较小的子问题方式，广泛用于解决复杂的优化问题。例如，在我们的火柴游戏中，为了解决面对 x 根火柴是否有取胜策略的问题，我们考虑剩余火柴数较少（$x-1$、$x-2$ 和 $x-3$）的子问题。

第 31 章中介绍动态规划更复杂的例子——计算两个基因序列的变异距离。

第 27 章

体育联赛日程编排

Sigrid Knust，德国奥斯纳吕克大学

一个小小的乒乓球俱乐部打算举办由 6 个选手参加的锦标赛。任何两位选手之间比赛一场，每人每晚最多参加一场比赛。因为每人都必须与其他 5 人各赛一场，显然总共有（6·5）/2=15 场比赛需要安排。之所以要除以 2 是因为 i 与 j 的比赛对 i 和 j 两位选手都会计数。如果每晚每位选手恰好打一场，每晚就有 3 场比赛，总共需要安排 15/3 = 5 个晚上。

选手们开始比赛，每晚每个选手与一个尚未比过的选手比赛。三晚后赛完的场次如下：

第一晚	第二晚	第三晚	第一晚	第二晚	第三晚
1-2	1-3	1-4	4-6	4-5	3-6
3-5	2-6	2-5			

还剩下的 6 场（1-5，1-6，5-6，2-3，2-4，3-4）无法在两晚赛完。因为每个选手一晚上最多打一场比赛，所以 1-5、1-6 和 5-6 不可能在同一天晚上进行。这样就得再加 3 个晚上才能完成整个锦标赛：

第四晚	第五晚	第六晚	第四晚	第五晚	第六晚
1-5	1-6	5-6	2-3	2-4	3-4

不但得多花一晚上时间，而且最后一晚有两个选手没有比赛。

爱好体育的读者可能注意到不同的体育组织都有可能遇到类似问题。例如德国足协有 18 支球队，分两个阶段打锦标赛，每个阶段中任何两个队之间赛一场。通常在 2·17 = 34 周时间内，每轮（周末）每个队恰好有一场比赛。问题是：不管有多少支球队，是否一定能

安排一种赛程，使得每轮中每个队都有比赛。

这个问题的一般形式如下：有偶数 n 支球队参加 $n-1$ 轮比赛，要求设计一个赛程，保证每两个队之间恰好赛一场，每轮中每个队也恰好赛一场。也就是说，对任意偶数 n，是否都能设计出满足上述条件的比赛日程？本章说明对任何偶数这样的解都存在，当 $n = 6$ 或 $n = 18$，甚至 $n = 100$ 或 $n = 1024$，都可以安排满足条件的赛程。我们还会给出具体安排赛程的算法。

27.1 编排日程

为了介绍安排日程的算法，首先我们建立问题的图模型。图是计算机科学中广泛使用的模型（参见第 28、32、33、34 和 40 章）。图中含一组顶点以及一组边，每条边连接两个顶点。例如在道路网的图模型中，道路交叉口对应于顶点，路段对应于边。

在日程问题的模型中，顶点表示运动队（或者运动员），任意两队之间的一场比赛用一条边表示。图 27-1 表示 6 个队参加的循环赛。

这样的图称为完全图，任何两个顶点之间都有边相连（任何两个队都要赛一场）。为了设计赛程，我们用颜色 1，2，…，$n-1$ 给每条边着色。如果某种着色方案能直接对应满足条件的赛程，则称该方案为"可行着色"。显然，如果着色方案保证任何有公共顶点的两条边用不同颜色，这样的方案就是可行着色（每个队在每轮中只赛一场）。

我们的图中有 $n = 6$ 个顶点，图 27-2 中显示的 $n-1$ 种颜色的着色方案就是可行着色。对应的赛程列在图旁边，红色表示第 1 轮，蓝色表示第 2 轮，等等。

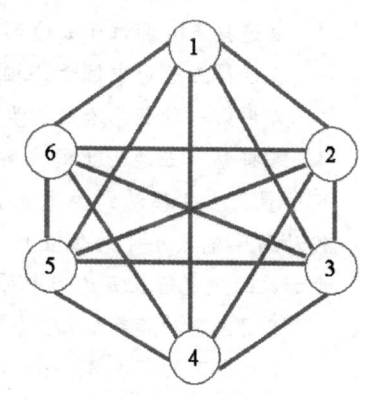

图 27-1 6 支球队的图

我们还需要说明对任何偶数 n，如何生成 n 个顶点完全图的可行边着色。在上述例子中，删除 6 号顶点连同关联的 5 条边，结果中包含五边形（1-2、2-3、3-4、4-5、5-1），这五条边颜色都不一样。假如我们把这个五边形画成正五边形（即五个内角相等），如图 27-3 所示，我们发现五边形内部的每条边恰好与其平行边颜色相同。在边着色方案中，如果每条边只会与其平行边颜色相同，显然满足具有公共顶点的边颜色不同这一条件。我们还能看出这里每个顶点关联的边只会用到 4 种颜色，总有一种颜色没用（其可用于该顶点连接 6 号顶点的边）。

这就是为偶数个顶点的完全图寻找可行的边着色方案的基本思想。这个想法的起源不清楚，但据说英国数学家 Thomas P. Kirkman（1806—1895）提出过想法。后面给出"边着色"算法的过程，该算法执行 $n-1$ 次循环，每次循环中给一组平行边着色（见图 27-4）。可以证明对任何偶数 n，这个算法能够生成可行的边着色方案。

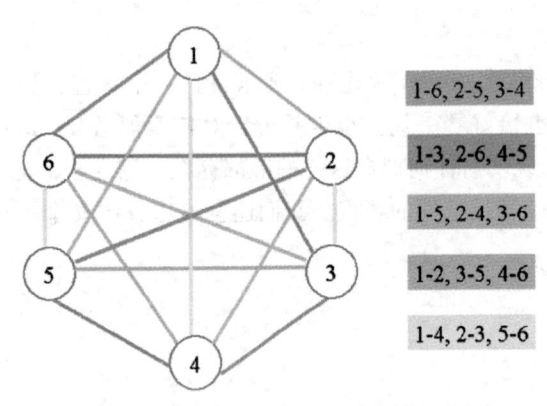

图 27-2　6 个顶点图中的边着色（见彩插） 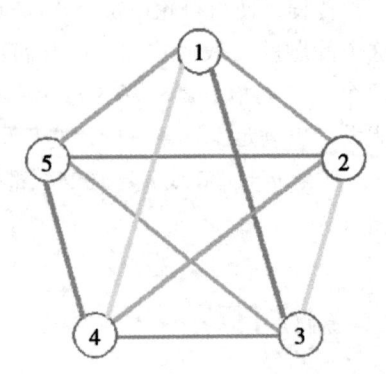　　　图 27-3　删除 6 号顶点得到的五边形（见彩插）

> **边着色算法（几何版）**
>
> 1 用顶点 1，2，…，$n-1$ 建一个正五边形，将点 n 放置在五边形的左上方。
> 2 连接点 n 和位于五边形"顶部"的点。
> 3 连接五边形中位于"相同高度"的对角点。
> 4 用第一种颜色给第 3 步中连接的 $n/2$ 条边着色（这里着色的边是 6-1、5-2、4-3）。
> 5 将整个五边形上的点按照逆时针方向旋转一个点的位置（即点 2 移动到原先点 1 的位置，点 3 移动到原先点 2 的位置，…，点 $n-1$ 移动到原先点 $n-2$ 的位置，点 1 则移动到原先点 $n-1$ 的位置）。点 n 留在五边形左上方原来的位置上，算法第 2 步和第 3 步加入的边也留在五边形中原来位置上（注意：顶点改变了）。
> 6 用第 2 种颜色给 $n/2$ 条顶点更新的边着色（这里着色的边是 6-2、1-3、5-4）。
> 7 对余下的颜色 3，…，$n-1$ 重复第 5 步和第 6 步。

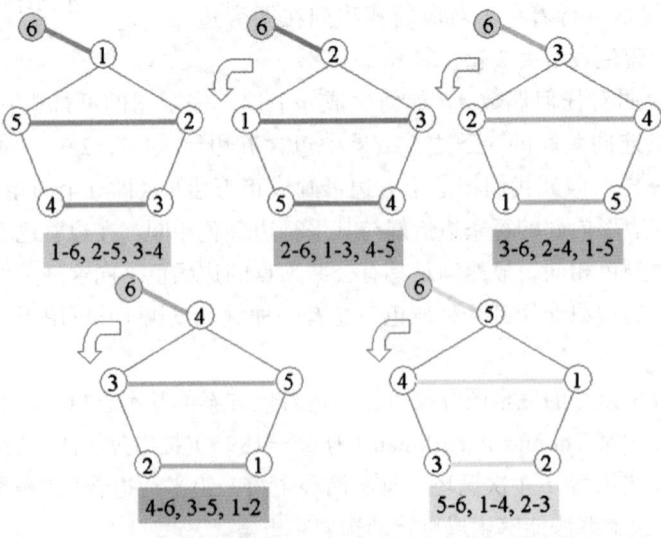

图 27-4　边着色循环过程（见彩插）

要将上述算法实现为计算机程序，保存五边形以及实现旋转操作代价比较大，如果采用整除取余（见第 12 章中的模算术）的方法可以将算法写成下面的形式：

> 算法 COLOREDGES 用 $n-1$ 种颜色给偶数个顶点的完全图的所有边着色。
>
> ```
> 1   procedure COLOREDGES (n)
> 2   begin
> 3     for all colors i := 1 to n − 1 do
> 4       color edge [i, n] with color i
> 5       for k := 1 to n/2 − 1
> 6         color all edges [(i + k) mod(n − 1), (i − k) mod(n − 1)]
> 7         with color i
> 8       endfor
> 9     endfor
> 10  end
> ```

算法中 $a \bmod b$ 表示用 b 整除 a 得到的余数。例如：

- $14 \bmod 4 = 2$，因为 $14 = 3 \cdot 4 + 2$。
- $9 \bmod 3 = 0$，因为 $9 = 3 \cdot 3 + 0$。
- $-1 \bmod 5 = 4$，因为 $-1 = (-1) \cdot 5 + 4$。

在算法第 6 步中，除数是 $n-1$，余数是 $0, 1, \cdots, n-2$ 中某个数。因为顶点编号是 $1, \cdots, n-1$，而不是 $0, 1, \cdots, n-2$，所以余数 $n-1$ 相当于 0。

就我们的例子而言，算法第 6 步对 $i = 1$，着色的边为：

- 当 $k = 1$，$[(1+1) \bmod 5, (1-1) \bmod 5] = [2, 5]$。
- 当 $k = 2$，$[(1+2) \bmod 5, (1-2) \bmod 5] = [3, 4]$。

对于 $i = 2, 3, 4, 5$ 的情况，读者可自行计算。

27.2 主客场制的赛程安排

我们再来考虑足球协会的赛程。与乒乓球锦标赛不同，比赛不是在同一地点进行。每个队有自己的主场，i 队与 j 队之间比赛两场，若第一阶段中在 i 队的主场比赛，那么第二阶段中就必须在 j 队的主场比赛。在设计这样的赛程时，不仅要考虑每轮中如何配对（谁和谁比赛），还得确定每场比赛谁是主队。

因为公平性或者吸引观众等多种原因，主客场比赛希望尽可能交替进行。如果某个球队连续在主场或连续在客场比赛，我们就说主（H）– 客（A）场比赛序列出现了断裂。我们不希望有断裂，因此没有断裂的赛程是最好的。但问题是：有可能避免断裂出现吗？相对于既定赛程是否还有更好的赛程呢？

不难看出按照我们的限制条件，完全消除断裂的赛程不可能存在。如果每个队都没有断裂，每队的主客场序列都必须是 HAHA…H 或者 AHAH…A。而另一方面，具有完全相同的主客场序列（例如 HAHA…H）的两个队永远不可能交手，因为每场总有一个主队，一个客队。因此最多只能有两个队的赛程完全没有断裂。那么其他 $n-2$ 个队每队的主客场序列中至少有一个断裂，所以每个阶段赛程中至少含 $n-2$ 个断裂。

我们对上面的算法做一些修改，就能保证编制恰好含 $n-2$ 个断裂的赛程。在 COLOREDGES 算法的第 4 步和第 6 步按照以下原则修改，以确定主队。

- 如果 i 是偶数，任意比赛 $[i, n]$ 确定 i 为主队；否则 n 为主队。
- 如果 k 是奇数，任意比赛 $[(i+k) \bmod (n-1), (i-k) \bmod (n-1)]$ 确定 $(i+k) \bmod (n-1)$ 队为主队；否则，$(i-k) \bmod (n-1)$ 为主队。

在图模型中，只要给每条边加上方向就很容易区分主客队。有向边 $i \to j$ 表示 i 队与 j 队比赛，以 i 队的赛场为主场。在上述 6 个球队的例子中，根据扩展的算法得到图 27-5 所示的赛程，其中含 $n-2=4$ 个断裂（1 队和 6 队没有断裂，其他的 2，3，4，5 队每队有一个断裂）。

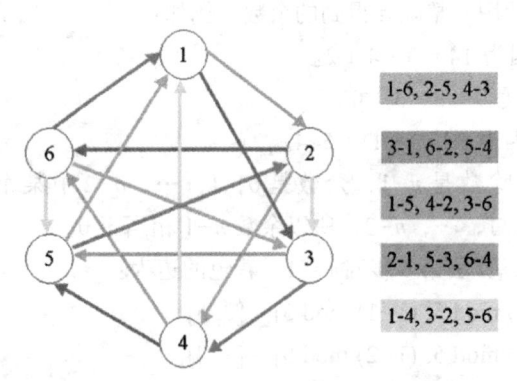

图 27-5 含 $n-2$ 个断裂的赛程（见彩插）

基于五边形的几何构造过程也可以给每条边定向。五边形上的边始终指向同一方向，而外面的点 n 每次循环中均变换方向（见图 27-6）。

总结一下，对任意偶数个球队，利用我们的算法可以编制总共 $n-1$ 轮，每一阶段至少含 $n-2$ 个断裂的赛程。

最后我们再回到足球协会的比赛。因为分两阶段进行，每个阶段至少会有 $n-2$ 次断裂。德国职业足球联盟要求两个阶段赛程是一样的，只是交换主客场。可以证明在这样的赛制下，至少会有 $3n-6$ 次断裂产生。利用上面的方法很容易编制出恰好含 $3n-6$ 次断裂的赛程（两个阶段内各有 $n-2$ 次，跨两个阶段有 $n-2$ 次），对算法略做改进，可以保证任何队没有连续的断裂。

实际编制赛程通常更困难，因为还会有些其他制约条件必须遵守。可能有不同的球队共享体育场，那它们就不能同时有主场比赛。其中一个是主场，另一个必须是客场。也可能因为训练场地或安保条件限制，同一地区同一天能进行的比赛场数有上限。还有可能在某轮中一个体育场另有他用（音乐会或展览会等），无法作为主场比赛。媒体和观众也可能希望整个赛季更精彩，全程都有高水平的比赛，更希望顶级比赛在赛季快结束时举行，等等。

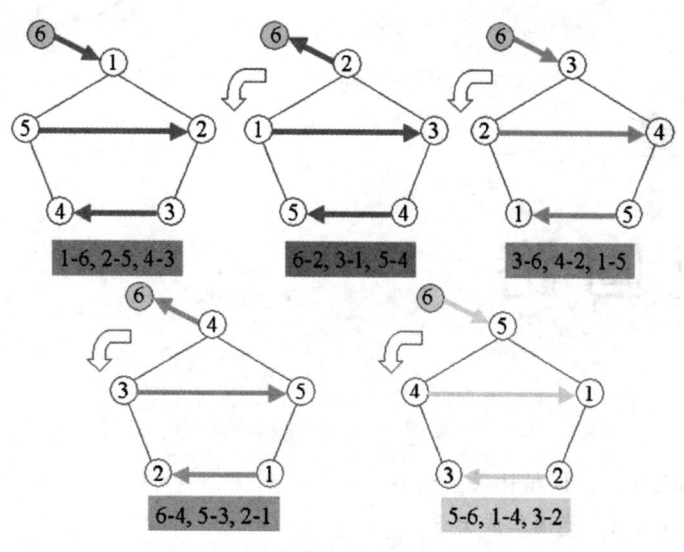

图 27-6 扩展算法中的循环（见彩插）

  当前许多赛程还是人工编制的。首先由编制者根据参赛队数按照上述算法给出一个赛程框架，其中每个队的名字由编号 1，⋯，n 代替，这就像待填充的空位。第二步再给每个队分配编号（例如 1 号给不莱梅队，2 号给汉堡队，3 号给拜仁慕尼黑队，等等）。在这一步中尽量考虑各种附加条件（比方说，共享球场的两个队别同时排主场）。

  现在我们来看看总共 $n = 18$ 个队有多少种可能的分配方案。1 号可以分配为 18 个队中的任何一个队；2 号有 17 种可能的选择（有一个队已确定为 1 号），3 号有 16 种可能的选择，以此类推。总共有 $18! = 18 \cdot 17 \cdots 2 \cdot 1 \approx 6.4 \cdot 10^{15}$ 种可能。这是个巨大的数，因此即使有计算机的帮助，安排赛程的人只可能考虑到其中极小的一部分。

  这里说的方法还有一个缺点，只用一个特定的赛程方案作为人工编制赛程的基础。这并不能保证找到最好的赛程（尽可能多地满足限制条件）。对于赛程编制问题，研究者们仍在设法寻找新算法，试图在合理时间内能计算出更好的赛程。

第 28 章
欧拉回路

Michael Behrisch，德国柏林洪堡大学
Amin Coja-Oghlan，英国华威大学
Peter Liske，德国柏林洪堡大学

出个智力题考考同伴是不错的消遣活动，当然你自己得知道答案！有个很有趣的小问题叫"圣诞老人的小屋"。

图 28-1 中包含 5 个顶点（图中的黑点）和 8 条边（点之间的连线）。你能一笔画出这个"圣诞老人的小屋"吗？笔不能从纸上离开，任何边也不能画两次。

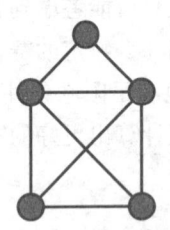

图 28-1 "圣诞老人的小屋"的图示

当然你的同伴很快就能看出如何画（实际上有 44 种不同的画法能画出"圣诞老人的小屋"）。幸运的是你还可以有许多别的图可以考你的同伴，那些也是可以一笔画出来而且你知道答案的图。但是也有些图你可能试了很久也没能画出来，结果只好认为也许就不可能画出来。

本章介绍一个算法，对任何可能一笔画的图都能给出画法。在设计算法之前，我们先试试下面这些图（见图 28-2），它们都可以一笔画，并且结束时笔停留的点就是开始画的起点。笔经过的路径称为欧拉回路。数学家莱昂哈德·欧拉最早发现什么样的图可以这样画（实际

上欧拉当时关注的是一个特别的图，也就是他所居住的柯尼斯堡城中的道路图）。遵循欧拉的思路，首先考虑的问题是欧拉回路是否存在？然后我们再考虑如果存在怎样快速找到一条欧拉回路？

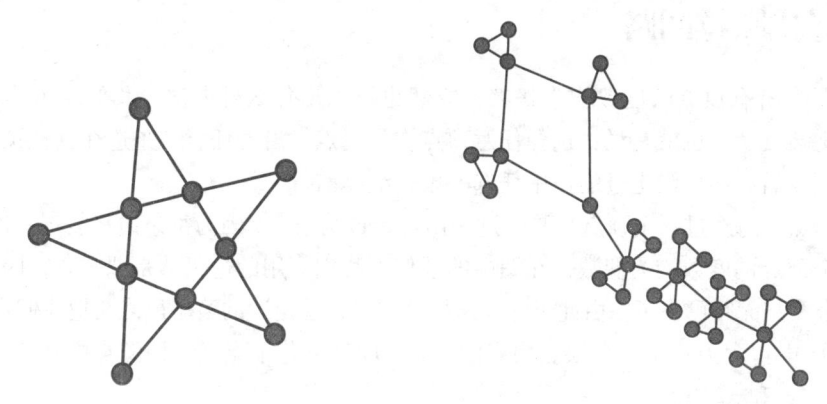

图 28-2　试试星形图和龙形图

下面我们要搞清楚为什么，比方说，星形图有欧拉回路，但"圣诞老人的小屋"以及船形图（见图 28-3）都不含欧拉回路。怪异之处在于：尽管"圣诞老人的小屋"中没有欧拉回路，我们仍然可以一笔把它画出来，只不过停笔的地方不是开始的地方；而对于船形图，甚至这也做不到。为了回答这个问题，我们需要更仔细地观察图中的顶点，也就是笔能改变方向的地方（在图中用圆点表示。）

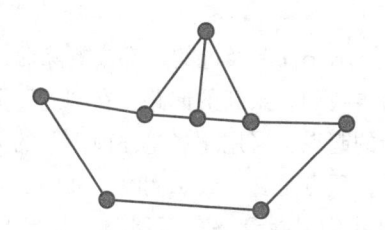

图 28-3　帆船图是一个反例，无法一笔画出

28.1　欧拉回路何时存在

顶点的度数是指经过该点的边的条数。例如，帆船图中桅杆顶部的点是 3 度。如果一个图能一笔画出，并且停笔时恰好回到起点，那么笔离开一个点的次数与进入该点的次数应该恰好相等。因此，每个顶点的度数一定是偶数。

注意，帆船图中有 4 个奇数度数的顶点（帆上所有的点都是 3 度）。这就意味着不可能一笔将它画出来，还要让起点和终点重合。"圣诞老人的小屋"也一样，其中有两个 3 度顶点。不过这个图与帆船图有点小小的差别（我们后面再说），就这点小差别使得我们可以一笔画出"圣诞老人的小屋"，只是起点和终点无法重合。相反，星形图所有顶点的度数均为偶数。但是是否满足这个条件的图都有欧拉回路呢？如果有，又怎么能实际找出一条来呢？

28.2 寻找欧拉回路

假设图中所有顶点的度数均为偶数。既然也没想出什么好办法，我们就不管从哪儿开始，往前走就是了。也就是说：选择任意顶点作为起点，沿着任意一条边往其他顶点走。到了另一个顶点后，再从没走过的边中任选一条，继续前行。

除开起点，每经过一个顶点总是一进一出地走过两条边（因为每条边只能走一次）。只要开始时每个顶点的度数均为偶数，在图中的任何点我们能用的边仍然是偶数条。因此，不可能进了某个点却无路可去了。由此可知，这样"尽量往前走"的策略最终会把我们带回起点。

图 28-4 中包含了一条 3 个顶点构成的回路（即经过若干点又返回源点的路径），经过的 3 个点是 b、e 和 a。

显然，按照上述走法（从随便哪里出发，选任意路段往前直到返回起点）并不能保证产生的回路经过图中所有的边。也就是说，我们可能在某个顶点上"抄了近路"，因此错过了部分的图。如果是这样，那就需要扩展已经得到的回路。首先我们把已经走过的路从图中删除（因为这些路不允许再经过了）。

以图 28-4 为例，当我们回到 b 点，我们可以用同样的策略再找出一条回路。第二条回路经过 b、d 和 c 点（见图 28-5）。把已经找到的两条回路连起来就得到一条较长的回路（b,e,a,b,d,c,b）。

注意，当前回路（b,e,a,b,d,c,b）经过的边都被删除后，剩下的图中每个顶点的度数仍然是偶数。因此我们很容易再找到一条新的回路：在"老"图中任选一个仍然关联着未曾经过的边的顶点，将它作为新的起点，采用"尽量往前走"的策略找出另一条回路。在上面的例子中我们得到一个四边形，顶点是 a、d、e 和 f。如图 28-6 所示。

这样，在"老"回路之外我们又找到一条新回路，其起点和终点在老回路上。现在我们要把新回路挂到老回路上，做法是首先沿老回路行进，走到与新回路的交汇处（本例中是 e），接下来沿新回路行进，直到返回新回路的起点，然后再沿老回路走回老回路的起点。这样就走完了整个回路（b,e,f,a,d,e,a,b,d,c,b）。

总之，我们把两个"小"回路合并成一个"大"回路。这里的大回路已经是整个图，也就是我们要的结果：经过图中所有的边各一次。但是如果大回路还是没有经过图中所有的边，那怎么办呢？

其实很简单：不就是再重复上述的过程吗？我们在大回路上找一个还关联着未曾走过的边的顶点。因为原来的图是连通图，只要我们还没有走完所有的边，这样的顶点一定能找到。把大回路上的边全部删除后，我们就从选中的点开始像前面一样找新回路。找到新回路后又可以与前面的回路合并成更大的回路。

如此继续，直到走过图中所有的边，那就是欧拉回路。

在上面的例子中，首先合并回路（b,e,a,b）和（b,d,c,b），得到回路（b,e,a,b,d,c,b）。然后从 e 点开始找到回路（e,f,a,d,e）。再把这条新回路连接到前面的回路（b,e,a,b,d,c,b），最终得到欧拉回路（b,e,a,d,e,f,a,b,d,c,b），如图 28-7 所示。边上的数字表示遍历所有边的次序。

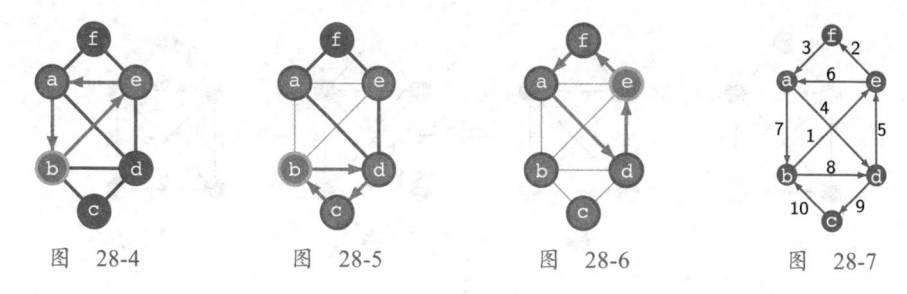

图 28-4　　　　图 28-5　　　　图 28-6　　　　图 28-7

28.3　算法

下面的算法与上述过程很类似，不过合并小回路是以嵌入方式进行的。在发现子回路（例如 b,e,a,b,d,c,b）后，下一个回路立即插入。例如，假定当前回路是（b,e,a,b,d,c,b），第 4 行选择 u = a。接下来选择的边应该是（a,d），因此回路被扩充成（b,e,a,d,b,d,c,b）。显然这并不是合法的回路，但算法会继续，经合法路径回到 a 点。

```
算法 EULERIANCIRCUIT 的输入是所有顶点度数均为偶数的连通图，算法生成输入
的一笔画法，打印遍历每条边的次序
 1    function EULERIANCIRCUIT (Figure F)
 2    begin
 3        Circuit := (s), s 是作为起点的 F 中任意顶点
 4        while 在 Circuit 中存在有出边的顶点 u
 5            v := u
 6            repeat
 7                选取以 v 为起始点的边 v − w
 8                将另一个端点 w 插到 Circuit 中 v 的后面
 9                v := w
10                从 F 中删除此边
11            until v = u    // 回路封闭
12        endwhile
13        return Circuit
14    end
```

28.4　圣诞老人的小屋

前面我们只关心图中是否有欧拉回路，如果有当然就可以保证一笔画出整个图且终点与起点重合。我们已经知道只要所有顶点的度数均为偶数，图中一定有欧拉回路。但是"圣诞

老人的小屋"不满足这个条件：最下面两个顶点的度数是 3。尽管如此，如果我们不是一定要起点和终点一样的话，这个图还是有可能一笔画出来的。

我们如何修改算法，使得对于"圣诞老人的小屋"这样的图算法仍然有效呢？

只要一点小小的窍门，我们插入一个新顶点，并让它和两个 3 度顶点相连（见图 28-8）。这下图中就没有奇数度数的顶点了，上面的算法当然就能生成欧拉回路。

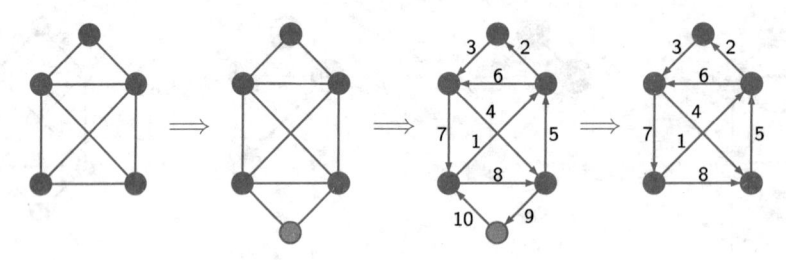

图　28-8

最后只要做一件事，把插入的顶点从欧拉回路中删除：从被删除顶点的左邻点开始，一直画到右邻点，圣诞老人的小屋就成了！这个方法特别适合"圣诞老人的小屋"，因为插入的两条边正好是算法输出的欧拉回路的最后两条边。如果情况不是这样，只要对回路"移位"就行了，也就是说把回路旋转一下，例如（1，2，3，4，5，6，7，8，9，10）旋转为（4，5，6，7，8，9，10，1，2）。这样总可以把插入的两条边移到最后。

如果图中奇数度数的顶点恰好有两个，这种方法就一定有效。如果奇数度数的顶点的个数大于 2，那就根本不可能一笔画完，即使允许起点和终点不同也没有用。

28.5　邮递员和垃圾收集工

除了在你同伴面前让你"露一手"（特别是"一眼"就看出能不能一笔画完，这只要数数每个顶点的度数就行了），欧拉回路也有更实际的应用。假定边表示道路，顶点是路口，经过每条路段恰好一次的路径就是欧拉回路。因此，如果你居住区域的道路网有欧拉回路，邮递员和垃圾收集工人就能以尽可能少的能耗，用最少的时间递送邮件或清理垃圾。我们的算法可以帮他们计算路径，当然要处理数百条路段的道路网一定得用计算机。

很遗憾，现实中的道路网往往有多个路口连接奇数度数的道路。因此垃圾清理工选择的路径往往有些路段经过不只一次。计算最短路径时还得把每段路的长度考虑在内。这就是著名的"中国邮递员问题"。

你看，欧拉回路不仅与边和顶点有关，把圣诞老人和邮递员也都联系起来了，他们给你送礼物来啦！

第29章

快速画圆

Dominik Sibbing，德国亚琛工业大学
Leif Kobbelt，德国亚琛工业大学

如果仔细观察计算机屏幕，你就会发现屏幕上一幅画包含数千个颜色各异的小点，我们称之为像素。计算机生成一幅画就是确定每个像素的颜色。这就像用颜色在方格纸上画画（见图29-1），现在计算机屏幕上像素的数量可能比方格本一页的格子多10 000倍。在视频或计算机游戏中屏幕图像每秒通常刷新30次，因此画图算法的效率极其重要。计算机画复杂的图像往往将对象近似地分解成大量简单几何图形，如三角形、直线和圆。上面说过，画图的效率要求很高，使用尽可能少的简单操作。本章介绍如果设计能画圆形的简单算法。

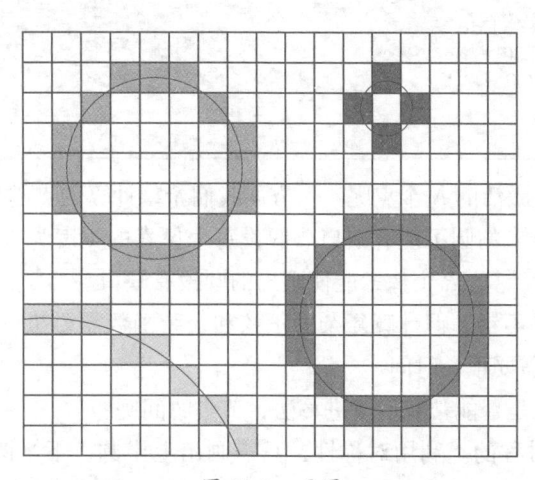

图 29-1 画圆

29.1 画圆：要简单

说到画圆，首先会想到用圆规。圆规的原理是让笔围绕圆心旋转 360 度，保持笔到圆心的距离始终不变。模仿圆规，我们必须计算画圆过程中任何时间点笔的位置。知道圆半径 R 以及笔和圆心的连线与 x 轴之间的夹角 α，我们可以用正弦和余弦函数确定笔的位置（见图 29-2）：

$$(x, y) = (R \cdot \cos(\alpha), R \cdot \sin(\alpha))$$

假设指令"$plot(x, y)$"激活位置(x, y)的像素。利用上面的计算公式就可以激活圆周上的一组像素。这里首先激活圆周上的 N 个像素。

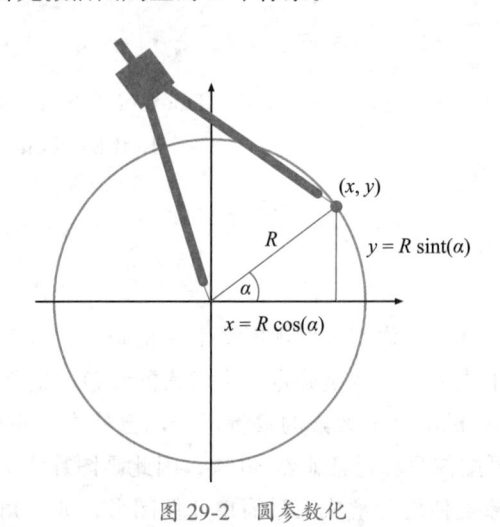

图 29-2 圆参数化

```
画圆的基本算法
1    for i := 0 to N − 1 do
2        x = R · cos(360 · i/N)
3        y = R · sin(360 · i/N)
4        plot(x, y)
5    endfor
```

我们该如何选择要激活的 N 个点呢？一方面我们希望计算的点越少越好，另一方面如果计算的点不够多，画出来的圆可能有缺口。假设每个像素的宽度为 1，根据圆周长公式 $U = 2\pi R \leqslant 7R$ 可知，估计计算 $7R$ 个像素能使画出的圆没有缺口。

虽然这个算法效果不错，但计算复杂的正弦和余弦函数需要执行大量乘法和加法运算，因此如果画 1000 个圆需要很长时间。

圆是对称图形，这是否能帮我们改进算法，节省时间呢？

一看就知道圆是对称的。利用对称性，只需画出上半圆，下半圆上每个点只是上半圆某个点对于 x 轴的对称点，数学上计算对称点非常简单，关于 x 轴对称的点只需要改变 y 坐标的正负号。从图 29-3 中可以看出，除了 x 轴，其他直线作为对称轴也很简单。以 y 为对称轴，对应点之间只需改变横坐标的正负号。同时用两个对称轴，我们只需要计算圆周的四分之一。如果我们还考虑坐标系对角线，那就只需要计算圆周的八分之一。关于对角线对称的计算也很简单，只需要交换横坐标与纵坐标。假如我们计算了 12 点到 1 点半之间圆弧上的某个点 (x, y)，几乎不必再花什么计算代价，就可以直接推导出其他 7 个对称点（见图 29-3）：

$$(y, x), (-y, x), (x, -y), (-x, -y), (-y, -x), (y, -x), (-x, y)$$

利用关于对称的知识，改进后的算法比原先的基本算法快七倍。

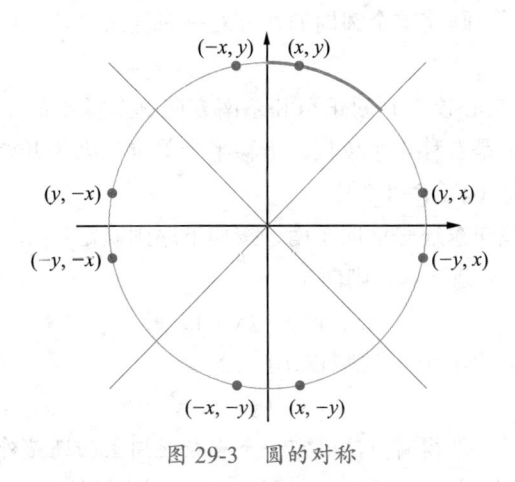

图 29-3　圆的对称

经改进的画圆的基本算法

```
1    N = 7R
2    for i := 0 to N/8 do
3        x = R · cos(360 · i/N)
4        y = R · sin(360 · i/N)
5        plot(  x,  y); plot(  y,  x)
6        plot(-x,  y); plot(  y, -x)
7        plot(  x, -y); plot(-y,  x)
8        plot(-x, -y); plot(-y, -x)
9    endfor
```

29.2 Bresenham 画圆算法

本节中我们考虑如何计算一个点 (x, y)，这仍然很复杂，主要是因为正弦和余弦函数计算代价很大。根据毕达哥拉斯定理，我们可以由 x 坐标计算 y 坐标（见图 29-2）：

$$X^2 + y^2 = R^2, \text{因此 } y = \sqrt{R^2 - x^2}$$

算法利用毕达哥拉斯定理有两个好处。首先，它不需要事先计算需要激活的像素个数，

只枚举 x 坐标值。其次，它不用计算正弦和余弦函数值。

不幸的是，计算平方根和计算正弦函数值代价一样大。而且不管是计算平方根还是计算三角函数，结果总是有些误差。因此，算法最好能只用乘法和加法，而不用那些复杂运算。

快速算法称为"Bresenham 画圆算法"，是 1962 年由 Jack E. Bresenham 发明的，最初用于画直线。下面我们介绍经改进后用于画圆的算法。

基本思想如下：我们从坐标 $(0, R)$ 开始画顶部整数值坐标的像素。算法每一步 x 坐标值加 1。在 12 点到 1 点半之间的弧段上，曲线斜率从 0 变为 -1。因此向东画时 y 坐标值不变，而向东南方向画时 y 坐标值减 1。决定移动方向的原则是保证新激活点的中心位置（图 29-4 中实心圆点）最靠近圆周。画完整个圆周的八分之一时算法终止，圆周的其余部分可以关于不同对称轴生成。

我们按照图 29-4 中空心顶点判断正东和东南方向哪个像素的中间位置更靠近圆周。每个空心点相对当前像素总是右移 1 个单位，下移半个单位。因为开始顶点是 $(0, R)$，第一个要查看的空心顶点位置是 $(1, R-1/2)$。

相对于空心顶点是该向东还是该向东南，按如下原则确定：

情况 1：空心顶点位于圆周内，则向东
$$(x, y) \leftarrow (x+1, y)$$

情况 2：空心顶点位于圆周外，则向东南
$$(x, y) \leftarrow (x+1, y-1)$$

要区分上述两种情况，就得有方法确定一个点在圆周里面还是外面。

点 (x, y) 到圆心的距离小于圆半径，则 (x, y) 在圆周里面，或者说，以下函数的值小于 0：
$$F(x, y) = x^2 + y^2 - R^2$$

非常有利的一点在于我们不必计算平方根。

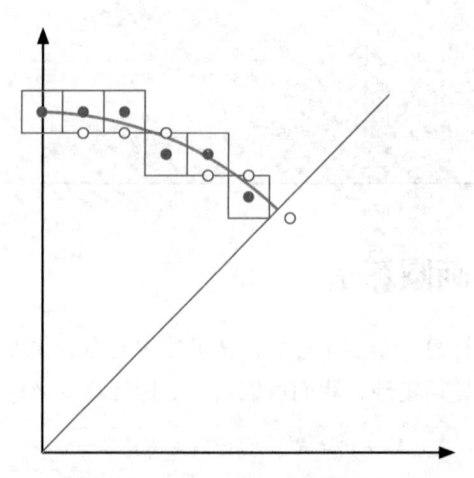

图 29-4 Bresenham 画圆算法

第一个空心顶点很容易判断：

$$F\left(1, R-\frac{1}{2}\right) = 1 + R^2 - R + \frac{1}{4} - R^2 = \frac{5}{4} - R$$

如果决定从某个黑色顶点 (x, y) 向东移动，则空心顶点 (x_g, y_g) = ($x+1$, $y-1/2$) 的 F 值变化如下：

$$\begin{aligned}F(x_g+1, y_g) &= (x_g+1)^2 + y_g^2 - R^2 \\ &= x_g^2 + 2x_g + 1 + y_g^2 - R^2 \\ &= F(x_g, y_g) + 2x_g + 1\end{aligned}$$

如果向东南方向移动，则空心顶点的 x 坐标必须加 1，y 坐标必须减 1，所以 F 值改变为：

$$\begin{aligned}F(x_g+1, y_g-1) &= (x_g+1)^2 + (y_g-1)^2 - R^2 \\ &= F(x_g, y_g) + 2x_g - 2y_g + 2\end{aligned}$$

完成这些步骤后一个像素被激活，接着处理下一个像素。按照上面的公式，并不需要每一步重新计算 F 值，只是根据移动方向在原先 F 值上加一个很小的值。这种办法称为"迭代计算"，比重新计算函数 F 表达式的值快得多。

至此可以得到 Bresenham 画圆算法的第一个版本。

Bresenham 画圆算法

```
1    (x, y) = (0, R)
2    F = 5/4 - R
3    plot(0,  R); plot( R, 0)
4    plot(0, -R); plot(-R, 0)
5    while (x < y) do
6        if (F < 0) then
7            F = F + 2·(x+1) + 1
8            x = x + 1
9        else
10           F = F + 2·(x+1) - 2·(y - 1/2) + 2
11           x = x + 1
12           y = y - 1
13       endif
14       plot( x,  y); plot( y,  x)
15       plot(-x,  y); plot( y, -x)
16       plot( x, -y); plot(-y,  x)
17       plot(-x, -y); plot(-y, -x)
18   endwhile
```

其实我们还可以更快。因为两个迭代公式（$2x_g+1$）和（$2x_g-2y_g+2$）均含有乘法。如果去除乘法，只用简单的加法计算，算法可以更快。

为了消除乘法，我们需要两个新变量 d_E 和 d_{SE}，用于跟踪增量的改变。基本想法是：如果向东移动，则加上 d_E；如果向东南移动，则加上 d_{SE}，这只需要加法。另外我们还必须能在行进过程中根据方向修改 d_E 和 d_{SE}。两个变量都需要初始值，这可以直接采用 x_g 和 y_g 的值：

$$d_E\left(1, R-\frac{1}{2}\right) = 2\cdot 1+1 = 3$$

$$d_{SE}\left(1, R-\frac{1}{2}\right) = 2\cdot 1-2\cdot R+1+3 = 5-2\cdot R$$

一旦决定移动方向，d_E 和 d_{SE} 如何变化呢？这和函数 F 值的变化类似。假设向东移动，两个值变化如下：

$$d_E(x_g+1, y_g) = 2\cdot (x_g+1)+1 = d_E(x_g, y_g)+2$$

$$d_{SE}(x_g+1, y_g) = 2\cdot (x_g+1)-2\cdot y_g+2 = d_{SE}(x_g, y_g)+2$$

向东南移动时，d_E 和 d_{SE} 的新值按照如下公式计算：

$$d_E(x_g+1, y_g-1) = 2\cdot (x_g+1)+1 = d_E(x_g, y_g)+2$$

$$d_{SE}(x_g+1, y_g-1) = 2\cdot (x_g+1)-2\cdot (y_g-1)+2 = d_{SE}(x_g, y_g)+4$$

计算中所有增量均为整数，但由于 F 的初值包含分数，分数会在后面的计算中保留下去。尽管用分数函数值更精确些，但还是只处理整数更简单。

考虑是否有办法避免分数，我们先考虑 $F < 0$ 意味着什么。开始时

$$F = \frac{5}{4} - R$$

假设 K 是整数，那么因为每次计算的增量都是整数，在整个计算过程中 $F = K+1/4$。所以

$$F \in \left\{\ldots, -\frac{3}{4}, \frac{1}{4}, \frac{5}{4}, \ldots\right\}$$

这就意味着如果 F 值减小到负值，$F-1/4$ 也是负值。那么，如果我们不从 $5/4-R$ 开始计算，而是从 $1-R$ 开始，算法仍然正确。

Bresenham 算法的最终版本只需要整数的简单加法：

改进的 Bresenham 画圆算法

```
1    (x, y) = (0, R)
2    F = 1 − R
3    d_E = 3
4    d_SE = 5 − 2·R
5    plot(0,  R); plot( R, 0)
6    plot(0, −R); plot(−R, 0)
7    while (x < y) do
8       if (F < 0) then
9          F = F + d_E
10         x = x + 1
11         d_E = d_E + 2
12         d_SE = d_SE + 2
13      else
14         F = F + d_SE
15         x = x + 1
16         y = y − 1
```

```
17          d_E = d_E + 2
18          d_SE = d_SE + 4
19       endif
20       plot( x,  y); plot( y,  x)
21       plot(-x,  y); plot( y, -x)
22       plot( x, -y); plot(-y,  x)
23       plot(-x, -y); plot(-y, -x)
24    endwhile
```

29.3 算法效率对比

用上述算法画圆效果很好。我们可以让不同的版本相互比较，最后一个算法画圆比第一个快 14 倍。而且它也只用整数加法，在有些处理器上实现会很有利。你可以在家里试试。

有类似算法画其他基本的几何图形，例如直线和三角形。这些算法被集成到专门处理图形的芯片中，能够以很高的刷新率显示各种画面，广泛用于计算机游戏等应用中。

本章用于寻找算法解决方案的途径在计算机解题中很有代表性。首先必须将问题描述成精确的数学形式，这样才可能用简单算法实现特定任务的解。虽然这样的数学描述还有很多问题，例如圆周上可能有缺口，但能让我们深入理解要解的问题。因此我们可以在此基础上考虑更多的因素，采用诸如对称、迭代等方法改进与简化计算。最后我们还可以从计算机结构本身考虑什么样的运算更有效，例如用加法代替乘法。这样的解题思路不仅帮助我们寻找最优解，甚至能帮助我们解其他类似问题。只需稍做改变，画圆的快速算法也可以用来画椭圆、抛物线、双曲线等计算机图形中所用的其他曲线。

第 30 章

计算物理问题的高斯 – 赛德尔迭代

Christoph Freundl，德国埃尔朗根 – 纽伦堡大学
Ulrich Rüde，德国埃尔朗根 – 纽伦堡大学

30.1 热身：足球

下面的算法模拟物理现象。计算机可以用于模拟自然界的物理化学现象。这一点越来越重要，它能帮我们理解大自然是如何运转的。例如，天气预报就依赖计算机对天气现象尽可能准确的模拟。新汽车和新飞机在造出来之前就在计算机上模拟了。实际上很多科学家的工作完全依赖模拟。天文学家只有通过计算机模拟才可能理解两个黑洞碰撞时会发生什么，你不可能拿真的黑洞做实验。计算机游戏通常与模拟类似，只不过游戏的目标未必追求计算结果与自然现象相吻合。

本章要用算法模拟热传导问题，这是个重要的问题，例如对天气预报就很重要。不过我们只考虑二维金属板这样的固体。不必考虑气流的影响比较容易解释模拟的结果。开始我们先谈谈足球，就算是"热身"。

国家队上次世界杯一球之差未能进入决赛。时隔四年，这次终于打进了决赛。运动员们都非常紧张，教练甚至担心奏国歌时运动员是否能确保按照球衣上的号码排好队。

教练员不能进入场地，他绞尽脑汁想出了一个办法：教练反复交代 1 号队员和 11 号队员注意各自在队伍中的位置，他们一个在最左边，一个在最右边，必须注意给其他队员留下足够的空间。确定位置后这两个人不能再移动。

球员号码为 2 至 10 的其他队员得到的指令是：一旦被教练叫到就移动到各自左右邻居

之间恰好中间的位置（见图 30-1）。教练会按队员球衣上的号码依次叫每个队员。当号码最大的队员移动后，教练再从头开始。

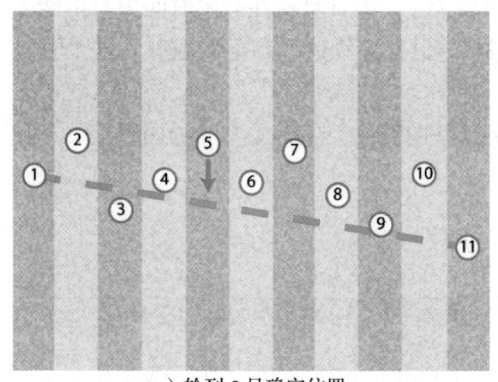

a) 轮到 5 号确定位置

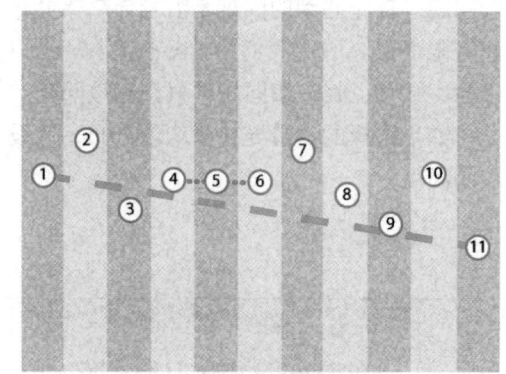

b) 5 号队员移动到新位置

图 30-1　排队示意图：5 号队员听到教练员喊叫时，移动到 4 号和 6 号队员之间恰好居中的位置，这二人就在他的左侧和右侧。虚线由队伍左右两端的队员位置确定，这也是所有队员最后应该在的位置线

你可以在网上找到国际象棋游戏，用"兵"试试上述过程。要不了几轮，所有的棋子就能基本上排在一条直线上。也许并非绝对精确，但肉眼未必看得出误差。

如果一定要每个棋子精确地位于直线上，算法执行时间会趋于无穷，因此你不可能得到绝对的精确值。但这无关紧要，因为当算法执行周期足够多时结果会无限逼近精确解。针对所谓数值问题，也就是物理学家和工程师需要的实数计算问题，算法往往是这样的。

如果要让足球队员按球衣上的号码排成一排，教练就从左向右一轮一轮反复叫他们的号码。但也可以有其他做法，比如"红黑序"就是常见的一种：让号码较小的一半队员先按较大间隔站位，然后让号码较大的其他队员插入他们之间。其实即使是完全随机安排次序，这样的方法还是有效的，只不过每个队员必须明确自己的左右邻居。

这样的方法就是高斯-赛德尔算法，下面我们用它解物理问题。

30.2　导热棒（一维）中的温度计算

我们考虑计算真实的温度分布问题。居然能用上足球队员排队的原理，你不觉得很吃惊吗？如果观察一根细棒上的温度分布，你会发现任何一点的温度是其附近温度的平均值。如果两端的温度固定，棒上的温度线性地从一端的值变化到另一端的值。

计算线性分布的温度值根本不需要计算机，就像足球教练并不需要什么复杂算法就能让所有队员排到一条线上。可以看出这两个问题相关，可能可以用同样的方式解决。一个是队员的位置，另一个是温度值，只要建立对应，就可以用足球队员排队的方式解温度分布问题。

我们还可以考虑更有趣的问题：如果在棒的当中加热，温度会如何分布呢？当然中间点的温度就不可能是左右的平均值了。因此必须考虑加热的因素。

有外部加热的情况下，温度分布就不那么明显了，我们需要考虑如何利用计算机解决这个问题。首先遇到的困难是沿着导热棒分布着无穷多个点，但计算机在有限时间内只可能处理有限个点。因此我们沿着棒选有限个点（见图 30-2），只计算这些点上的温度。这个方法称为离散化，将连续问题映射到离散问题。

如果选择的点沿导热棒均匀分布，假设 u_i 表示点 i 的温度，f_i 表示点 i 加热的温度，则 i 点的温度：

$$u_i := \frac{1}{2}(u_{i-1} + u_{i+1}) + f_i$$

一维高斯 – 赛德尔算法

```
1   procedure GaussSeidel1D (n, u, f)
2   begin
3       for i := 2 to n − 1 do
4           u[i] := ½ (u[i − 1] + u[i + 1]) + f[i]
5       endfor
6   end
```

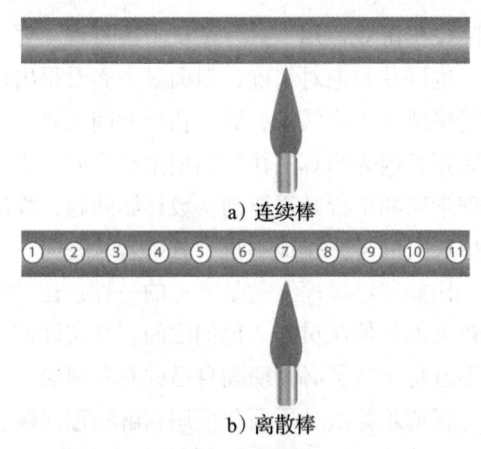

a）连续棒

b）离散棒

图 30-2 将连续棒离散化为 11 个点

就像足球队的例子一样，只对导热棒内的点逐个计算，两个端点的温度假设是已知的。根据物理实验要求不同，也可以假设端点温度不定。现实中棒会向周围散热，这一点我们忽略不计。当然也可以选择更复杂的公式，但这里没有必要。下面我们考虑另一种比较复杂的情况，即在二维的平板上温度是如何分布的。

30.3 平板（二维）上的温度计算

我们现在考虑将温度分布计算推广到二维空间，不再是细棒，而是烹饪用的二维导热板，同样可以在某处加热。

离散化过程与前面类似，这里考虑的是点的网格。在计算网格上每个点的温度时，考虑的相邻点不仅仅是左右两个点，还必须考虑上下两个点（见图 30-3）。

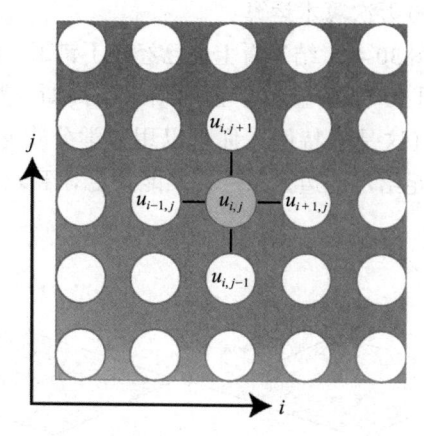

图 30-3　二维平板离散化示意图，计算模型由 5 个点构成

因为每个点的温度依赖周围四个点，我们可以将包括被计算点在内的 5 个点看作一个计算模型单元，用于每一步温度计算。计算公式如下：

$$u_{i,j} := \frac{1}{4}\left(u_{i-1,j} + u_{i+1,j} + u_{i,j-1} + u_{i,j+1}\right) + f_{i,j}$$

二维高斯－赛德尔算法

```
1  procedure GAUSSSEIDEL2D (n, u, f)
2  begin
3      for i := 2 to n − 1 do
4          for j := 2 to n − 1 do
5              u[i,j] := 1/4 (u[i − 1, j] + u[i + 1, j] + u[i, j − 1] + u[i, j + 1])
6                       + f[i,j]
7          endfor
8      endfor
9  end
```

我们来考虑一块正方形平板，其左下角坐标为 (0, 0)，右上角坐标为 (1, 1)。正方形边界的温度是固定的，右侧边界温度按照函数 sin (πy) 的曲线分布，其他边界温度值均为 0。温度计算结果用三维空间的曲面（$x \in [0, 1]$；$y \in [0, 1]$）表示，也就是说三维曲面中的"地形"反映平面上各点的温度。图 30-4a 表示 33 × 33 个点构成的网格上的温度分布，除了右侧边界上的点，其他各处温度均为 0，而右侧边界呈现我们前面提到的温度曲线。

图 30-4 中所示并非由高斯－赛德尔算法计算出来的结果，而是经平滑处理的结果，它不是线性变化的，这一点与一维且不加热的情况不一样。

二维高斯－赛德尔算法每执行一次称为一次循环。顾名思义，算法必须执行很多次才能得到较好的结果。我们跟踪几次循环（见图 30-4b 至图 30-4f）就能看出预先设定的边界温度会逐渐向正方形内部蔓延,直到温度在整个平板上平滑分布。计算量不可小觑,因为高斯－赛德尔方法对 33×33 = 961 个点中的每一个都必须计算四个对象的平均值。如果循环 1000 次,计算量就会达到将近 500 万次算术运算。

尽管循环 100 次后(见图 30-4e)结果看上去已经还不错了,但循环还不能停止,图 30-5 中清楚地显示了这一点。图 30-5a 中显示了正确结果与高斯－赛德尔算法执行 100 次循环后的结果,显然差别明显。(这是个特例,你可以用数学公式 $u(x, y) = (1/\sinh\pi) \sinh(\pi x) \cdot \sin(\pi y)$,这是唯一的既能满足给定的边界条件,又能满足对于 x、y 导数和为 0 的函数。)

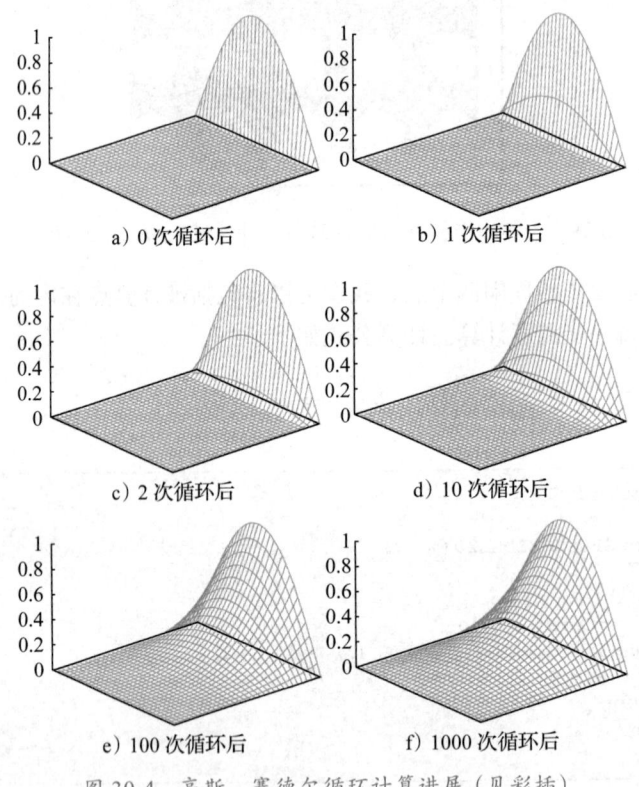

a) 0 次循环后

b) 1 次循环后

c) 2 次循环后

d) 10 次循环后

e) 100 次循环后

f) 1000 次循环后

图 30-4 高斯－赛德尔循环计算进展(见彩插)

要循环大约 1000 次(见图 30-4f 和图 30-5b),精确值和计算机的解之间的差别才看不出来。

尽管看起来温度分布值显示的是在循环过程中随着不断加热而变化的温度,其实并非如此。我们计算的是在给定的加热条件下系统达到均衡状态时的温度分布。有其他更加复杂的方法可以正确计算加热或冷却时随时间变化的温度。

为了实现对物理解较好的近似,究竟高斯－赛德尔方法需要循环多少次,这也是很有意思的问题。通过经验或者数学方法分析可以得知,对于 N 个点构成的网格,大致需要循环 $N \times N$ 次。另一方面,如果希望平板上的温度能更精确地表示,那就需要网格更细。当网格

a) 100 次循环后的差异

b) 1000 次循环后的差异

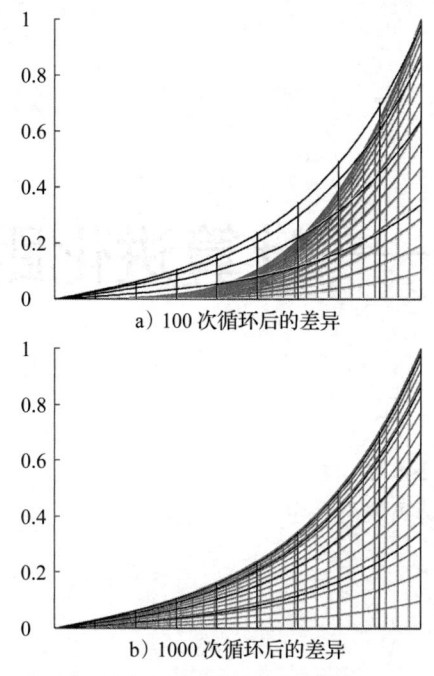

图 30-5　近似值（红色）和精确值（绿色）之间的差异（见彩插）

点增加时，很快就会超出一般 PC 的计算能力。如果不是平板（二维）而是三维物体，或者还要考虑其他物理因素，就像天气预报中遇到的问题一样，那计算就更加复杂了。面对那样的问题不仅需要价格昂贵的超级计算机，还必须有更好更快的算法。

如果你对进一步提高计算速度感兴趣，这里可以介绍两种基本思想。观察上面的图，你会发现近似解是从下方往上逼近精确解的。换句话说，高斯－赛德尔算法每次的循环结果会离精确值更近，但计算值增大得不够快。根据这一点我们可以给每次循环结果乘上一个大于 1 但小于 2 的数，这就是所谓的 SOR（连续松弛）方法。第二种思想更加复杂，利用多个粒度不同的网格以非常聪明的方式同时计算。这种多网格方法只需很少的循环次数就能获得满意的结果，被认为是至今解决此类问题最好的算法。

最后说一下，高斯－赛德尔算法是 1823 年由历史上最有名的数学家高斯发明的，后来高斯的同事赛德尔对算法做了进一步改进。在高斯和赛德尔的时代，烦琐的计算只能手动进行。高斯曾经在一封信中说："用这种方法计算时，可以闭上一只眼，也可以同时想别的事情。"今天我们将这个方法编成程序让计算机去算，我们也可以去干别的事情了。

第 31 章

动态规划——计算进化距离

Norbert Blum，德国波恩大学
Matthias Kretschmer，德国波恩大学

150 年前，在德国杜塞尔多夫附近首次发现了所谓"尼安德特人"的部分遗骸。从那以来我们一直想搞清楚我们的祖先智人和尼安德特人之间是什么关系。今天我们已经知道尼安德特人并不是智人的祖先，智人也不是尼安德特人的祖先。这一点从两个人种基因型的差异得到证明。采用新的技术我们能从 30 000 多年前的遗骨中获取基因型。基因型表现为 DNA 序列。这些 DNA 序列就像动物和人类的构建图纸。随着时间流逝，DNA 序列可能因变异而改变。针对不同物种的 DNA 序列，我们可以借助计算机计算它们的相似度。两个序列的相似度用二者之间的距离来度量。距离小的两个序列相似度比较高。我们怎么计算两个 DNA 序列之间的距离呢？下面介绍如何给出解这个问题的算法。为此我们需要对 DNA 序列、变异以及两个 DNA 序列之间的距离建立数学模型。

31.1 数学模型

DNA 序列由碱基构成。三个碱基序列编码为一个氨基酸。有四种不同的碱基，分别用 A、G、C 和 T 四个字母表示。因此一个 DNA 序列就是字母表 {A，G，C，T} 上的一个字符串，例如鸡的 DNA 序列的片段如下：

CAGCGGAAGGTCACGGCCGGGCCTAGCGCCTCAGGGGTG

自然界中 DNA 序列会因发生变异而改变。变异可以理解为从一个 DNA 序列 x 到另一个 DNA 序列 y 的映射。我们假设所有的变异可以用以下三种碱基突变来表示：

1. 删除一个字符。

2. 插入一个字符。

3. 一个字符被其他某个字符替换。

举个例子，假设 x = AGCT 是 DNA 序列，那么用 C 替换 G 的变异使 x 变成 y = ACCT。我们用 $a \to b$ 表示用 b 替换 a。$a \to$ 表示删除字符 a；$\to b$ 表示插入 b。算法必须明确表示突变发生的位置。

为了计算两个 DNA 序列之间的距离，每种类型的基本突变被赋予一个特定的成本值。突变 s 的成本表示为 $c(s)$。这个值与该突变发生的概率对应，成本越低，发生的概率越高。三种基本突变的成本设定如下：

- 删除：2。
- 插入：2。
- 替换：3。

比较两个 DNA 序列 x 和 y 时，在大多数情况下，导致 x 变为 y 的基本突变不止一个。例如，当我们比较 x = AG 和 y = T 时，一个基本突变显然不够，可能的突变序列包括 S = A $\to$，G $\to$ T（即删除 A，再用 T 替换 G）。突变序列 $S = s_1, \cdots, s_t$ 的成本 $c(S)$ 为所有基本突变成本之和，即：

$$c(S) := c(s_1) + \cdots + c(s_t)$$

两个 DNA 序列的距离可以用这两个序列相互转换需要的某个特定突变序列的成本值定义。但将一个 DNA 序列转换成另一个 DNA 序列，不同的基本突变序列可能有很多。例如以下的基本突变序列都能将 x = AG 转换为 y = T：

- S_1 = A $\to$，G $\to$ T；$c(S_1) = c($A $\to) + c($G $\to$ T$) = 2 + 3 = 5$
- S_2 = A $\to$ T，G $\to$；$c(S_2) = c($A $\to$ T$) + c($G $\to) = 3 + 2 = 5$
- S_3 = A $\to$，G $\to$，$\to$ T；$c(S_3) = c($A $\to) + c($G $\to) + c(\to$ T$) = 2 + 2 + 2 = 6$
- S_4 = A $\to$ C，G $\to$，C $\to$，$\to$ T；$c(S_4) = c($A $\to$ C$) + c($G $\to) + c($C $\to) + c(\to$ T$) = 3 + 2 + 2 + 2 = 9$

还有许多其他序列能将 x 转换为 y，但所有那些序列的成本都不会比 S_1 和 S_2 更小。我们用成本最小的基本突变序列的成本定义距离。给定成本函数 c，DNA 序列 x 和 y 的距离 $d_c(x, y)$ 定义如下：

$$d_c(x, y) := \min\{c(S) | S \text{ 将 } x \text{ 转变为 } y\}$$

例如，上面的 S_1 和 S_2 就是将 x = AG 转换为 y = T 的成本最小的突变序列。因此 x 和 y 之间的进化距离 $d_c(x, y)$ 等于 5。

31.2 计算进化距离

如何计算进化距离 $d_c(x, y)$ 呢？我们允许的运算仅限于将 x 转换为 y 的基本突变操作：删除、插入和替换。基本突变和成本函数的定义满足条件：若在同一位置进行多个基本突变操作，则它们能被一个基本突变操作替代，且替代后的成本低于原先成本和。例如删除字符 A，再插入字符 B 可以用一个操作"B 替换 A"实现，且替换的成本 3 低于删除加上插入的成本 2 + 2 = 4。不同位置上的操作相互没有关系，可以按任意次序进行。假设两个 DNA 序列上最后一个突变一定发生在最后的位置上。若 $x = a_1a_2\cdots a_m$ 和 $y = b_1b_2\cdots b_n$ 是两个 DNA 序列，分别由 m 个与 n 个字符构成。根据三个基本突变的定义，最终的变异有三种可能：

1. 删除：$a_1a_2\cdots a_{m-1}$ 已转换为 $b_1b_2\cdots b_n$，然后删除 a_m。
2. 插入：$a_1a_2\cdots a_m$ 已转换为 $b_1b_2\cdots b_{n-1}$，然后插入 b_n。
3. 替换：$a_1a_2\cdots a_{m-1}$ 已转换为 $b_1b_2\cdots b_{n-1}$，然后用 b_n 替换 a_m。

计算进化距离时，我们只需要考虑成本最小的变异。

利用上面的思路可以设计算法。令 $x[i]$ 是由 x 的前 i 个字符构成的序列，称为 x 的长度为 i 的前缀。长度为 0 的前缀是空串，而长度为 m 的前缀就是 x 本身（x 中含 m 个字符）。类似地，$y[j]$ 表示序列 y 的长度为 j 的前缀。现在可以将最终的变异描述得更清晰：

1. $x[m-1]$ 转换为 y，然后删除 a_m。
2. x 转换为 $y[n-1]$，然后插入 b_n。
3. $x[m-1]$ 转换为 $y[n-1]$，然后用 b_n 替换 a_m。

这里又产生了新问题：$x[m-1]$ 到 y、x 到 $y[n-1]$ 以及 $x[m-1]$ 到 $y[n-1]$ 该如何转换呢？。我们其实可以采用完全一样的方式进行。计算进化距离 $d_c(x[i], y[j])$，也就是 x 的长度为 i 的前缀与 y 的长度为 j 的前缀之间的距离，我们采用以下方式：

$$d_c(x[i], y[j]) := \min \begin{cases} d_c(x[i-1], y[j]) + c(a_i \to) & \text{（删除）} \\ d_c(x[i], y[j-1]) + c(\to b_j) & \text{（插入）} \\ d_c(x[i-1], y[j-1]) + c(a_i - b_j) & \text{（替换）} \end{cases}$$

也就是说，在计算距离 $d_c(x[i], y[j])$ 时我们需要知道 $d_c(x[i-1], y[j])$、$d_c(x[i], y[j-1])$ 以及 $d_c(x[i-1], y[j-1])$ 这几个距离值。

如果参数中有一个前缀的长度为 0，必然有些操作无法执行。我们不可能从空串中删除字符或置换字符。用最小成本将 $x[i]$ 转换为空串也绝不需要用到插入或替换操作，因为插入或替换进去的字符最终必将被删除，因此成本最小的操作序列一定可以省略插入或替换，得到的操作序列只含删除操作。同样将 $x[0]$ 转换为 $y[j]$，成本最小的操作序列一定只含插入操作，插入 $y[j]$ 中的每个字符。总之，当 $i = 0$，$j > 0$，只需插入；当 $i > 0$，$j = 0$，只需删除。因此，当 $i = 0$，$j > 0$，突变序列的成本是 $2 \cdot j$，而当 $i > 0$，$j = 0$，突变序列的成本是 $2 \cdot j$。如果 i 和 j 都是 0，那就是空串转空串，并不需要任何突变，因此，$d_c(x[0], y[0]) = 0$。

我们来看看 DNA 序列 x = AGT 和 y = CAT 的情况。假设我们已经知道距离 $d_c(x[1], y[2]) = d_c$(A, CA)、$d_c(x[2], y[1]) = d_c$(AG, C) 以及 $d_c(x[1], y[1]) = d_c$(A, C)。这样就可以按照上述的方式，通过计算以下三个距离中的最小值来计算进化距离 $d_c(x[2], y[2]) = d_c$(AG, CA)：

- $d_c(x[1], y[2]) + c(a_2 \to) = d_c$(A, CA) + (G $\to$) = d_c(A, CA) + 2

- $d_c(x[2], y[1]) + c(\rightarrow b_2) = d_c(\text{AG}, \text{C}) + (\rightarrow \text{A}) = d_c(\text{AG}, \text{C}) + 2$
- $d_c(x[1], y[1]) + c(a_2 \rightarrow b_2) = d_c(\text{A}, \text{C}) + (\text{G} \rightarrow \text{A}) = d_c(\text{A}, \text{C}) + 3$

这三者的最小值即为 DNA 序列 AG 和 CA 之间的进化距离。

31.3 算法

如何将上述计算方式表述为算法呢？x 和 y 的很多前缀在计算过程中会出现很多次。例如，$d_c(x[i-1], y[j-1])$ 在计算 $d_c(x[i-1], y[j])$、$d_c(x[i], y[j-i])$ 和 $d_c(x[i], y[j])$ 的时候都会用到，我们不希望反复计算同样的值。因此算法必须保存多次使用的值。先计算的 x 和 y 的前缀放入一个表，供计算后面的前缀时使用，而不再重新计算。表中第 i 行第 j 列的位置存放 $d_c(x[i], y[j])$。这样的好处是每个距离只需要计算一次，以后要用时只需一个查表操作就可以取出。计算 DNA 序列 x 和 y 的距离会用到 $0 \leq i \leq m$ 和 $0 \leq j \leq n$ 范围内所有的 $d_c[x[i], y[j]]$，因此表中含 $m + 1$ 行，$n + 1$ 列。

例如 $x = \text{ATGAACG}$，$y = \text{TCAAT}$。计算进化距离所用的表如图 31-1 所示。

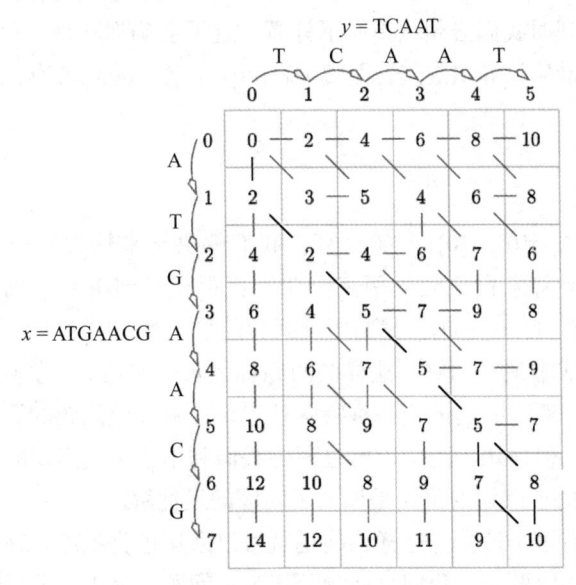

图 31-1 计算 $x = \text{ATGAACG}$ 与 $y = \text{TCAAT}$ 的进化距离所用的表

首先计算 $d_c(x[0], y[0])$ 并将值存入（0，0）单元。前面说过这个值一定是 0。其实第 0 列和第 0 行的值也是已知的，可以直接填入。第 0 列只有删除操作，第 0 行只有插入操作，所以直接存入 2，4，6，…。

接下来就可以按照前面的方法计算其他存储单元中放的值。例如，考虑单元（2，1），其中的值应该是 $x[2] = \text{AT}$ 和 $y[1] = \text{T}$ 之间的进化距离。直觉上很容易看出成本最小的转换就是从 AT 中删除 A。算法必须能计算出正确的距离值，它在三种可能中进行选择：

1. $d_c(x[1], y[1]) + c(a_2 \to) = d_c(A, T) + c(a_2 \to) = 3 + 2 = 5$（删除 T）
2. $d_c(x[2], y[0]) + c(\to b_1) = d_c(AT, y[0]) + c(\to b_1) = 4 + 2 = 6$（插入 T）
3. $d_c(x[1], y[0]) + c(a_2 \to b_1) = d_c(A, y[0]) + c(a_2 \to b_1) = 2 + 0 = 2$（用 T 替换 T）

第三步中其实没有替换操作，这里只是为了形式上的需要。因此这一步的成本为 0。在算法中删除操作隐含体现在 $x[1]$ = A 到 $y[0]$ 的转换中。由于算法最后一步会选择情况 3，得到的结果与我们的直觉是一致的。

从（0，0）单元到（i，j）单元的路中所有短线代表 $x[i]$ 转换为 $y[j]$ 可能的一条路径。在上面（2，1）的例子中，我们经由（1，0），即首先删除 x 中的第一个字符 A，再（形式上）用 T 替换 T。x 转换为 y 的最优突变序列未必是唯一的。这些线也可以由算法计算得到，在这种情况下，一步即可得到最小距离。图中的短线构成从 x 到 y 的成本最小的路径。这也就是 x 转换为 y 成本最小的突变序列，由此可得 x 和 y 之间的进化距离。

我们并不知道在计算 x 到 y 的最小转换路径时会用到哪些单元，因此必须计算所有单元的值。计算 $d_c(x[i], y[j])$ 时使用单元（i-1，j）、（i，j-1）以及（i-1，j-1）中存放的值。为了确保需要的值之前一定已计算，我们逐行或者逐列生成表中的内容。如果按行计算，必须从左向右计算；而按列时我们必须从顶向下计算。这就会确保在计算距离 $d_c(x[i], [j])$ 时需要的值都已存入表中。最后计算出的进化距离 $d_c(x[m], y[n]) = d_c(x, y)$ 存入（m，n）单元。

31.4 结语

从最小的子问题 $d_c(x[0], y[0])$ 开始计算，我们解决越来越大的子问题。算法每一步中对 x 和 y 更长的前缀计算它们之间的距离。在计算距离 $d_c(x[i], y[j])$ 时使用 $d_c(x[i-1], y[j])$、$d_c(x[i], y[j-1])$ 和 $d_c(x[i-1], y[j-1])$。我们用子问题的最优解去解更大的子问题。

对给定问题寻找成本最小的解，这样的问题称为优化问题。计算两个 DNA 序列之间的进化距离就属于优化问题。我们采用一种特殊技术设计解优化问题的算法。这种技术虽然不能解决所有优化问题，但使用广泛。求解过程中我们利用了优化问题的如下性质：

- 一个优化问题的子问题的解也是那个子问题的最优解。

很多优化问题具有这个性质。这样的问题就可以采用进化距离问题中用的技术，称为动态规划。使用动态规划解题时，我们将问题分解为子问题。最小的子问题能够直接解，例如计算 $d_c(x[0], y[0])$，直接得到结果 0。较小的子问题的解被用于解决较大的子问题。这个过程反复进行，直到解决原问题为止。动态规划是算法设计的一种重要方法。

计算两个 DNA 序列距离的算法除了用于分析两个物种的相似性，也可以用于其他问题。例如计算两个单词之间的差异，这在文本处理软件中很有用。文本中拼写错误多半与正确的写法差异不大，软件可以告诉用户在固定距离内可能的正确单词。

第四部分

优 化

Heribert Vollmer，德国汉诺威大学
Dorothea Wagner，德国卡尔斯鲁厄理工学院

如何寻找从一个城市到另一个城市的最短路径？如何周游多个不同城市，选择的次序使得走过的路程最短？这一部分中我们的任务是给定算法目标，在大量"可行解"中确定某种意义上的"最优解"。计算机科学中这类问题称为优化问题。

我们将看到很多优化问题已经有很机巧的算法，能很快（高效）地提供最优解。上面提到的最短路径问题就是其中之一。第32章介绍解最短路径以及相关问题的算法。本书最后这部分的后面六章也介绍了不同的优化问题的有效算法。第33章介绍如何用尽可能少的桥把若干岛屿连起来，并且要求桥的总长度尽可能短。第34章讨论城市中如何安排车流使得在流量不等的道路系统中尽量避免交通堵塞。这是所谓网络流问题的一个例子，对于今天的计算机科学这个问题非常重要。第35章介绍如何给出婚姻匹配问题的最优解（至少是理论上的）。第36章讨论如何选择郊区消防站的新站址。

最后我们要解的优化问题条件不能完全确定。这类在线问题的参数无法一下子都获知。第37章中我们在去滑雪度假前必须决定滑雪板该买还是该租，但我们并不知道以后是否还会去滑雪。在第38章中我们要搬迁，希望用尽可能少的箱子装东西，但我们并未确定哪些东西要带

走，哪些不要。

有很多重要的优化问题，我们至今尚不知道是否能找到高效的算法。找最优解的唯一方法就是比较所有可行解。比较过程说起来简单，但需要的时间取决于可行解的数量，通常数量巨大。例如第 39 章中，我们考虑背包问题，有很多不同方式利用背包的容量。周游多个城市的最短行程问题是我们还不知道如何找最优解的最难的问题之一，在第 40 章中我们会看到所谓近似算法虽然不能给出最优解，但能保证与最优解差别不太大，比如上述问题最坏情况下提供的结果最多不超过最优解的两倍。最后，第 41 章介绍模拟退火，这种算法方法能为许多具有某种数学性质的优化问题提供近似解。这种方法有时效果令人吃惊。称这种算法为"模拟退火"是因为这其实模拟一种工业技术，工厂中为了改善材料的稳定性，先将材料加热，然后在受控的条件下令其冷却（"退火"）。

第 32 章

最短路径

Peter Sanders，德国卡尔斯鲁厄理工学院
Johannes Singler，德国卡尔斯鲁厄理工学院

我刚搬进我的第一套公寓，在卡尔斯鲁厄。这样的大城市道路很复杂，虽然我有城市地图但怎样才能找到从 A 到 B 最快捷的路呢？我喜欢骑自行车但大家都知道我耐心不足。我真需要知道到学校、到我女朋友住处以及其他经常去处的最短路径。

我可以按照如下方法一步步地解决这个问题：把城市地图平摊在桌上，用棉线沿着街道延伸；在街道交叉处打个结，另外在可能的起点和终点（包括道路的尽头）也打上结，见图 32-1。

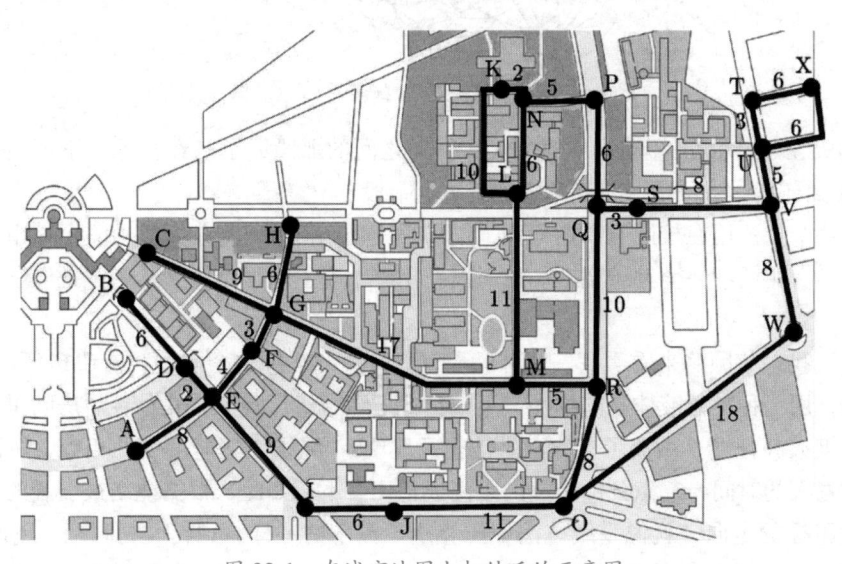

图 32-1 在城市地图上打结后的示意图

我的办法很巧妙：我抓住代表起点的结慢慢地提起来。其他的结一个一个地先后离开桌面。每个结我都做了标记，因此总能知道每个结在地图上原来的位置。最后，所有的结都竖直地垂在起点的下面。

这时找最短路径真的很容易，找到终点，沿着垂挂它的直线回溯到起点。用皮尺量出两点之间的距离就可以了。这样找到的路径一定是最短路径，因为如果还有更短的路径，一定会把起点和终点拉得更近。

举例来说，如果我需要知道从咖啡馆（M）到计算中心（F）的最短路径。我抓住绳结 M 并将其他结提起离开桌面。图 32-2 显示了绳结 F 刚刚悬空时刻的情景。为了看得清楚，绳结画的水平方向有些间隔。浅蓝色结点已经离开桌面，右边的数字指出到 M 的距离，每段绳长对应于图 32-1 中标示的道路距离。

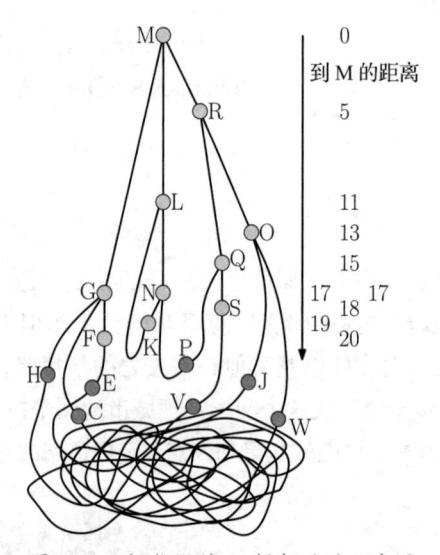

图 32-2 抓住绳结 M 提起后的示意图

显然从 M 到 F 的最短路径经过 G。L 和 K 之间的那段绳子已经松弛，不可能拉直。这说明从 M 到任何一点的最短路径不可能经过这一段。

我把这个方法用在校园和周边地区，结果很成功。但面对卡尔斯鲁厄整个城市，这个方法就不灵了。用的细绳全都缠绕在一起，我花了半个晚上才把结解开，勉强把绳子布到城市地图上。

第二天我弟弟顺路来看看我。"没问题"他说道，"解决这个问题我有诀窍！"他找出化学试验箱，用一种神秘液体浸泡细绳。天呐！他把绳子给点着了。几秒钟后房间里到处是烟雾。这个纵火狂把绳子做成了导火索。他得意地说："绳子燃烧速度处处相等，所以从开始到某个结着火的时间与起点到那个点的距离成正比。不仅如此，根据绳结被引燃的方向也能判定最短路径的走向，就像垂线方法中拉直线段显示的一样。"听上去真棒！但是很不幸，他根本来不及记录着火时间，结果我们看到的只是一堆灰烬。就算我能把场景用视频录下来，每改变一次起点我就得从头来一遍。图 32-3 是一幅瞬时快照，你能看出从 M 点点火，哪部分绳子（灰色部分）被烧过了。

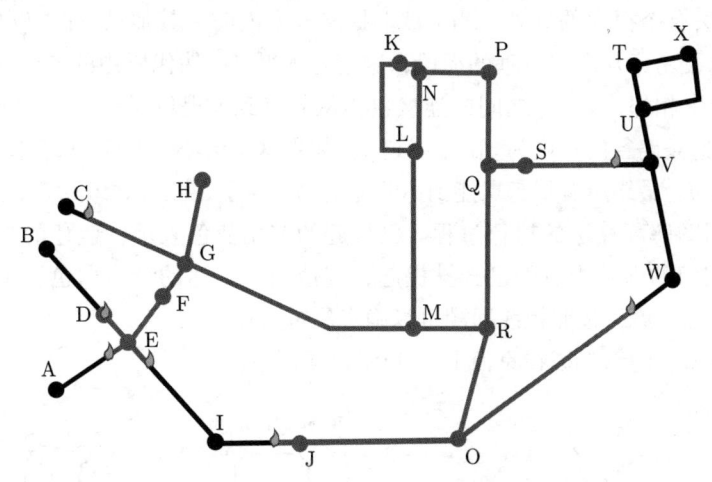

图 32-3　从 M 点点火后的瞬时快照

我把弟弟轰出门后开始思索。我必须克服自己对抽象模型的恐惧，需要把问题描述清楚，能适合呆呆的计算机。这确实也有好处，至少不用绳子，不会缠成一团，也不会烧起来。教授告诉过我早在 1959 年就有位 Dijkstra 先生提出了解决最短路径问题的算法，与用绳子模拟的做法很相似，连术语都可以借用。

32.1　Dijkstra 算法

你可以把这个算法理解为模仿打结的细绳。在每个结上，计算机必须知道有几段绳子连着，每段有多长。计算机还必须保存一个表 d，其中存放从起点到每个结的估计距离。距离 $d[v]$ 是从起点到 v，只经过垂空结的最短连接线的长度。只要没有"垂空连接线"，距离就是无穷大，因此开始时，$d[$ 起点结 $]=0$，而对其他所有的结 v，$d[v]=$ 无穷大。

下面的伪代码描述从起点结到所有结距离的计算过程。

Dijkstra 算法

1　所有结都在等待，所有 $d[v]=$ 无穷大，只有 $d[$ 起点结 $]=0$
2　**while** 有等待的结 **do**
3　　$v :=$ 最小 $d[v]$ 的等待结
4　　把 v 提起
5　　**for** 从 v 到 u 的长度为 ℓ 的所有的绳 **do**
6　　　**if** $d[v]+\ell < d[u]$, **then** $d[u] := d[v]+\ell$
　　　　　// 找到 v 到 u 的较短路径

这个算法中如何体现将起点结慢慢提起来这个过程的呢？**while** 循环每执行一次，有一个结 v 从"等待"状态改变为"提起"状态。而被轮到要"提起"的结是当前 $d[v]$ 值最

小的 v。这个值也就相当于为了能让它离开桌面需要将起点结再往上提的高度。由于所有已处于这个高度的绳段后面不可能下降，因此 $d[v]$ 就确定了起点结到 v 的距离。

Dijkstra 算法有个很大的好处，当 v 被上提离开桌面时，其他结 u 的 $d[u]$ 值很容易做相应的调整：只需要考虑从 v 往下垂的绳段，这就是内循环（伪代码中的 for 循环）描述的过程。假如 u 结与 v 相邻，u 和 v 之间的连接也为从起点到 u 提供了一条经过 v 的路径。假如 uv 段长度是 l，这条路径的长度为 $d[u]:=d[v]+l$。如果这个值小于原先的 $d[u]$，就该将 $d[u]$ 修改为更小的 $d[v]+l$。最终所有从起点能到达的绳结都会悬空，此时 $d[u]$ 值就是最短路径长度。

下面我们用图解释算法的执行过程。已提起的结用灰色表示，蓝色的结正处于等待状态，也就是其相邻的绳结中有的已经被提起，其他尚未到达的结为白色。小圆圈中是当前 $d[u]$ 的值。算法结束后，按照粗线回溯可以确定最短路径。

算法开始时所有的结都躺在桌面上，如图 32-4 所示。

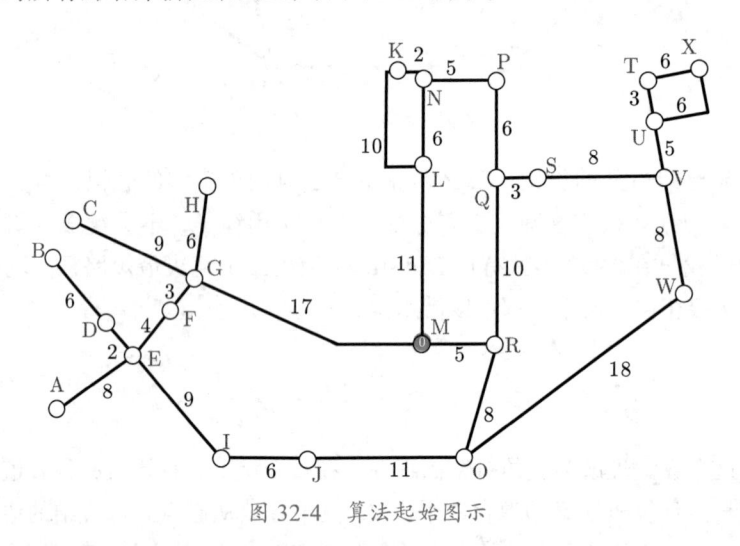

图 32-4 算法起始图示

算法执行 10 次循环后达到图 32-2 中描绘的绳网悬挂状态，用不同颜色分布表示绳结状态，如图 32-5 所示。

算法结束时的状态如图 32-6 所示。此时所有绳结都离开了桌面，从 M 到所有结点的最短路径用浅蓝粗线表示。

现在可以让计算机帮我计算我关心的地方之间的距离了，再也不用去清理烧剩下的灰烬，也不用怕细绳子会缠成一团。我的气也逐渐消了，多半还会让弟弟再来我这儿。不过真正做路径规划还需要对 Dijkstra 算法做一点功能扩充。它必须具体给出最短路径的路径，而不仅仅是距离值。一旦算法修改了 $d[u]$ 的值就必须记住是因为哪个结点而修改的，也就是刚刚被提起来的 v 结点（这称为 u 的前驱结点）。算法结束时可以根据保存的前驱结点反向逐步回退到起点，这样就能复原最短路径的路径。指向前驱结点的指针就像图 32-6 中的粗线一样。

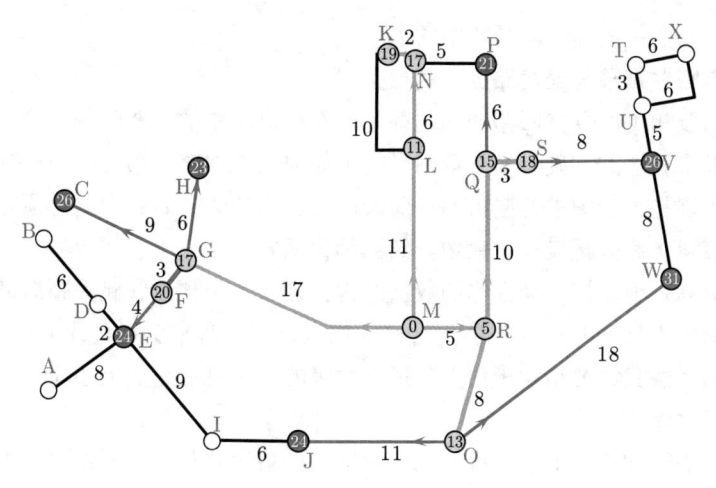

图 32-5 算法执行 10 次循环后的图示

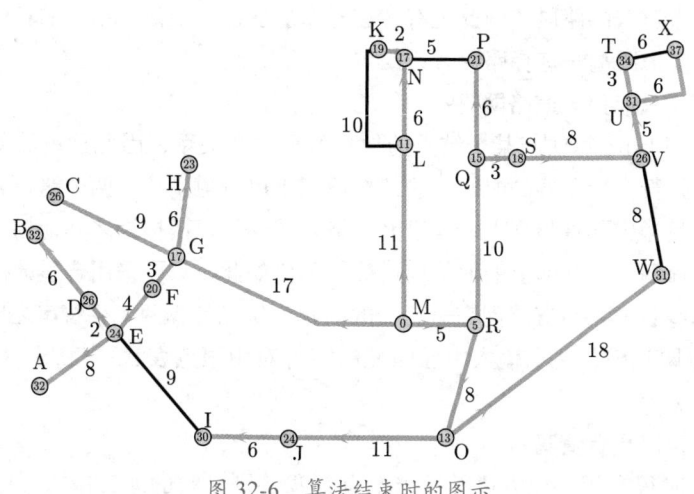

图 32-6 算法结束时的图示

32.2 读者可能关心的问题

哪里能找到关于 Dijkstra 算法的详细介绍？

几乎任何一本标准的计算机算法教材中都会有关于 Dijkstra 算法的介绍以及相关代码。

Dijkstra 是什么人？

Edsger Dijkstra（1930—2002）不仅发明了我们这里介绍的算法，并且在程序设计领域以及并行处理模型方面做出了重要贡献。1972 年他获得了计算机科学家的最高奖励：图灵奖。他对本书第 33 章介绍的最小生成树问题的解也有贡献。

本章中说的"绳子"技术上该如何表示？

在计算机科学中，绳网可以被抽象成"图"，图中包含顶点和边。本章中的绳结可以看作顶点，绳结之间的一段绳子就是图中的边。

本书中还有哪些章节与最短路径问题相关？

搜索路径以及相关的寻找回路的问题都是计算机科学中的重要问题。第 7 章中介绍的深度优先搜索是很多算法的基础。第 9 章则讨论了如何发现回路。第 28 章欧拉回路和第 40 章旅行推销商问题都是关于图中的遍历的，前者遍历图中的边，后者则遍历顶点。

如何在计算机上高效地实现本章中介绍的伪代码？

我们需要很高效地支持下列操作的数据结构：插入一个顶点，删除距离最小的顶点，修改距离值。经常需要执行这些操作的组合，人们设计了一种称为"优先队列"的数据结构。快速的优先队列算法只需要相对于顶点数量对数级的代价就能完成上述操作。

算法还能更快吗？

其实当我们需要知道从卡尔斯鲁厄到巴塞罗那的最短路径，并不需要考虑全欧洲的道路网地图。当前商用寻路系统对于距离很远的目的地往往只考虑高速公路，但并不保证不会错过一些可能"抄近道"的路段。因此也有人在开发能保证"最优"结果的算法。但记住在物理世界中并非仅考虑距离来选择路径。

最短路径算法只能用于道路网吗？

当然不是。Dijkstra 算法与某个结点的地理位置没有关系，因此这里的距离并不限于空间距离，也可以指行车所需要的时间。这甚至适用于单行道系统，两个路口之间往返时间可能不同，而算法只考虑起点与终点。这里的网络其实还可以模拟许多其他场景，例如带有时间参数的公共交通网、互联网上的通信信道等。不仅如此，只要采用合适的模型，最短路径算法还能模拟那些看上去与道路网完全无关的问题。例如计算两个字符串之间的距离（见第 31 章）也可以用图建模，两个输入中已匹配的字符对用顶点表示；删除、插入、替换以及转换等操作用边表示。

路段的长度可以是负值吗？

允许负值有时很有用，比方说某条街上有个我特别喜欢的冰激凌店，每次宁愿绕点路从那儿过。不过负回路显然是不能允许的，否则绕的次数越多总路程越少，那最短路径的概念就无意义了。即使图中没有负回路，负长度的路段会使 Dijkstra 算法出错。因为一旦某个结点被拉直的绳子提升离开了桌面，Dijkstra 算法就确定了从起点到该点的最短路径距离，以后不再修改。但如果允许长度为负值的绳段，那就可能后面会有更短的路径到达该结点。Bellman-Ford 算法能够处理这种情况，但算法效率远不如 Dijkstra 算法。

第 33 章

最小生成树——有时贪心也有回报

Katharina Skutella，德国柏林工业大学
Martin Skutella，德国柏林工业大学

曾经有个 Algo 部落生活在一个遥远的海岛王国里。部落的人们分散居住在王国的七个岛上。七个岛与大陆之间有一些渡船相通供岛民们往来。图 33-1 中显示了这些交通线路以及各自的距离，距离的单位是米。

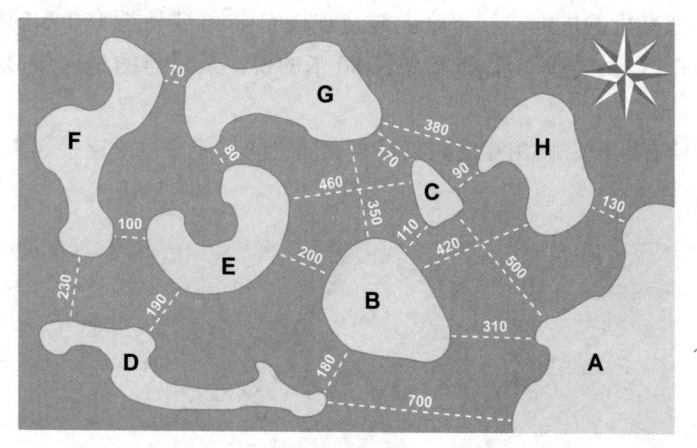

图 33-1　Algo 人居住的岛国包括 B，C，⋯，H 七个岛屿。虚线表示渡船线路。数字表示航线的距离（米）。例如大陆 A 和岛 D 之间单程 700 米

33.1　Algo 部落的建桥工程

在暴风雨天气中，偶尔渡船会出事。因此 Algo 人打算建桥，替代部分轮渡。

第一年要建一座新桥，把七个岛中的一个与大陆连起来。Algo 人在 H 岛和大陆 A 之间造了一座 130 米长的桥，因为其他岛离大陆更远。

第二年再建一座桥连接另一个岛，因此可以选择从 H 岛或者从大陆连接到另一个岛。Algo 人选择在距离最短的 H 岛和 C 岛之间建一座 90 米长的桥。

第三年则考虑从 A、C 或者 H 开始再建一座桥，让另外一个岛也能连接大陆。这次仍然考虑建的桥尽可能短，也就是在 B 和 C 之间建一座 110 米长的桥。

图 33-2 是建桥工程进展的现状，工程还远未完成。

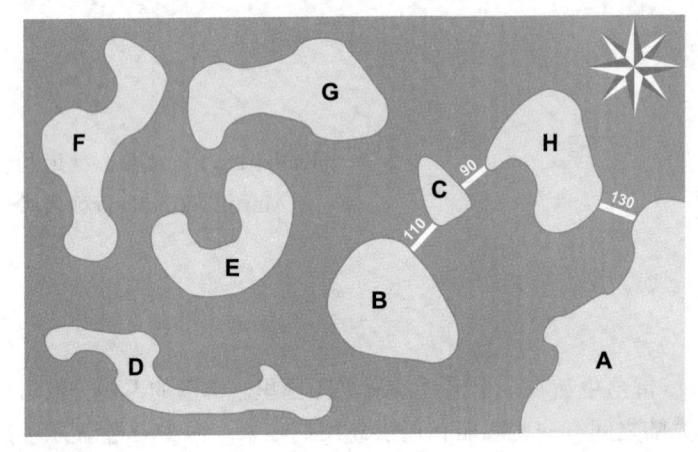

图 33-2 三年里建桥工程的进展。B、C 和 H 已与大陆相连

以每年建一座新桥的进度，接下来要建造连接 C 岛和 G 岛长 170 米的桥、连接 F 岛和 G 岛长 70 米的桥，以及连接 G 岛和 E 岛长 80 米的桥；最后建的是连接 B 岛与 D 岛的桥，长度 180 米。

七年之后，所有七个岛屿相互之间以及与大陆之间都能经过桥连接起来，整个建桥工程就完成了，见图 33-3。

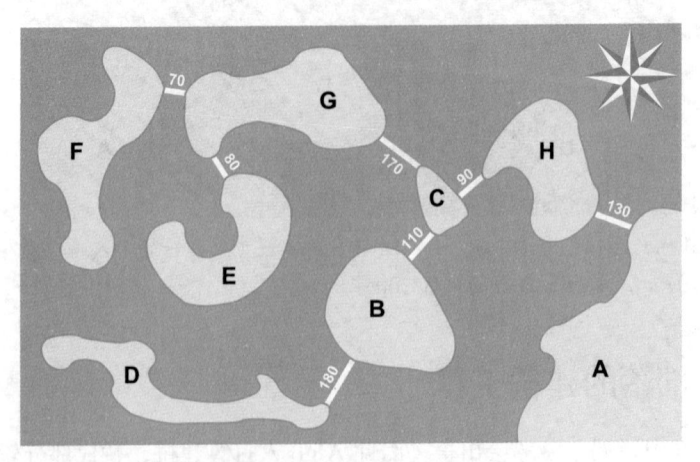

图 33-3 最终完成的 Algo 桥梁系统

Algo 人非常高兴。尽管整个工程投入巨大，时间很长，但 Algo 人相信自己建造的系统避免了造过长的桥；很容易验证，整个工程中桥梁总长度为 830 米。

33.2 飓风后的重建

最后一座桥完成后没多久，一场可怕的飓风横扫整个王国，把宝贵的桥梁完全摧毁了。Algo 人决定重建连接各个岛屿并与大陆相连的桥梁系统。

飓风导致建筑材料短缺。大家一致同意从最短的桥开始建。于是第一年建造了连接 F 岛和 G 岛长 70 米的桥。第二年建材供应仍然没有太大好转，于是就建造了连接 E 岛和 G 岛长 80 米的桥，因为不可能有更短的了。

按照这一策略，第三年建造的是连接 C 岛和 H 岛的桥，长度为 90 米。经过三年建设，E、F 和 G 这三个岛完全连在一起了；C 岛和 H 岛也实现了互通（见图 33-4）。

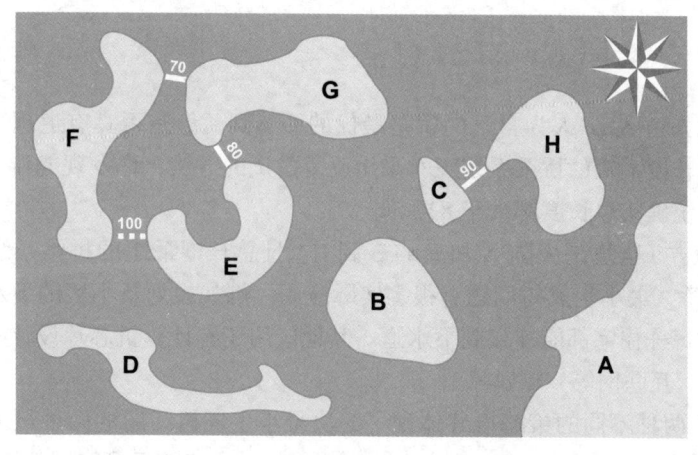

图 33-4 飓风后重建工程经过三年的状况。整个系统包括长度分别为 70、80 和 90 米的三座桥。尚未建桥的最短连接位于 E 岛与 F 岛之间，相距 100 米（图中的虚线）。但在第四年 Algo 人决定不建这座桥，因为这两个岛已经可以经由 G 岛互通

到第四年，相距最近而尚未连接的是 E 岛与 F 岛，距离 100 米。但这两个岛已经能够经 G 岛互通，所以 Algo 人决定第四座桥建在 B 岛与 C 岛之间，长度 110 米。

第五年又建造了连接大陆 A 和 H 岛长 130 米的桥，接下来是连接 C 岛和 G 岛长 170 米的桥；最后，在第七年造好了连接 B 岛和 D 岛长 180 米的桥。新的桥梁系统见图 33-5。

有一点出乎 Algo 人的预料，尽管他们采用了特别的策略，每年都建造尽可能短的桥，结果总长度还是 830 米，与飓风前的系统完全一样（比较图 33-3）。这使得 Algo 人更倾向于相信这就是最优解决方案了。假如不是又遇上一次飓风，又一次面临重建的问题，很可能 Algo 人至今还会满怀喜悦与骄傲地在这些桥上走来走去。

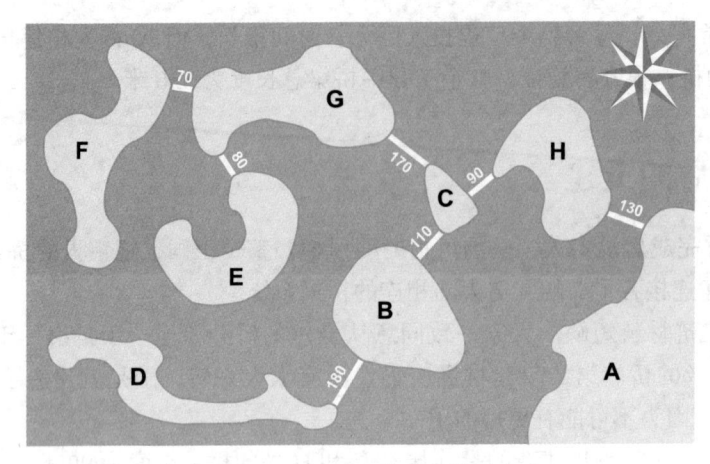

图 33-5 Algo 人的第二个桥梁系统

33.3 Prim 算法和 Kruskal 算法

你一定很想知道 Algo 人为自己的桥是最优的而感到骄傲是否真有道理。说不定还有更好的，也就是总长度最短的桥梁系统呢？采用反复尝试的方法，你发现能让七个岛与大陆互通的其他桥梁系统确实总长度都大于 830 米。

连接不同地方（这里是大陆 A 和岛屿 B 到 H）且总长度最小的桥梁系统称为"最小生成树"。除了造桥，最小生成树问题有很多实际应用。例如规划新小区的下水道系统，如何以最小的代价使每栋住宅都能连接到下水道。其他应用还有计算机芯片设计、交通与通信网络（电话、电视、互联网等）规划等。

Algo 人前后两种不同的策略恰好体现了解决最小生成树问题的两种最著名的算法。第一种称为 Prim 算法，依次让不同岛屿与大陆相连。每一步建造尽可能短的桥。

> **Prim 算法**
> 1 选择一个特定的地方（大陆），将其称为"已达"点。
> 2 将所有其他地方标识为"未达"点。
> 3 反复执行以下过程，直到所有地方均变为"已达"：
> 　　选择两个地点，其中一个是"已达"，一个是"未达"，而且使满足这样条件的两个点距离最短，建桥使它们相连。将原先"未达"的点改为"已达"。

Algo 人的第二种（飓风后重建时采用的）策略称为 Kruskal 算法。这个算法每一步找两个相距最近而原先尚未互连的地方建桥。Prim 算法执行时只考虑能与大陆相连的点，而 Kruskal 算法不同，它选择建桥连接的两个地方目前可能与大陆都不连通。

> **Kruskal 算法**
>
> 反复执行以下过程，直到所有地点均已互连：
> 在当前尚未连接的两个地点之间建一座长度尽可能小的桥。

Prim 算法和 Kruskal 算法都能计算最小生成树，它们也有共同之处。回忆一下 Algo 人的策略。其实 Algo 人每年的决策都是"短视"的，他们每年在可能的建桥位置中选最好（最短）的，并不考虑对整个建桥工程未来的影响。可以说他们行事的原则是"贪心"，只顾眼前。这样的算法称为"贪心"算法，因为每一步只根据当前条件考虑最优选择。你已经看到，有时贪心也有效。

不过贪心算法有时就未必能成功了。想象一下，你只需要建桥把 D 岛连接到大陆 A，希望建的桥总长度最短。采用 Algo 人的贪心策略，结果经由 H、C 和 B 把 D 岛与大陆 A 连起来，总长度是 510 米。你一定会发现有更短的建法。想知道答案可参见第 32 章。

其实前面介绍的两种算法还有个有趣的性质。它们提供的解中，最长的桥的长度总是尽可能小。你不妨用本章中岛国的例子验证一下。

33.4 附注

并非所有 Algo 人都满意他们的桥梁系统。例如 D 岛上的酋长"跛腿"经常要去大陆看病，他就牢骚满腹，因为从 D 岛到大陆要经过 B、C 和 H 三个岛，显然远了点（经过的桥总长 510 米）。最好能在 A 和 B 之间建桥（那他经过的桥总长就会降到 490 米）。第 32 章中介绍如何找出大陆到每个岛的最短路径。

送牛奶的"唠叨鬼"也不满意，他每天必须给每个岛送一袋椰子。按他的想法，最好造的桥能让他从大陆出发，以最短的行程经过每个岛绕一圈再回来。怎么才能让"唠叨鬼"满意呢？第 40 章中讨论这个问题。

使用 Kruskal 算法时，最好先按长度将所有可能的连接排序，后面按降序处理。如何排序可参见第 3 章。

飓风后第四年，Algo 人并没有在相距最近的 E 岛与 D 岛之间建桥，而是选择 B 岛和 C 岛。因为 E 岛与 D 岛已经能经过其他几个岛连通。换句话说，在这两个岛之间直接再建一座桥就会产生一个回路：从 E 岛经 F 岛到 G 岛，再回到 E 岛。如何发现回路参见第 9 章。

第 34 章

最大流——在高峰时刻去体育场

Robert Görke，德国卡尔斯鲁厄理工学院
Steffen Mecke，德国卡尔斯鲁厄理工学院
Dorothea Wagner，德国卡尔斯鲁厄理工学院

"见鬼了！这么堵永远到不了体育场啦！" Jogi 坐在车里开始紧张了，旁边开车的是妈妈。"这可怪不得我，大家都走这条路去体育场，堵车了。"妈妈说。"那我们掉头转到福特街，没人走那条路。" Jogi 的妈妈并不信，但还是按 Jogi 说的调头了。果然，福特街上车少多了，至少到下一路口前如此，但从那个路口开始就会进入繁忙的干道车站街，又会堵了。"这些笨蛋都不知道该怎么走！向左转，妈妈！" "体育场不是在正前方吗？"妈妈应道。"不错，" Jogi 解释说："但我们走卡尔街，虽然绕点儿路，但一定不会堵。"妈妈虽然怀疑但还是照 Jogi 说的做了。结果 Jogi 是对的（见图 34-1）。没人愿意绕路，Jogi 甚至还提醒别的车，但没人跟他走。"真笨！马上他们就会堵上了，可他们就是不听我的！"

图 34-1 从家到体育场的道路图

第 34 章 最大流——在高峰时刻去体育场

Jogi 及时赶到了体育场，可比赛非常乏味，Jogi 便利用这个时间又再想来时路上的交通问题。"驾驶员自行选路很容易导致路堵。每个路口应该竖起告示牌，引导大家按照尽可能提高道路通过量的原则选择道路，这样大家都能尽快到达目的地。但怎么才能发现这个路由问题的最优解呢？" Jogi 当时也没能想出满意的答案。几天后他无意中和姐姐说到此事，姐姐学过一些计算机科学，但也没能立刻给出解答。

"我们先尽可能把问题简化一下：假设所有开车人从同一个地点出发……"姐姐在纸上画一个点并标为 S，表示起点。"……还需要另一个点。"她又画一个点并标上 Z，表示 Zuse 体育场。"中间有街道，有许多交叉路口。"她又在起点和 Zuse 体育场之间画了一些点。

"每条街通行能力不同。我们在代表街道的边上加上表示车道数量的数字，有些宽阔的干道可以画粗些。嗯，我记得学过最短路径算法，但在这里好像没什么用，当然也可以先找出从 S 到 Zuse 体育场的最短路径。""这就是吧？" Jogi 指着图说："我们现在要找更多的路。还必须知道每段路上已经有多少车在走。"（见图 34-2）

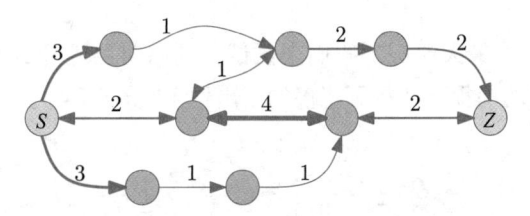

图 34-2 简化版的道路示图（见彩插）

先不去管 Jogi 和他姐姐了，我们来看看这里的问题：给定每条边有流量上限的道路网络，我们希望知道如何安排车流使得总流量最大。简单起见，假设所有车从 S 出发，开往 Z。通常人们会选择到目的地的最短路径。但过多的车同时选择一条路线，交通就会堵塞。这里我们说的"同时"就是都要在足球赛开始前到达体育场。每段路只能让一定数量的车通过（道路容量）。影响车流量的主要是道路宽度（车道数），而不是长度。例如，单车道的街道每小时可通过 1000 辆车。不过在图 34-2 中我们将容量标为 1，而不是 1000，这样可以避免大数。

道路网中另一个关键是交叉路口。如果到达路口的车辆数过多也会造成拥堵。相反，如果在某个路口，到达的车辆数不超过能够离开的最大数则一切正常。现在的问题是究竟能有多少辆车同时从 S 出发，经由网络到达 Z。（这里"同时"指一个小时内）。图 34-3 所示的"车流"为上面例子的一个解。

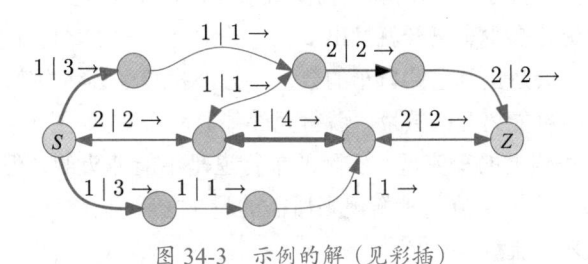

图 34-3 示例的解（见彩插）

每条边上除了容量值又添加了实际经过的车辆数以及车流的方向。1|3 → 表示三个车道中用了一个，方向向右。第一个数不能超过车道数（3|2 是不允许的）。这一点非常重要，我们专门称之为"容量规则"。进入与离开任何一个交叉口（图中的顶点）的车流必须相等（否则车辆会在此积压）称为"流量平衡规则"，这条规则保证每个顶点流量稳定。仅有的例外是 S 和 Z。

在所有满足上述两条规则的流中我们的任务是要找最大流。根据流量平衡规则，每小时从 S 出发与到达 Z 的车辆数必然相等。因此，计算机科学家说的最大流就是从 S 到达 Z 数量最大的流。

这种问题并不限于交通控制应用中才有。例如，也可能需要设计如何在突发事件中撤离大楼的路径，或者安排计算机网络中的数据流。你还能想到其他的应用吗？

34.1 算法

那么究竟该如何计算最大流呢？我们来试试：开始时路上什么车也没有。我们从 S 开始，在不违背容量规则的前提下让尽可能多的车出发（见图 34-4）。

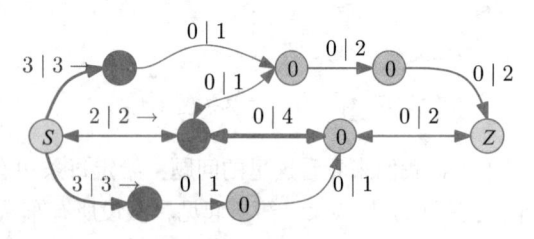

图 34-4　尽可能多的车从 S 出发（见彩插）

离开 S 的各条路上，能用的车道（绿色）都用上了（见图 34-5）。当然这里不用真汽车，可以用玩具汽车，更简单地只是用纸和笔。在纸上算出最优解，就可以照此管理真正的车流。

此时显然离开 S 的路段的另一端交叉路口（蓝色顶点）都有超量车流，必须让车开出去，否则流量平衡规则就会被破坏。为了避免顶点上的积压，让车辆沿离开的道路向前走。不过容量规则必须遵守，不能让一条道上的车超出车道容量。这不可避免会在下一路口造成新的堵塞（蓝色）。当车辆到达 Z 点时就不需要继续往前走了（直接进停车场）。

显然我们不可能想让多少车离开就发出多少。关键是：发送尽可能多的车，但不超过车道数的限制；当然也不会超出到达路口车的数量。另外我们也必须遵守单行道的规定。有时到达路口的车已经超出可能离开的数量，就得允许"退回去"，如图 34-6 所示。

这样就降低了一条路上的车流量。实际的单行道是不能掉头的，但我们这里只是模拟。退回去的流量不会超过为满足流量平衡规则所需的量（之后顶点变成灰色）。当然退回的流量不可能大于前面过来的流量。

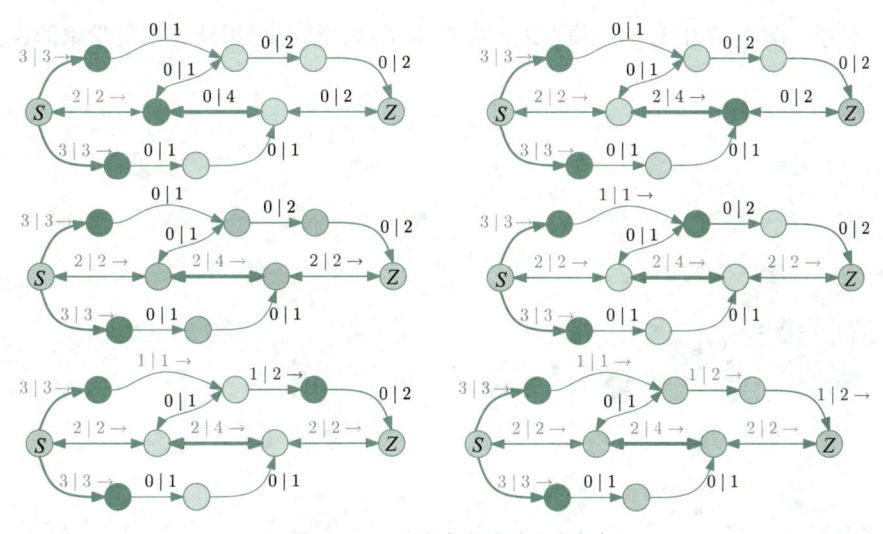

图 34-5 示例道路图（见彩插）

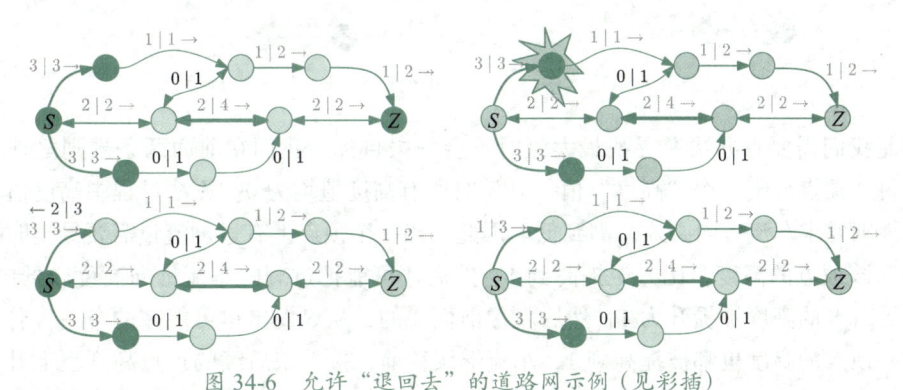

图 34-6 允许"退回去"的道路网示例（见彩插）

总结一下：每一步我们选一个流量不平衡的顶点（也就是到达的车流大于出去的车流），将超出部分尽可能多地推送出去。下面的过程完成这一任务：

> 程序 PUSH 将一个流量不平衡的顶点上的超量车流推出去（可能向前，也可能向后）。
>
> 1　**procedure** PUSH(C)
> 2　　C 是有过量流的顶点（交叉路口）
> 3　**begin**
> 4　　　**choice** 选择：
> 5　　　　　　在离开 C 的道路中选一条仍有空闲车道的路，推送尽可能多的车流量。
> 6　　　　**or**
> 7　　　　　　在进入 C 的道路中选一条有车流的路退回尽可能多的车流。
> 8　　　**end of choice**
> 9　**end**

很不幸，这个过程不能保证成功，因为有可能导致车流在两个（或更多）顶点之间往返，永远不停。图 34-7 中有三个顶点之间就产生了这种情况。用计算机科学家的说法："算法不终止。"

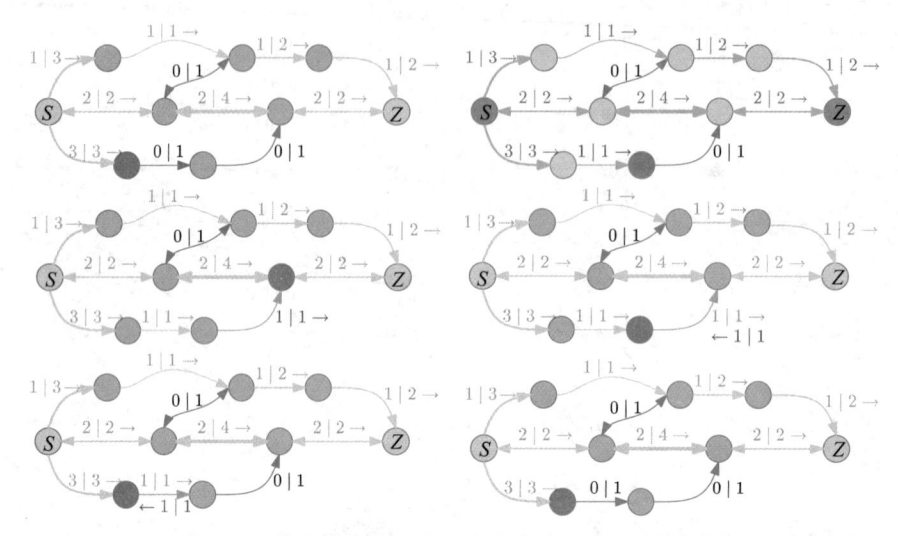

图 34-7　导致永不终止的往返的道路网示例（见彩插）

因此我们需要有办法在寻找最大流时不会失去目标。我们在前面两条规则之外再加一条：给每个顶点分配一个"高度"值，开始时所有高度值均为 0。算法过程中高度值可能被提升。规则要求车流方向必须从高到低。因此，当一个顶点上有过剩流量需要导出时，首先必须提升该顶点的高度，比方说提高到 1。然后才可能把过剩的车流推向高度较低的顶点。算法开始时 S 的高度被提升为 1，然后就像前面说的，从 S 发出尽可能多的车。接着与 S 相邻的那些顶点的高度也都被提高到 1，车流继续往前；接下来后续的顶点高度也上升，以此类推。Z 的高度不会提高，因为这里就是终点。

通常，许多车都是这样经过不断升高的顶点到达 Z 的。但我们仍然会遇到某个有过量车流的顶点，却没有任何相邻顶点的高度是 0。遇到这种情况就得进一步提升高度。要到多高呢？至少加 1。有可能这还不行，那就再往上升，但也不要过高，能让车有地方去就行了（向前向后都可以）。当然这只是模型，仅仅为了找到最优解，并不需要找建筑工人来路口增高地面。

> 程序 RAISE：输入的顶点 C 对应的交叉路口有过剩流量，但没有可用的离开路段，RAISE 提升顶点 C 的高度。
>
> 1　　procedure RAISE(C)
> 2　　Precondition C 路口没有可用的离开路段
> 3　　begin
> 4　　　　提升 C 的高度，直到车流能够离开 C 到某个高度小于 C 的相邻路口。
> 5　　end

现在我们可以修改 PUSH 程序，保证车流向低处去。

新的 PUSH 程序完成前面那个版本的任务，并确保车流一定向低处去。
```
1    procedure PUSH(C)
2    begin
3        choice 选择：
4                在离开 C 的道路中选一条仍有空闲车道的路；假设该路段通往 N，若 C 的高度大于
                 N，则往 N 推送尽可能多的过剩车流量。
5            or
6                在进入 C 的道路中选一条有车流的路；假如该路段来自 N，若 C 的高度大于 N，则
                 往 N 退回尽可能多的过剩车流量。
7        end of choice
             [可能两种条件都不满足]
8    end
```

现在可以反复执行这两个程序（PUSH 和 RAISE），直到所有顶点（路口）均没有剩余流量。当 S 的高度达到 n，即整个网络中交叉路口的个数时，就不需要再提升了。此后只有其他顶点上的剩余流量需要处理。后面会解释为什么。注意，我们也可以开始时直接将 S 的高度提升到 n，本章的例子中 S 的高度为 9。

算法描述如下：

算法 MAXIMUM FLOW 反复调用程序 RAISE 和 PUSH，找出从起点 S 到目标 Z 的最大流。
```
1    precedure MAXIMUM FLOW(G, S, Z)
2    begin
3        将 S 的高度提升到 n（n 是路口数量）。
4        沿着离开 S 的每一条路，发送尽可能多的车。
5        将所有其他路口的高度置为 0。
6        while 存在有剩余流量的路口 C do
7            if C 有可用的离开路段
8                调用过程 PUSH(C)。
9            else
10               调用过程 PUSH(C)。
11       endwhile
12   end
```

下面用一个例子描述算法的完整执行过程，为了方便，给每个路口起个名称（见图 34-8）。

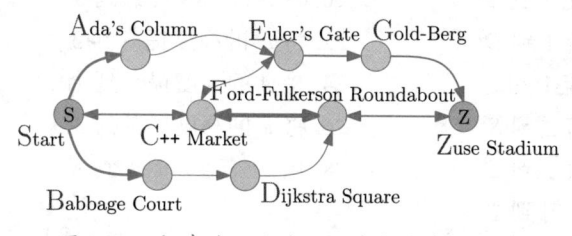

图 34-8　标有路口名的示例道路图（见彩插）

算法执行过程如图 34-9 所示，每个路口注有当前高度。

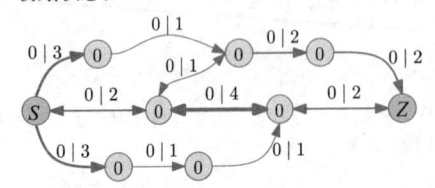

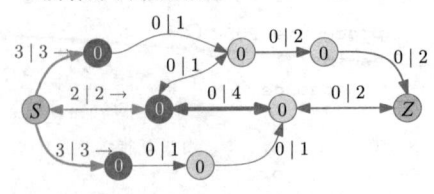

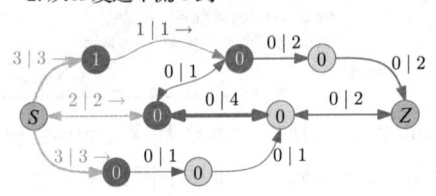

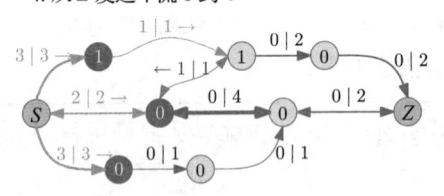

图 34-9 算法执行过程示意图（前 4 步）（见彩插）

我们用简略形式列出下面的中间步骤：

5. 将 C 的高度提升到 1　　　6. 从 C 发送车流 3 到 F
7. 将 F 的高度提升到 1　　　8. 从 F 发送车流 2 到 Z
9. 将 F 的高度提升到 2　　　10. 从 F 发送车流 1 到 C
11. 将 C 的高度提升到 2　　　12. 从 C 发送车流 1 到 E
13. 从 E 发送车流 1 到 G　　　14. 将 G 的高度提升到 1
15. 从 G 发送车流 1 到 Z　　　16. 将 B 的高度提升到 1
17. 从 B 发送车流 1 到 D　　　18. 将 D 的高度提升到 2
19. 从 D 发送车流 1 到 B　　　20. 将 B 的高度提升到 3
21. 从 B 发送车流 1 到 D　　　22. 将 D 的高度提升到 3
23. 从 D 发送车流 1 到 F　　　24. 将 A 的高度提升到 10
25. 从 A 发送车流 2 到 S　　　26. 将 F 的高度提升到 3
27. 从 F 发送车流 1 到 C　　　28. 从 C 发送车流 1 到 E
29. 将 E 的高度提升到 2

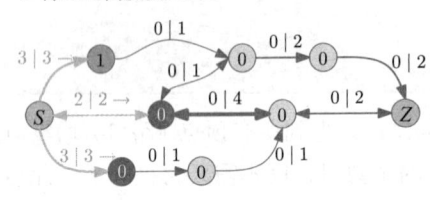

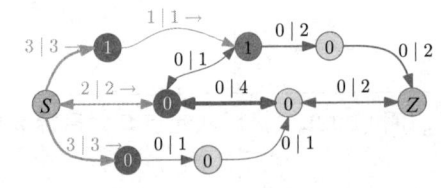

接下来如图 34-10 所示。

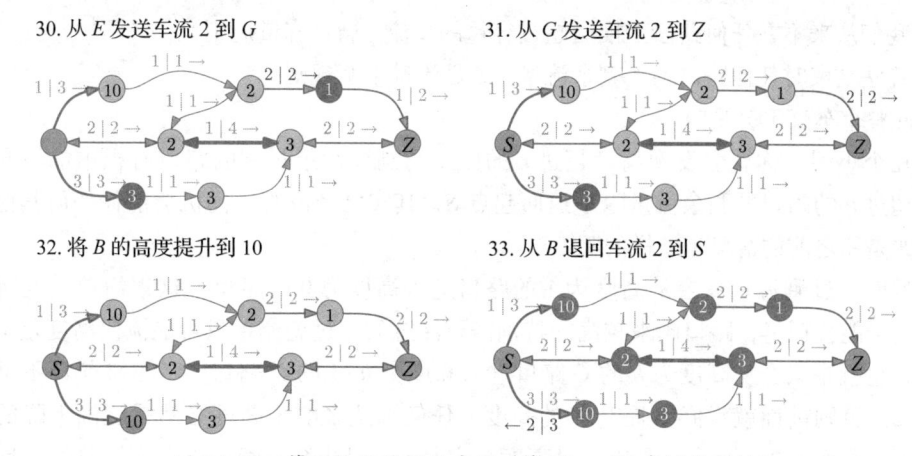

图 34-10　算法执行过程示意图（第 30～33 步）(见彩插)

问题最终的解如图 34-11 所示。

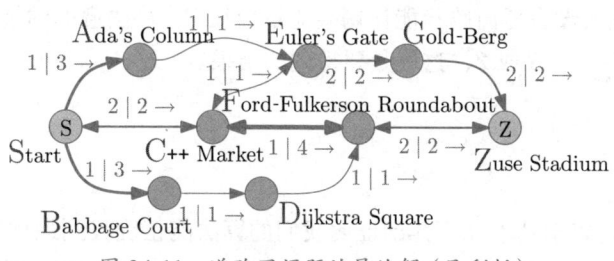

图 34-11　道路网问题的最终解（见彩插）

这个解可以用于实际的交通管理，避免拥堵。

可以进一步考虑的问题

- 算法每次执行第 6 步时并没有确定选择哪个路口。只要遵循规则，用哪个路口都可以。规则就是：推送车流只能往低处；提升高度一定是没法离开某个路口时才执行，并且只升到能离开需要的最小高度。上述例子中算法总共执行 33 步，包括 15 次 `RAISE` 和 18 次 `PUSH`（在起点 S 的操作不算在内）。你可以试试其他选择，是否能用更少的步数呢？
- 你是否发现：当某个路口的高度已经超过 n，那它的过剩车流就只能退回 S 了？

34.2　本章的算法为什么有效

有点像变戏法，该算法总能找到正确结果。如果你有点好奇不妨用不同的道路网试试。但如果你对算法正确性真有兴趣就继续阅读本节内容。

首先我们必须确认算法输出的是合法的车流。你只需理解以下两点：

- 我们从来不在任何路段上推送超过容量的车流（满足容量规则）。
- 算法结束时任何路口均无剩余流量（满足流量平衡规则）。

因此整个车流不会受阻。

试几个小例子你就会发现高度超过 n 的路口与高度没超过 n 的路口有根本的不同。那些高度超过 n 的路口的剩余流量除了退回起点 S，其实已经没有任何机会前往任何其他路口了。问题是那之前的情况是怎样的呢？

开始时，过剩流量只会从高度为 1 的路口进入高度为 0 的路口，这很简单。但所有的简单机会可能会耗尽，路口越来越高。特别需要注意的是过剩流量只可能流向高度差 1 的较低路口，也就是只会从高度为 h 的 C 路口进入高度为 $h-1$ 的 D 路口。C 的邻点 D 不可能高度为 $h-2$。否则前面就没必要提升 C 的高度。任何到达 Z 的车高度必然是逐渐下降的，从 h 到 $h-1$，再到 $h-2$，等等。到达 Z 时高度一定是 0。因此至少经历 h 个不同阶段。这就确保车流不会在任何两个路口之间往复行进。同样因为这一点，任何车经过的不同高度值最多是 $n-1$ 个。（不可能是 n，因为不会途经 S）。因此只有当所有其他可能都不存在了，车流才会回退到 S。如果确实没有任何路径能让剩余流量前往 Z，算法遵循的规则就会导致回退 S。最终剩余流量只能终止于 S 或 Z，这就是要得到的结果。

34.3 后记

不久后 Jogi 的姐姐学到了如何详细证明我们的算法能正确找到最优解。证明相当复杂。其实算法过程中每一步如何选当前路口执行 PUSH 和 RAISE 并不影响算法的正确性。她也了解到这个算法是 1988 年由 Andrew Goldberg 和 Robert Tarjan 发现的。Jogi 在去体育场时还是会碰上堵车。

34.4 步数更少的解

本章中的例子如果采用下列步骤只需要 19 步就能找到最优解：

1. RAISE (A) to 1
2. PUSH (A): 1 to E
3. RAISE (C) to 1
4. PUSH (C): 1 to E
5. PUSH (C): 1 to F
6. RAISE (B) to 1
7. PUSH (B): 1 to D
8. RAISE (D) to 1
9. PUSH (D): 1 to F
10. RAISE (F) to 1
11. PUSH (F): 2 to Z
12. RAISE (E) to 1
13. PUSH (E): 2 to G
14. RAISE (G) to 1
15. PUSH (G): 2 to Z
16. RAISE (A) to 10
17. PUSH (A): 2 to S
18. RAISE (B) to 10
19. PUSH (B): 2 to S

第 35 章

婚姻介绍人

Volker Claus，德国斯图加特大学
Volker Diekert，德国斯图加特大学
Holger Petersen，德国斯图加特大学

35.1 问题描述

一名婚姻介绍人希望从已有的男女方名单中促成尽可能多的姻缘。必要条件是两个人一定要相互有好感。我们这里说的是传统婚姻，每桩婚姻是一个男子和一个女子，每人最多也只能有一个配偶。

抽象地表述：有一个男子的集合 $\mathcal{H}$，一个女子的集合 $\mathcal{D}$；另有一个"友好集合" $\mathcal{L}$，$\mathcal{L}$ 中的元素一定是 HD 形式，$\mathcal{L}$ 中包含元素 HD 即意味着男子 H 和女子 D 相互有好感。我们的目的是从 $\mathcal{L}$ 中找出元素尽可能多的子集，不论男女每人在其中最多出现一次。图 35-1 中是 5 个男子的集合 $\mathcal{H}=\{A, B, C, D, E\}$ 和 5 个女子的集合 $\mathcal{D}=\{P, Q, R, S, T\}$。如果某个男子和某个女子之间相互有好感，则在两人之间连一条线（称为图中的边）。假设集合 $\mathcal{L}$ 中包含 AP、AR、BP、BQ、BS、CQ、CR、CT、DR、DS、ES 和 ET，则 $\mathcal{L}$ 如图 35-2 所示。

介绍人选择的子集可能包括：BP、CR、ES。但他也只能到此为止了，已经没法选出满足规定条件的新组合了。不过介绍人也可以选择另一个子集：AP、BQ、CR、DS 和 ET，这样每人都有配偶。我们的问题是：如何从 $\mathcal{L}$ 中找到最大的子集，其中 $\mathcal{H}$ 和 $\mathcal{D}$ 两个集合中任意元素最多出现一次。这样的子集称为 $\mathcal{H}$、$\mathcal{D}$ 和 $\mathcal{L}$ 的最大匹配。

我们先介绍构建最大匹配的基本思想，然后给出算法。至于谁用这个算法，是婚姻介绍所的雇员（利用索引卡片或其他辅助工具）还是希望找配偶的人，那倒无关紧要。

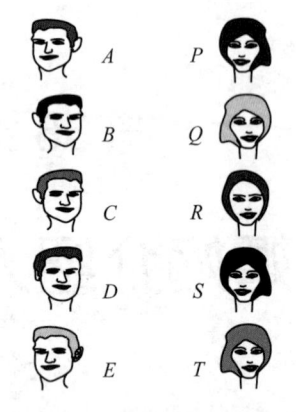

图 35-1　5个男子和5个女子 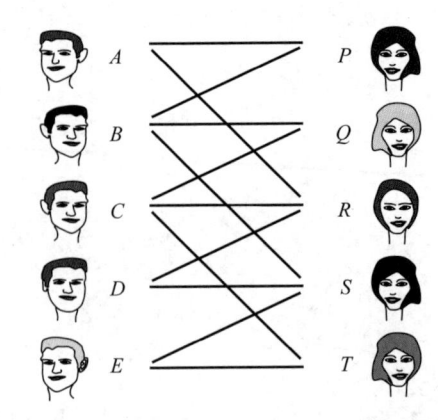　　　图 35-2　男子和女子之间的"好感"关系

35.2　算法的基本原理

开始时可以对尚未配对的人按照互有好感的条件任意配对。到进行不下去时如果还有未配对的人，假设有一个是男子 H，则 H 询问对自己有好感的所有女子：是否可以配对？

这些女子各人已经与唯一一个男子配对（否则前面不会进行不下去），于是她们转而询问各自的配偶。下一步中，被问的男子又去问所有对自己有好感的女子是否能离开原来的配偶，而被问的女子们又问自己的配偶如果分手他们是否能找到新配偶，问题就这么继续。问题从一个没找到配偶的 H 开始，涉及对 H 有好感的所有女子，继而又涉及这些女子各人的配偶，甚至涉及所有的人，直到下列条件之一满足时才停止：

1. 到某个时刻，一个男子问到原先尚未配对的女子，原先的提问链终止。以新的配对沿前面的提问链回溯，一路交换原来的匹配关系，直到返回男子 H。

2. 发现提问链只能到达已经配对的女子。此时将 H 从男子集合中删除。

你可以用图表示问题链中的每一波，从 H 逐步扩散到所有人，交替地利用好感关系图和已匹配关系图。一旦发现新的配对，问题链立即终止，从新配对开始沿来路回溯到 H，沿途重新安排配对。

提示：问题链可以按任何次序并行处理，但最容易理解的是平行向前的波（计算机科学中称为对 L 做广度优先搜索）。在这样的情况下，被问过的人不会再被问第二次，问题链向前扩展只会涉及原先未被考虑过的人。

35.3　构建最大匹配

我们从 L 中任意的配对开始。假如选中的是 HD，将其放入 M，于是 $M=\{HD\}$。（如果 L 是空集，当然无法做任何配对，那我们什么也做不了。）注意下面 M 中任何人出现不会多于一次。

假设已经构造了配对的集合 $M=\{H_1D_1, H_2D_2, \cdots, H_rD_r\}$。如果所有男子都已出现在 M 中，解题结束，因为不允许重婚。关键的问题是：如果某个男子 H 没有出现在 M 中，也就是他还没有配偶，那我们怎么样为他找到合适的配偶 D？

1. 显然我们该首先问那些对 H 有好感的 D（即包含在 $\mathcal{L}$ 中的 HD）当前是否已有配偶。如果存在某个 D 还没有配偶，那直接将 HD 加入 M 即可，算法继续去处理另外还没有配偶的人。图 35-3 中，我们从 BP 开始，又往 M 中添加了 CR 和 ES。图中集合 $M=\{BP, CR, ES\}$ 用粗边表示。到这里，第一种情况的前提已不再满足，不可能再照此继续扩大 M，但仍有人没有配偶。

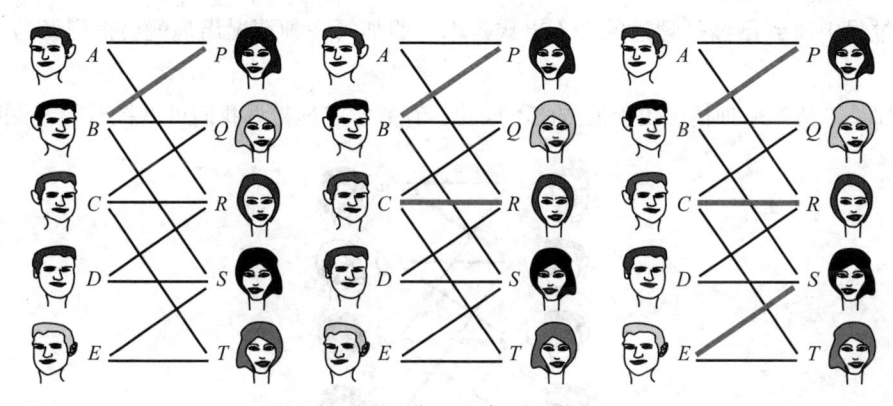

图 35-3　根据第一种情况构建集合 M

2. 如果在 $\mathcal{L}$ 中已经找不到能与单身的 H 配对的也是单身的 D，那该怎么办？应该有一个对 H 有好感的 D，已经与某个 H' 配对了。我们可以试试能否让 D 离开 H' 再与 H 配对，也就是说用 HD 替代 $H'D$，结果 H' 落单了。

接下来我们再试试能不能让某个女子 D'（不能是 D）离开已配对的 H''，转而与前面落单的 H' 配对。这样落单的是 H'' 了，我们再考虑为他解决配对的问题，如此继续。我们考虑的 D'，D''，D'''，$\cdots$ 应该是尚未包含在 M 中的。从 H 开始形成一个由 $\mathcal{L}$（好感关系）中的 HD 和 M（当前配对）中的 $H'D$ 交替出现的序列。到某个时刻，可能到达第一种情况；或者已考虑所有人，因此尝试失败，不可能完全匹配。

如果发生第一种情况，新匹配形成，即可以用 HD 替换 $H'D$，其他所有配对保持不变。更精确地说：如果第一次产生第一种情况，则恰好存在一个从 $H=H_1$ 开始的序列

$$H_1, D_1, H_2, D_2, \cdots, H_k, D_k$$

其中 H_1 未配对，而 $H_1D_1 \in \mathcal{L}$，$H_2D_1 \in M$，$H_2D_2 \in \mathcal{L}$，$\cdots$，$H_KD_{K-1} \in M$，$H_KD_K \in \mathcal{L}$，D_K 也未配对。

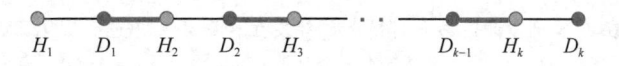

由于女子 D_K 尚未配对，我们就可以让上图中粗边和细边互换：

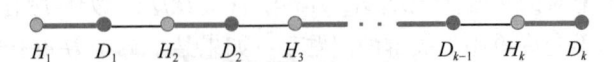

$$H_1 \quad D_1 \quad H_2 \quad D_2 \quad H_3 \quad \cdots \quad D_{k-1} \quad H_k \quad D_k$$

这样就使得 M 中的配对数增加一个，所有原来就配对的人各自都找到新的配偶。从扩大的集合 M 开始算法继续执行。

在本例中，上述过程（见图 35-4～图 35-8）最终成功：原先选定了 BP、CR 和 ES。直接增加配对不可能了，需要重新组织配对。我们考虑图 35-4 中尚未配对的 A。A 可能的配偶是 P 或 R。如果 A 与 P 配对，P 原先的配偶 B 将落单；如果 A 与 R 配对，R 原先的配偶 C 将落单。我们需要为落单者寻找新配偶（见图 35-5）。算法对每个人只考虑一次，如果执行过程中碰到已经处理过的人不再次考虑。假如第一种情况出现就会得到新的 M，见图 35-8。

3. 如果等待第一种情况出现的方法不成功，有数学定理告诉我们可以将男子 H 删除。

图 35-4 A 尚未配对。可以考虑 A 与 P 或者与 R 配对。我们先选 P。他原先的配偶是 B。我们试着用 AP 替代 BP，如图 35-5 中虚线所示

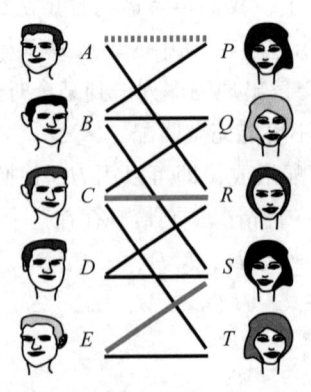

图 35-5 现在 B 落单。此时第一种情况已经发生，因为 L 中包含 BQ，而 Q 尚未配对

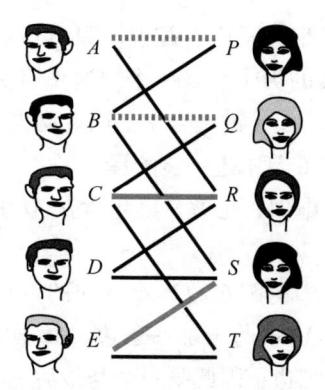

图 35-6　前面尝试的修正被确定，新的匹配为 {AP, BQ, CR, ES}，AP 和 BQ 替代了 BP

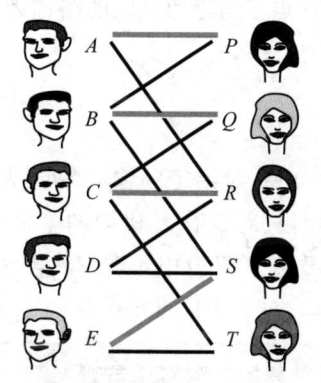

图 35-7　现在从未配对的 D 开始算法继续进行（注意，D 只是这个例子中的名字）。我们尝试将 D 和 R 配对，这就必须删去 CR。新的落单者将是 C，C 再转而与 T 配对

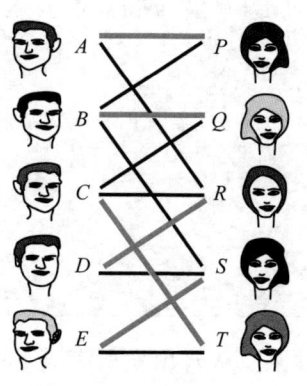

图 35-8　最终得到集合 M={AP, BQ, CT, DR, ES}。现在每人都有了配偶，算法终止。（算法尝试的步数与尚未处理的边数相等，因为考虑过的人不会再次被考虑）

原则上这种情况很容易理解。如果 M 不再增大那是怎么回事呢？那就会存在包括 d 个女子的集合，她们已经在从 H 开始的提问链中都涉及过了。经过重组，这 d 个女子每人都

有配偶，因此与之相对应，有 d 个男子已有配偶。只有最后的那个男子在配偶置换中落了单，没有配偶。这说明这里涉及的男子有 $d+1$ 个。这里有关非常重要的发现：这 $d+1$ 个男子可能的配对对象只能在这含 d 个女子的集合中。因此必然有一个男子找不到配偶，我们不妨开始就将他删除。我们会在 35.6 节中进一步解释。

4. 当每个未被删除的人都有配偶，也就是已包含在 M 中时，算法将终止。此时的 M 即最大匹配。

图 35-4 到图 35-8 显示了 M 中的配对数逐步增加的过程。粗边已经属于 M，细边表示相互有好感但尚未配对（集合 L-M）。每增加一条边，M 中的元素重新排序。我们考虑一条粗细相间的路，开始与结束均为细边，因此第一个与最后一个人是落单的。一旦这样的路形成，我们就沿着路径交换粗边与细边。这样 M 中的配对数就会增加 1。

提示：这样粗细相间但两个端点不与粗边关联的路称为可扩路。

35.4 算法

以下的算法 MARRIAGE BROKER 对给定的输入集合 H、D 和 L 生成最大配对集合 M。很明显，在考虑选择未配对元素时只需要看 H 和 D 两个集合中的一个。这里算法考虑的是 H（见算法第 2 行），实际应用中考虑 H 和 D 中元素少的集合。

输入：集合 H 和 D 以及集合 L，对 H 中任意元素 H 和 D 中任意元素 D，L 中仅含一个 HD。

```
算法 MARRIAGE BROKER 计算最大配对集合 M
1      从 L 中选一个元素 HD ; M :={HD}
2      While 集合 H 中还有尚未配对的 H do
3          检查从 H 出发满足以下条件的所有通路
4              交替出现在 L 中但不在 M 中的一条边与在 M 中的一条边
5              整个通路上每个人最多出现一次
6          If 发现一个未配对的人
7              (肯定是在 D 中)
8          Then 将这条路上所有原先在 M 中的边从 M 中删除
9                将原先不在 M 中的所有的边加入 M
10         Else (没有找到符合上述条件的路)
11              将 H 从集合 H 中删除
12         endif
13     End while
14     Return M
```

在 while 循环中必须系统搜索"从 H 出发所有满足……条件的路"，这用递归实现。在 35.3 节第二种情况中已经说到："我们可以试试能否让女子 D 离开男子 H'……"。如果 H' 尚未处理过，这里对 H' 的处理与处理 H 的过程完全一样，这就是递归执行。我们可以建一个布尔数组，在 while 循环开始前（算法第 3 行之前）所有元素值置为 false，一旦某个元素对应的人被处理过则将该值改为 true。整个算法的实现方法可以参阅相关教科书。

35.5 婚配定理

上述过程的正确性基于英国数学家 Philip Hall 证明的婚配定理。根据婚配定理，每个男子恰好能与适当的女子配对的充分必要条件是：对男子集合的任意子集，可能的匹配者至少与该子集中的男子一样多。

这个条件意味着，如果从集合 $\mathcal{H}$ 中任意选出 17 个人，至少有 17 个女子可供配对。不仅是 17，对任何其他数字都必须如此。开始时关键是满足相互好感关系的人数，至于如何匹配不重要。

婚配定理本身对找到解没有帮助。如果男女各有 50 人，即使每秒钟能检查十亿男子组合，要检查所有子集也要百万年以上，因为所有可能的子集的个数达到 $2^{50} = 1\,125\,899\,906\,842\,624$。而且这个定理只是提供了存在解的条件，与解是什么样子全然不相干。因此我们需要上述的算法。

35.6 算法中何处用到婚配定理

当算法执行到某个时刻，必须找到至少一个男子，他的配偶另外配对了，但仍有机会给自己找另外一个女子。我们举个例子。

如图 35-9 所示，假设 $M=\{H_2D_1, H_4D_2, H_3D_3\}$。$H$ 目前没有配偶，因此从 H 开始。

令 $\{H\}$ 为子集 T_1。下一个子集 T_2 包 T_1 中元素的所有邻点，这里即 H 的所有邻点，$T_2=\{D_1, D_2\}$。根据婚配定理，T_2 至少要包含 $|T_1|=1$ 个元素，见图 35-10。

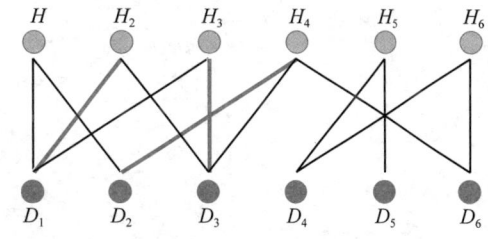

图 35-9　$M=\{H_2D_1, H_3D_3, H_4D_2\}$，$H$ 未配对

这时算法尝试用 HD_1 替代 H_2D_1，这样 H_2 落单。也可以用 HD_1 替代 H_4D_2，让 H_4 落单。总之我们需要为 $T_3=\{H, H_2, H_4\}$ 找到配对者。与 T_3 相应的女子集合是 $T_4=\{D_1, D_2, D_3, D_6\}$，见图 35-11。这里同样满足 $|T_3| \leq |T_4|$，因此根据婚配定理，匹配一定存在。我们继续查看与 T_4 相对应的男子的子集，如此下去会发现存在的解。

图 35-10　$|\{H\}| \leq |\{D_1, D_2\}|$

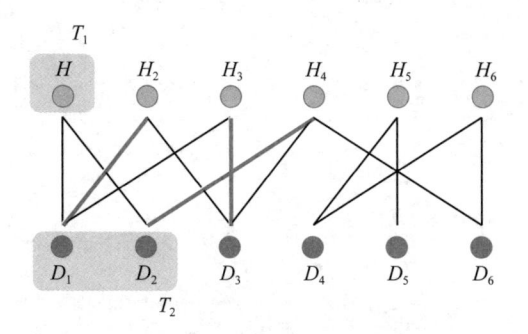

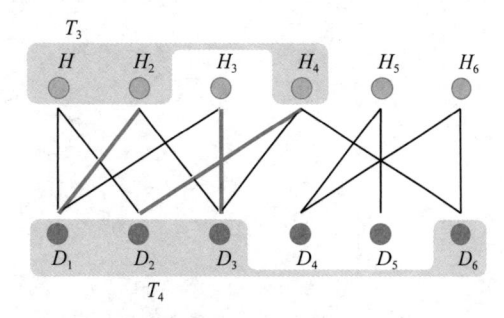

图 35-11　$|\{H, H_2, H_4\}| \leq |\{D_1, D_2, D_3, D_6\}|$

35.7 时间分析

按照算法过程很容易估计运行时间。假设男女人数均为 n，边数为 m（等于集合 L 中元素的数量）。因为每个人只考虑一次，每条边也只会被考虑一次，因此 while 循环最多经过 m 步就结束。每次循环后或者删除一个男子，或者往 M 中加一条边，因此整个过程中 while 循环最多执行 $n-1$ 次。由此可知算法执行步数的上限是 $n \cdot m$。

是否有更快的方法解决最大匹配问题呢？上述算法中有一个地方可能浪费了时间。while 循环每次开始时并没有利用上一轮循环可能收集的有关可扩路路径的信息。采用更聪明的方法利用这些信息，可以让运行时间与 $m \cdot \sqrt{n}$ 成正比，速度提高因子达到 $\sqrt{n}$。这个更快的算法是由美国学者 John E. Hopcroft 和 Richard M. Karp 提出的。这两人因取得的众多成就获得 1986 年图灵奖（可以看作计算机领域的诺贝尔奖）。

第 36 章

圆 闭 包

Emo Welzl，苏黎世联邦理工学院

消防队要建新基地，希望处于自己负责的消防区内的最佳位置。主要考虑与服务区内建筑的距离，要求最远距离尽可能小。我们可以用平面上的点表示消防站与房屋，实际距离用点之间的距离来模拟。因此问题的输入是平面上的顶点集 P。

选一个点 s 作为建站的可能地点。s 到 P 中距离它最远点的距离记为 r，那么 P 中所有的点均在以 s 为圆心，以 r 为半径的圆周内，如图 36-1 所示。

很明显，如图 36-2 所示，能将 P 中所有点包含在内且半径最小的圆的圆心就是最佳建站地点（从这里消防员能尽快赶到哪怕是辖区内最远的地方）。这样的圆一定是唯一存在的——虽然这里不证明。

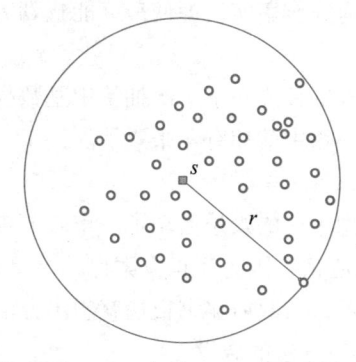

图 36-1　以 s 为圆心，r 为半径的圆

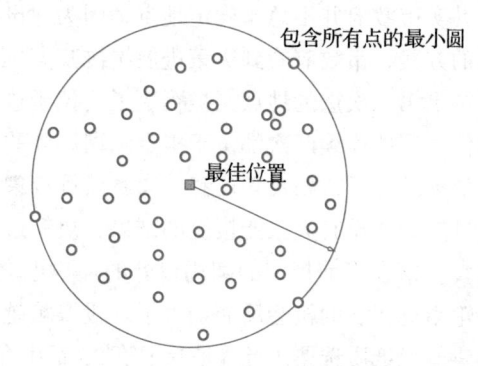

图 36-2　最佳建站位置图示

辖区内房屋很多，究竟该如何确定建站的最佳位置呢？

有人提出从所有住户中随机选择少量的代表，比如说 13 户，让他们（构成样本集合 R_1）

自行确定建站最佳地点,完全不考虑其他住户。对于 13 户确实有很好的算法,但遗憾的是这个算法只能用于很小的样本,考虑的户数多了,效率就非常低。

于是大家又提出另一个方案,选一个地点 s_1 和一个半径值 r_1,使得以 s_1 为圆心,以 r_1 为半径的圆恰好能将 R_1 中 13 个点都包围在圆周内——这称为 R_1 的圆闭包。

这样就得到第一个候选位置。

尽管 R_1 是完全随机选出的,大家还是不能接受这个结果,特别是那些住处落到圆周以外的居民更是反对。

为了减少反对声,消防局决定进行第二次抽签。仍然没有人知道对这么大的集合怎么找圆闭包,其实只考虑 13 户已经不容易了。把所有居住在第一个圆周外的人都请来做决定显然不现实。大家达成一个妥协:位于前一个圆周以外的住户在选举 13 位新代表时基数权重加倍,即每户被选中作为代表的机会比圆周内的住户高一倍。

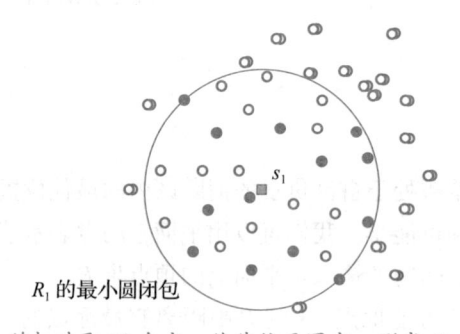

图 36-3 随机选取 13 个点,使其位于圆内,形成 R_1 的圆闭包

13 个新代表(集合 R_2)开会确定了他们认为的最佳地点 s_2,也确定了 R_2 的圆闭包半径 r_2。

丝毫不奇怪,还是有很多反对的声音。仍然有许多住户房屋在 R_2 确定的圆周以外。

其实市政府并不急于确定地点,因为建设经费还没有完全落实。即使最终能找到大家都满意的方案,市政府看到决策进展缓慢其实挺高兴。

结果第二次选的地点又被否决了。位于这个圆周以外的住户在下一次抽签中基数权重仍然加倍。那些连续两次都位于拟定圆周以外的住户在投票箱中就拥有 4 张票了。

继续进行第三轮决策过程。又继续进行第四轮,第五轮……

虽然始终没有大家能接受的结果,决策过程越来越像市民的娱乐活动了。市政府提供免费饮食。落在当前拟定的圆周以外的住户也全无失望的心情,因为反正方案也不会真落实,下一轮当选代表的机会反而增大了。投票箱越来越大,不过市政府秘书很快就想出办法用电子选票替代纸质选票(当然是受了第 25 章中介绍的随机数方法的启发)。

但是奇怪的事发生了,终于有一次,13 位代表仍然像前任们一样完全根据自己的想法决策,但这一次居然没有任何住户位于圆周之外。消息迅速传了出去,匆忙组织的专家鉴定确认这次得到的一定是包括 P 中所有点的圆闭包。因为能包括所有点的圆不可能比包括这

13个点的圆更小。

　　找到了最佳位置！

　　这次决策成果是因为运气好，还是结果一定如此呢？答案是后者：我们介绍的实际上是 Kenneth Clarkson 提出的计算 n 个点的圆闭包的随机算法（利用随机数）。可以证明该算法能计算出正确结果的概率是 1，而实际执行的轮数只与 n 的对数成正比。不过随机选择的子集不能太小（我们选 13），大小与 n 无关，13 也够了。甚至我们能将这个方法用于三维或更高维度的空间（那就需要更大的随机样本集合）。

算法原理

　　如果你很想知道为什么这样的过程有效，可以阅读本节内容，但我们略去了许多概率计算的细节。要理解问题的数学结构，我们先得更精确地描述问题。我们用 $K(P)$ 表示点集 P 的圆闭包，P 中最多三个点可以确定这个圆。更精确地说，P 中一定存在最多含三个点的子集 B，使得 $K(B) = K(P)$。进一步观察可以发现，如果 P 的某个子集 R 使得 $K(R) \neq K(P)$，则 B 中至少有一个点位于圆周 $K(R)$ 之外。根据我们的策略，这意味每一轮至少有一个 B 中的点基数权重翻倍。因此进行 k 轮之后，至少有一个点抽签的基数权重不小于 $2^{k/3} \approx 1.26^k$。

　　另一方面，我们可以证明只要选择代表是完全随机的，抽签基数权重增加的平均值不会太大。因为只有当前圆闭包以外的点抽签基数会加倍。如果参加抽签的基数是 z，这个平均值是 $3z/13$（你自己可以证明这个结论）。也就是说下一轮抽签基数将为 $(1 + 3/13)z \approx 1.23z$（记住："3" 是子集 B 的大小，而 "13" 是我们设定的样本大小）。

　　因为每一轮抽签基数大约增加到前一轮的 1.23 倍，经过 k 轮后达到大约 $n \cdot 1.23^k$。而此时至少有一个点，其抽签基数不小于 1.26^k。1.26>1.23，因此无论 n 的值多大，总会到某个时候有一个点的抽签基数超过其他所有点的总和。这是个悖论，一定是因为在此之前抽签过程已经结束这个悖论才不会发生。结束是因为没有任何住户位于当前的圆周之外了。

第 37 章

在线算法

Susanne Albers，德国柏林洪堡特大学
Swen Schmelzer，德国弗莱堡大学

37.1 租赁滑雪装具问题

今年我终于又要去滑雪了。很遗憾我的旧滑雪板不能再用了。问题是我该买新的还是租一套呢？如果租，每天租金 10 美元。假期七天总共要花费 70 美元。买新的当然更贵些，得 140 美元。也许今后我还会滑雪，那买应该更合算。不过如果我今年滑过后没兴趣了，那还是租花费少些。图 37-1 列出了不同选项的花费比较。

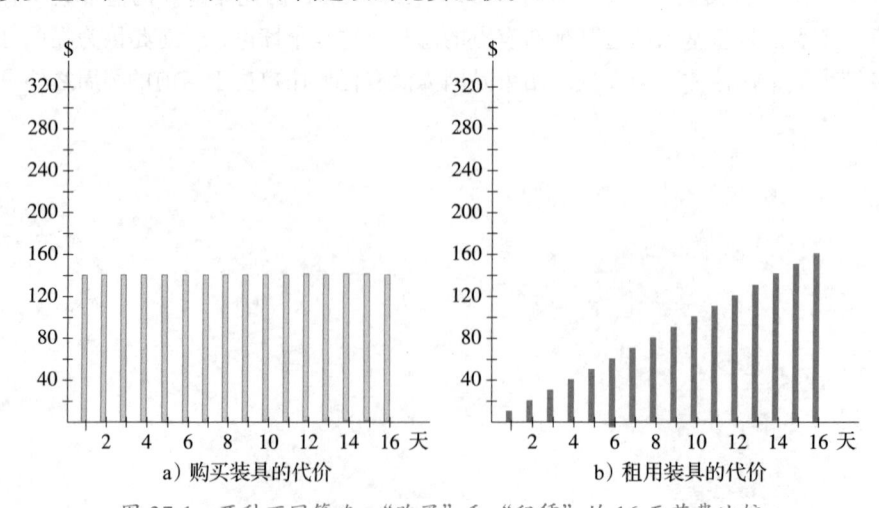

图 37-1 两种不同策略："购买"和"租赁"的 16 天花费比较

第 37 章 在线算法

不知道今后我是否还会经常滑雪,多花些钱看来难以避免。事后诸葛亮总是好当的。不过我怎么能避免事后感叹"其实我只需花一半的钱就够了呢?"这类问题在计算机科学中称为"在线问题"。对于在线问题,我们必须在未来难以确定时做决策。上面的例子中,我们不知道以后还会不会经常去滑雪,但当前必须决定是买还是租滑雪板。如果未来的情况能确定,问题就简单了。只要以后滑雪时间少于 14 天,租的代价更小。如果恰好会滑雪 14 天,那两种决策代价是一样的。而如果会滑更多的天数,那买就更合算了。如果未来的情况完全确定,就称之为"离线问题"。上述问题的最优离线代价很容易确定。花费可以用函数 f 表示,自变量 x 表示滑雪的天数。

$$f(x) = \begin{cases} 10x, & x < 14 \\ 140, & x \geq 14 \end{cases}$$

相反,对在线问题我必须在无法预知未来的情况下决策。假设第一天租滑雪板,第二天还是面临与前面一样的租还是买的问题。假如我继续租,那第三天仍然面临相同问题。如果使用一种在线策略,可以将总费用控制在最优离线代价(未来的情况完全确定)的两倍范围内。这样的策略称为"2-竞争力的"策略。名称反映了与最优离线代价的比较竞争力。一般来说,对于计算最小值的问题,c-竞争力的在线算法的计算值不会超过离线最优代价的 c 倍。c 称为比较因子。我们希望能找到滑雪板租赁问题的 2-竞争力在线策略。

滑雪板租赁问题的在线策略:开始时我们租滑雪板。一旦再租一天整个费用就等于买的费用时我们就买一副滑雪板。上述例子中,前 13 天每天都租,但第 14 天我们买一副新滑雪板。

图 37-2a 中的浅蓝色线段表示最优离线代价(即函数 f 的值)。图 37-2b 中蓝色线段显示采用在线算法的代价。从图 37-2 中看显然在线策略的结果不会大于最优离线代价的两倍。天数不到 14 天时,付出的代价与最优离线代价相同。后面我们的总花费也不会大于前者的两倍。

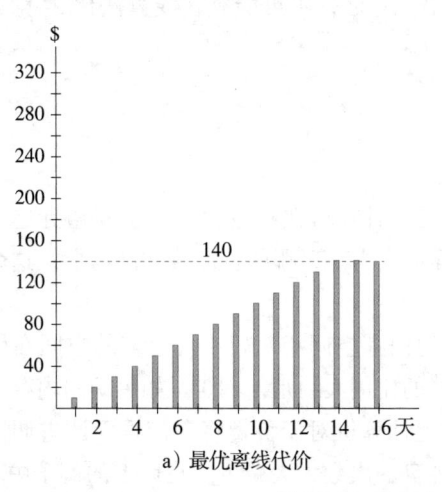

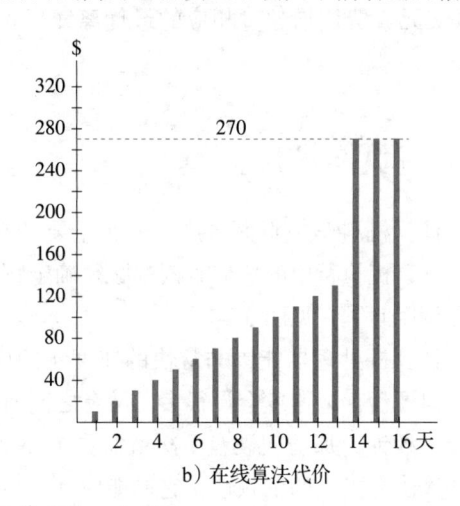

图 37-2 图示 2-竞争力策略的一个例子

这个具体例子的结果应该令人满意了。但如果租赁或购买的价格不同了会怎么样呢？策略是否需要修改？为了说明我们的策略对租金和购买价格的任意输入值都是 2- 竞争力的，我们用标准化方法表示两个代价：租赁代价为 1 美元，购买代价为 n 美元。在第 n 天买滑雪板，此时租赁总花费为 $n-1$ 美元。图 37-3 表明，当天数 x 小于 n，在线策略总支出与最优离线代价相同，而当 $x \geq n$，花费不超过最优离线代价的两倍。因此这是 2- 竞争力的策略。

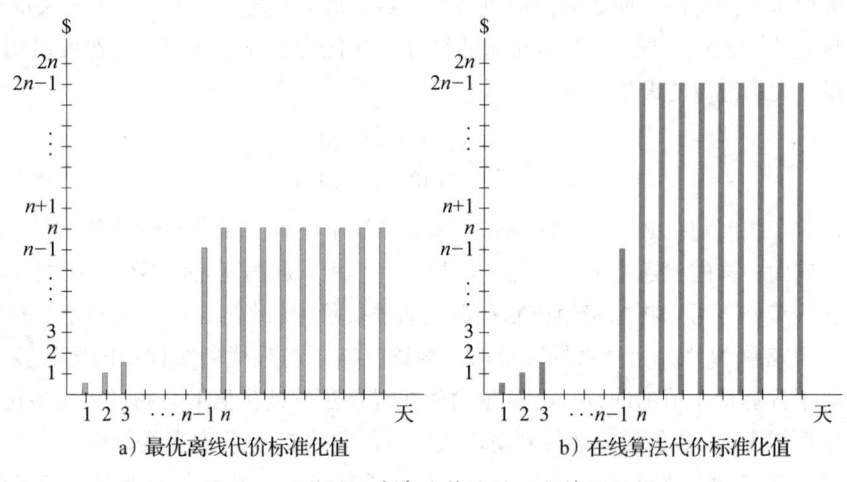

a) 最优离线代价标准化值　　　　　　b) 在线算法代价标准化值

图 37-3　图示 2- 竞争力策略的一般情况比较

这个结果不错，但我们希望能更接近最优解。很遗憾，不可能更好了。如果在线算法决定买滑雪板的时机不是上面决定的那天，换任何一个时刻一定存在某种情况使得总费用超过最优离线代价的两倍。现在举个具体例子。如果提前购买，比如说第 11 天买，总花费将达到 240 美元，而不是 110 美元。反之如果在第 17 天才购买，总花费是 300 美元，而不是 140 美元。费用均超过相应的最优离线代价的两倍。总之，不可能有在线算法比 2- 竞争力更好。

37.2　页面调度问题

计算机科学中页面调度是一个重要的在线问题，计算机执行过程中会不断遇到这个问题。计算机执行中的任何时刻都必须确定哪些页面进入内存，哪些页面放在硬盘上，这就是页面调度问题，见图 37-4。

计算机处理器能以非常快的速度访问内存，但内存空间相对较小。更多的空间在硬盘上，但硬盘存取速度会慢很多。两者之间时间花费的比例大约是 $1:10^6$。如果访问内存 1 次需要 1 秒钟，那访问硬盘 1 次就需要 11.5 天。因此计算机对于负责将存储页面调进调出内存的算法有极大的依赖性，它们能使计算机访问硬盘的次数大大减少。在以下的例子中（见图 37-4），存储页面 A、B、C、D、E 和 G 当前在内存中。处理器（CPU）需要依次访问页面 D、B、A、C、D、E 和 G。很幸运，这些页面恰好都在内存中。

存储请求：CPU 需要依次访问页面 D、B、A、C、D、E、G、F……

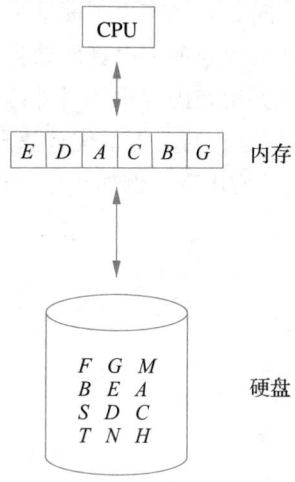

图 37-4　页面调度问题涉及的存储层次结构

接下来就没那么幸运了。需要访问的页面 F 未进入内存，只在硬盘上。这称为页面缺失。我们必须将缺失的页面从硬盘调入内存。不巧的是内存满了，要调入 F 之前先得将内存中的一些页面调出去。我们面临一个在线问题：在页面缺失时页面调度算法必须确定调出哪些页面，但此时算法并不知道未来的需求。如果算法知道在未来相当长一段时间内的内存访问需求，那就很容易决策，将用不到的页面调出去。但处理器以在线方式产生数据存储需求。实践中下列算法很有效。

在线策略——近期少用者调出（LRU）：页面缺失时如果内存已满，则检查过去内存调用序列，将长时间未使用的页面调出。然后调入缺失页面。

在上述例子中，LRU 策略调出页面 B，它是内存中未使用时间最长的页面。LRU 的思想是既然该页面有一段时间未用了，那可能它在不远的将来也不会被使用。可以证明，LRU 是 k- 竞争力的，k 是内存中可同时存放的页面数。实际应用中 k 是很大的值，所以这是一个很高的比较因子。另一方面，应用结果表明 LRU 性能很好，其他在线页面调度算法未必能做到。

除了 LRU，其他著名的页面调度算法还有：

在线策略——先进先出（FIFO）：页面缺失时，如果内存已满，则将最先进入内存的页面调出。然后调入缺失页面。

在线策略——最近使用的调出（MRU）：页面缺失时，如果内存已满，则将最近使用过的页面调出。然后调入缺失页面。

可以证明 FIFO 也是 k- 竞争力的。不过实际应用中 LRU 优于 FIFO。至于 MRU，我们很容易构造一个访问需求序列，导致在内存满的情况下 MRU 每次都会产生页面缺失。假设当前内存是满的，下面需要交替地调用目前不在内存中的页面 A 和 B。首先处理器申请访问 A，于是在将某些页面调出后 A 进入内存。接着处理器请求访问 B，因为 A 是最近被使用的页面，因此 A 被调出，下次需要访问 A 时又产生页面缺失，这次被调出的是刚刚访问过的 B。因此，MRU 对每次访问需求都必须处理一次页面缺失。而最优离线算法会在第一次需要访问 A 和 B 时将这两个页面调入并留在内存中，另外两个页面被置换出去。下面交替访问 A、B 时无须处理页面缺失。因此这种情况下最优算法只需处理两次页面缺少，但 MRU 表现非常差。实践中循环申请序列经常出现，例如程序在循环中需要访问不同存储页面时。因此 MRU 并不实用。

第 38 章

装箱问题

Joachim Gehweiler，德国帕德博恩大学
Friedhelm Meyer auf der Heide，德国帕德博恩大学

暑假我就高中毕业了，现在已经在准备大学生活了，当然我选的是学计算机！我住的小城没有大学，很快我就要搬家了。为此我必须把柜子里、架子上无数的东西装进箱子。考虑到运费，我希望用的箱子越少越好。

如果我们就这么从房间的架子上拿东西一个一个往箱子里放，箱子空间浪费很多，每样东西的形状大小不同，留下多处空隙。

我想如果我把所有可能的装箱方法都试一下，一定能找到需要箱子数量最少的最优解。但看看这一大堆东西，要尝试所有可能性不知要忙到何时，反而弄得房间更乱了。

要想不弄乱房间只有从衣橱或者架子上拿一样东西就直接放进箱子。可关键问题是："这样会比最优解多用多少个箱子呢？"我得先想想。

38.1 在线问题"省钱地搬家"

因为东西必须一个一个从柜子里或者架子上取,所以这是在线问题(参见第 37 章):
- 相关数据(特定物品的大小)只有拿到时才知道。我们将所有东西按照拿到手上的顺序用列表 G 表示。
- 没有任何关于未来情况的数据(不知道还没拿的东西有多大)。
- 究竟有多少件东西(需要装箱的)在没拿完之前也不知道。
- 当前拿到手的物品必须立即装箱(不能先在旁边放一放)。

现实生活中关于物品大小总是有些估计的,毕竟我在这里已经住了几年,所以衣橱和架子上大致有些什么也不是完全不清楚。但现在我们考虑一种理想化的抽象场景,专家们称之为"装箱问题"。

我们需要一个在线算法体现装箱策略:输入是待装箱物品的尺寸序列 $G=(G_1, G_2, \cdots)$。箱子用 K_j 表示,输出是使用的箱子数 n。

```
算法 NEXTFIT
1    n := 1
2    对 G 中每个 G_i do:
3        if K_n 已装不下 G_i, then
4            K_n 封闭
5            n := n+1
6        将 G_i 放进 K_n
```

稍稍多费点力,可以将上述过程改动为:每次放入一个物品前将所有已用的箱子再查一遍,如果那个箱子还能放得下当前的物品就放进去。最后才封箱。这样做的好处是:碰到一个很大的物品时必须用一个新箱子,但如果随后的物品都很小则完全可能前面还有地方放。这种策略的在线算法形式如下:

```
算法 FIRSTFIT
1    n := 1
2    对 G 中每个 G_i 执行 do:
3        for j := 1, ···, n do
4            if G_i 能放入 K_j then
5                将 G_i 放入 K_j
6        n := n+1
7        将 G_i 放入 K_n
```

38.2 算法分析

为了对算法的好坏分析简单些,假设考虑能否装入只根据物体体积是否不大于箱子当前富余空间容积,不考虑形状因素;并且每个箱子大小均为 1 个单位(因此每个物体大小值均为不大于 1 的正值)。

先举些例子，读者可以对我们的在线算法的结果质量有些感性认识。例 1 中所有物体大小都相等，当然两个算法 NEXTFIT 和 FIRSTFIT 都能输出最优解。

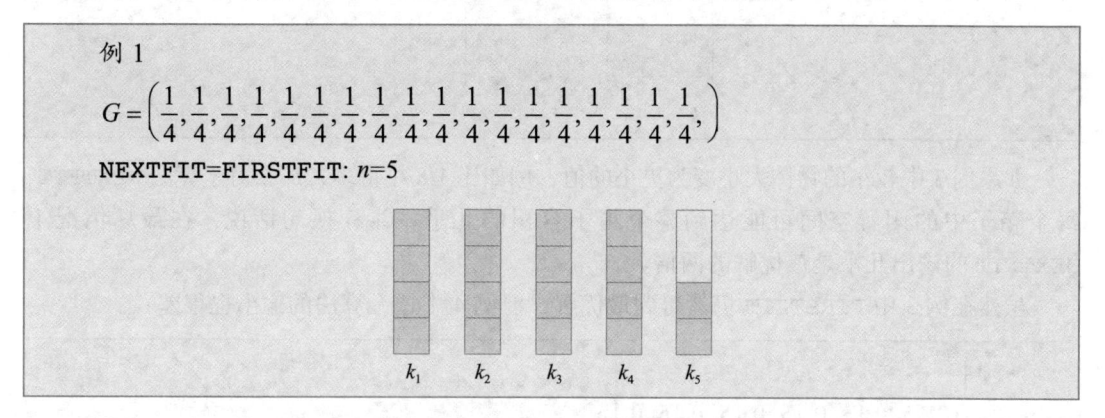

例 1
$$G = \left(\frac{1}{4}, \frac{1}{4}, \frac{1}{4}, \frac{1}{4}, \frac{1}{4}, \frac{1}{4}, \frac{1}{4}, \frac{1}{4}, \frac{1}{4}, \frac{1}{4}, \frac{1}{4}, \frac{1}{4}, \frac{1}{4}, \frac{1}{4}, \frac{1}{4}, \frac{1}{4}, \frac{1}{4},\right)$$
NEXTFIT=FIRSTFIT: n=5

对于例 2 中的输入，NEXTFIT 和 FIRSTFIT 仍然能找到最优解：

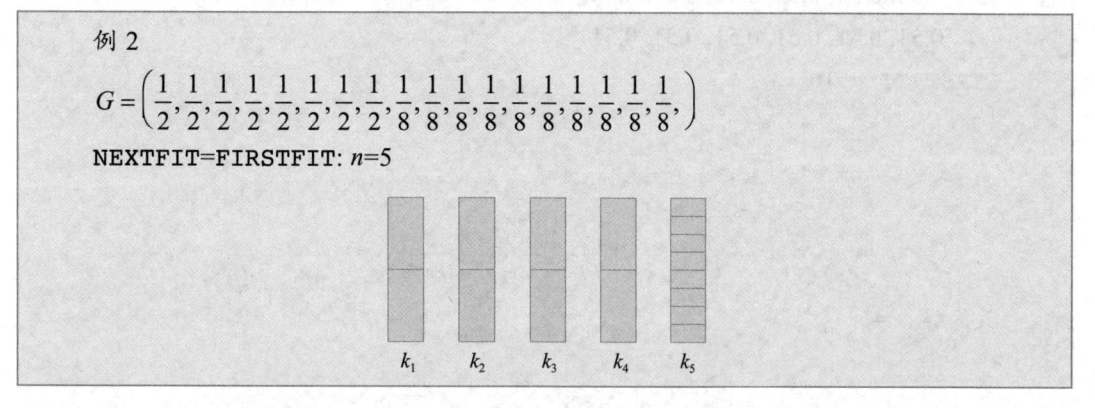

例 2
$$G = \left(\frac{1}{2}, \frac{1}{2}, \frac{1}{2}, \frac{1}{2}, \frac{1}{2}, \frac{1}{2}, \frac{1}{2}, \frac{1}{2}, \frac{1}{8}, \frac{1}{8}, \frac{1}{8}, \frac{1}{8}, \frac{1}{8}, \frac{1}{8}, \frac{1}{8}, \frac{1}{8},\right)$$
NEXTFIT=FIRSTFIT: n=5

但例 3 表明输入物体的顺序对结果可能影响很大，这次算法 NEXTFIT 结果很差：

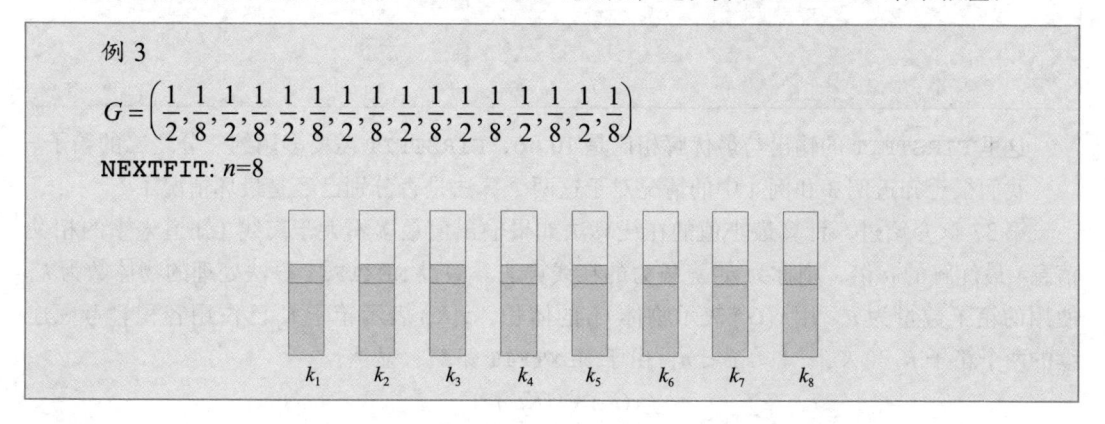

例 3
$$G = \left(\frac{1}{2}, \frac{1}{8}, \frac{1}{2}, \frac{1}{8}, \frac{1}{2}, \frac{1}{8}, \frac{1}{2}, \frac{1}{8}, \frac{1}{2}, \frac{1}{8}, \frac{1}{2}, \frac{1}{8}, \frac{1}{2}, \frac{1}{8}, \frac{1}{2}, \frac{1}{8}\right)$$
NEXTFIT: n=8

```
FIRSTFIT: n=5
```

[图示：5个箱子 k_1, k_2, k_3, k_4, k_5]

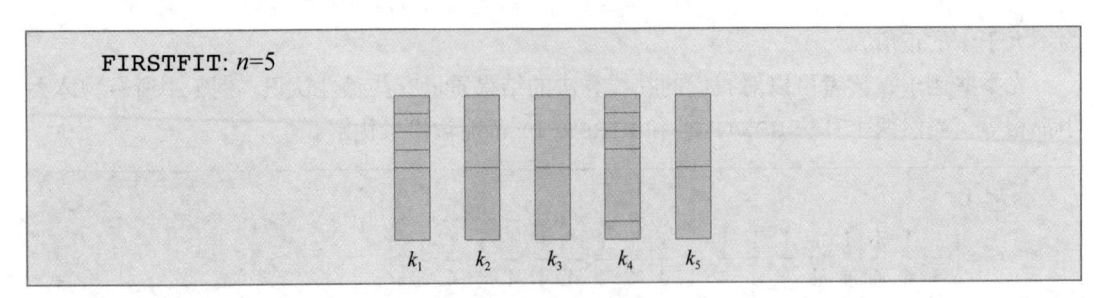

如果例 3 中较小的物体大小变为更小的值，例如比 1/8 小得多，那么对于算法 NEXTFIT，每个箱子中的闲置空间可能达到整个箱子容积的几乎一半；换句话说，在最坏情况下 NEXTFIT 的输出几乎是最优解的两倍。

虽然在例 3 中 FIRSTFIT 仍然得到最优解，但例 4 中这个算法的输出也很差：

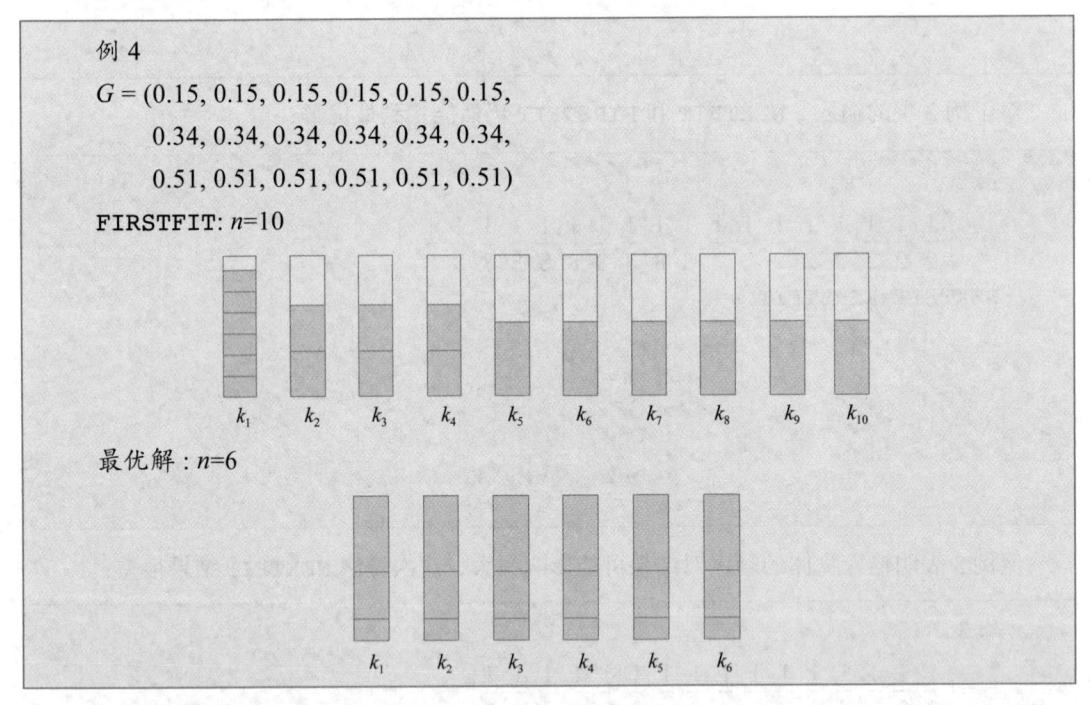

例 4
$G = (0.15, 0.15, 0.15, 0.15, 0.15, 0.15,$
$\quad\quad 0.34, 0.34, 0.34, 0.34, 0.34, 0.34,$
$\quad\quad 0.51, 0.51, 0.51, 0.51, 0.51, 0.51)$

FIRSTFIT: n=10

[图示：10个箱子 $k_1, \ldots, k_{10}$]

最优解: n=6

[图示：6个箱子 $k_1, \ldots, k_6$]

这里 FIRSTFIT 的输出与最优解相比是 10∶6，FIRSTFIT 需要多用约三分之二的箱子。我们很想知道例 3 和例 4 中的情况对于这两个算法是否分别已经是最坏情况了？

第 37 章介绍过，计算最小值的在线算法如果输出值最多不大于离线（知道未来的相关信息）最优解的 α 倍，则称为 α- 竞争力的在线算法。假设 NEXTFIT 算法处理的物体数为 k，使用的箱子数量为 n。用 $v(G_i)$ 表示物体 G_i 的体积，$v(K_j)$ 表示箱子 K_j 已占用容积。考虑连续的两个箱子 K_j 和 K_{j+1}，$1 \leq j < n$，由于 NEXTFIT 策略，显然：

$$v(K_j) + v(K_{j+1}) > 1$$

如果这个条件不满足，K_{j+1} 中所有物体都可以装入 K_j，算法不会选用新箱子 K_{j+1}。假如

我们 K_1+K_2, K_3+K_4, K_5+K_6, …的和，则每个和数均大于 1。因此箱子总数：

$$\sum_{j=1}^{n} v(K_j) > \left\lfloor \frac{n}{2} \right\rfloor$$

$\lfloor \rfloor$ 是"地板"函数，如果 n 是奇数，不等式右边的值是不大于 $n/2$ 的最大整数。这样我们得到需要的箱子数的下界，最优解也不可能比这个值更小。显然所有物体的总体积也就等于全部装箱后所有箱子已占用容积之和，因此：

$$\sum_{i=1}^{k} v(G_i) = \sum_{j=1}^{n} v(K_j)$$

因此即使是最优解，需要的箱子至少为：

$$\left\lceil \sum_{i=1}^{k} v(G_i) \right\rceil \geqslant \left\lceil \frac{n}{2} \right\rceil$$

所有物体的体积向上取整，因为箱子的个数必须是整数。由此可以得出 NEXTFIT 算法输出的箱子数与最优解之间的比率：

$$\frac{\text{NEXTFIT 的解}}{\text{最优解}} = \frac{n}{\left\lceil \frac{n}{2} \right\rceil} \leqslant 2$$

由此可知 NEXTFIT 是 2-竞争力的（参见第 37 章的在线算法）。同样的证明方法可以推广到 FIRSTFIT 算法，那也是 2-竞争力的算法。采用更复杂的证明方法可以证明其实 FIRSTFIT 的比较因子甚至可达 1.7。

38.3　在线装箱算法究竟能有多好

我们现在知道了 NEXTFIT 和 FIRSTFIT 算法近似质量的下界，同时也知道确实有输入能让算法几乎达到这个下界；这种情况下，NEXTFIT 的输出几乎是最优解的两倍，而 FIRSTFIT 的输出也几乎要达到最优解的 1.7 倍。我们知道这个结果不算差，毕竟浪费的空间能控制在一个常量比例之内。但想想本来可能只需要 1000 块钱时，你得付 1700 块，甚至 2000 块，你肯定还是会不满意的。

要最终判定一个算法策略究竟有多好或者有多差，我们必须考虑在线算法处理装箱问题究竟最好能达到什么程度。输入序列不可能预知，始终输出最优解的在线算法似乎是不可能有的。我们现在来证明这一点。

假设我们的输入序列包含 $2 \cdot x$ 个对象，每个的体积是 $1/2-\varepsilon$，x 是正整数，ε 是任意小的正数。显然最优解是 x，每个箱子中可以装两个对象。假设我们有一个在线算法 BINPAC。BINPAC 算法要把 $2x$ 个对象分别装箱，根据策略不同，每个箱子中可能装一个，也可能装两个。假设装了一个对象的箱子数量为 b_1；装了两个对象的箱子数量为 b_2。$b=b_1+b_2$ 是算法使用的箱子总数。可以看出如下的关系：

$$b_1 + 2 \cdot b_2 = 2 \cdot x \Rightarrow b_1 = 2 \cdot x - 2 \cdot b_2$$

代入 $b = b_1 + b_2$ 得到：

$$b = (2 \cdot x - 2 \cdot b_2) + b_2 = 2 \cdot x - b_2 \tag{38-1}$$

待会儿再来看这个结果。现在我们看看如果输入不是 $2 \cdot x$ 个对象，而是 $4 \cdot x$ 个，而且前面 $2 \cdot x$ 个的体积是 $1/2-\varepsilon$，但后面 $2 \cdot x$ 个的体积是 $1/2+\varepsilon$，那会怎么样？在线算法不可能知道未来的输入，BINPAC 算法不可能知道前面 $2 \cdot x$ 个对象后面是否还有输入，因此用与上面相同的策略处理前面 $2 \cdot x$ 个对象。可是当遇到后面的 $2 \cdot x$ 个体积为 $1/2+\varepsilon$ 的对象时，先用 b_1 个箱子每个箱子放入一个对象，然后再用 $2 \cdot x - b_1$ 个箱子每个箱子放入一个对象。这样，算法 BINPAC 用的箱子数量至少是：

$$b + (2 \cdot x - b_1) = (b_1 + b_2) + (2 \cdot x - b_1) = 2 \cdot x + b_2 \tag{38-2}$$

但最好的装箱办法显然是每个箱子中装入一个大对象和一个小对象，这样只需要 $2 \cdot x$ 个箱子。

现在我们来证明任何在线算法不可能比 4/3- 竞争力更好。采用反证法，首先假设确实有这样的在线算法，然后我们推出矛盾。

假设 BINPAC 优于 4/3- 竞争力，那么算法对我们前面的第一个输入序列使用的箱子数应该严格小于最优解的 4/3 倍，即：

$$b < \frac{4}{3} \cdot x$$

将这个式子代入式（38-1），可得：

$$2 \cdot x - b_2 < \frac{4}{3} \cdot x \Rightarrow b_2 > \frac{2}{3} \cdot x \tag{38-3}$$

类似地，对上面第二个输入，我们推出算法使用的箱子总数（式 38-2）严格小于最优解，即（$2 \cdot x$）的 4/3 倍。于是：

$$2 \cdot x - b_2 < \frac{4}{3}(2 \cdot x) \Rightarrow b_2 < \frac{2}{3} \cdot x \tag{38-4}$$

这就导致矛盾了，根据式（38-3）和式（38-4），b_2 同时必须严格大于并严格小于 $2x/3$，这是不可能的。因此前提假设不成立，证明完成。

定理 1

对 $\alpha < 4/3$，不存在 α-竞争力的装箱问题在线算法。

既然我们知道了最好的在线算法解装箱问题也不会好于 4/3- 竞争力，那算法 FIRSTFIT 已经是 1.7- 竞争力的了，真是很好的算法了。我们就开始装箱吧！

装箱问题还有其他应用，例如为大量数据做备份时，如何将文件分配到不同介质上。对这样的问题，上述策略几乎可以直接应用。因为在这样的应用中也就只需要考虑数据文件大小，并不存在形状影响等问题，所以我们为简化而做的假设符合应用环境。

第 39 章

背包问题

Rene Beier，德国马克斯·普朗克计算机科学研究所
Berthold Vöcking，德国亚琛工业大学

再过两个月，下一趟火箭就要离开地球飞往空间站。航天部门为了增加收入，打算接受其他研究机构在空间站开展一些科学实验。每项实验都需要送一些设备到空间站。不过火箭的载重是有限的。除了必需的食品，只能搭载 645kg 的实验设备。好几个研究所提交了申请，每份申请包含需要搭载的设备重量以及各自可以支付的费用。航天部门希望确定一个接受申请的方案，能在规定的重量限制内收益最大。

这是一个典型的优化问题，称为"背包问题"。假设我们有一个承重限定的背包，重量限定为 T。有 n 个对象物件，每个对象的重量和价值是已知的。选择一个对象的子集装包，其重量不能超过 T，目标是总价值最大。换句话说，我们要找所有对象的一个子集，总价值尽可能大，但总重量不超过 T。

在上面的例子中，火箭相当于背包，$T = 645$，而对象就是实验。更具体些，假设共有 8 项申请，就相当于 8 个对象。它们的重量和收益如表 39-1 所示。

表 39-1　8 项申请的明细

对象	1	2	3	4	5	6	7	8
重量（kg）	153	54	191	66	239	137	148	249
收益（千欧）	232	73	201	50	141	79	48	38
收益强度	1.52	1.35	1.05	0.76	0.59	0.58	0.32	0.15

怎么样才能确定收益最大又满足容量限制的集合呢？直觉上我们倾向于选择单位重量收益最大的对象。这个比率值称为收益强度。上面的例子中所有项目的收益强度已计算出来，

在表 39-1 中各对象从左向右按收益强度递减的顺序排列。

我们的第一个算法用第 2 章或第 3 章中的算法排序后就按照从高到低的顺序逐个选择对象。开始时背包是空的，我们逐一加入对象，直到再加就会超出背包容量时为止。这里向包中加入 1、2、3 和 4 号四个对象，总重量 464kg，尚未达到背包的最大容量。再加第 5 个对象将会使总重量达到 464 + 239 = 703kg，这就超重了。装进包内的四个对象总收益 556 千欧。问题是：这是可能的最大收益吗？未必。如果我们在装入 4 个对象后再加入第 6 个，总重量为 601kg，并没有超重，收益却增大到 635 千欧。那么现在达到可能的最大收益了吗？很遗憾，仍然没有。

当然，我们可以尝试输入集合的所有子集，一定能找到最优解。为了更清楚地显示这一点，在平面坐标系中画一个示意图，显示所有子集的重量 – 收益关系，无论是否超重。例如图 39-1 中坐标为（601，647）的点对应于包内装入对象 {1, 2, 3, 4, 6} 的情况，此时重量为 601kg，收益为 647 千欧。

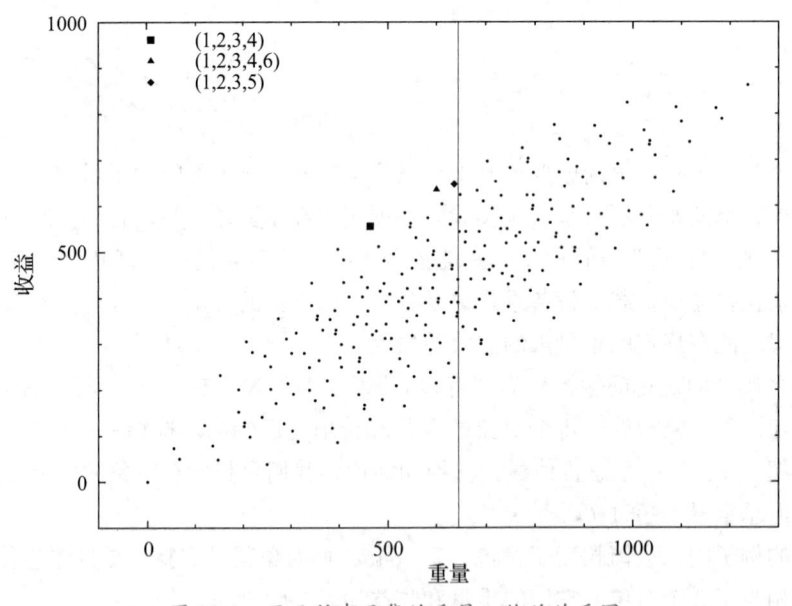

图 39-1　显示所有子集的重量 – 收益关系图

图中每个点表示输入对象的一个子集。我们需要画多少个点呢？对任何一个子集，每个对象可能在其中，也可能不在其中。因此每个对象有两种情况。每个对象是否在当前子集中与其他对象是否也在其中并无任何关联，因此 n 个对象共有 2^n 个不同的子集。在本例中就有 2^8 = 256 个子集，也就是 256 种不同的装包方法。总重量超过限值的子集无效。这些子集对应的点分布在图 39-1 中垂直线的右半部分。左边以及恰好落在垂直线上的点对应的都是可行的装包方案。在这些可行方案中选择最优解，也就是收益最大的装包方案。在本例中，这就是坐标为（637，647）的点，对应的子集是 {1, 2, 3, 5}，这就是最优解。

这种穷尽一切子集的方法显然只能用于很小的输入，因为当输入对象数量增加时，计算代价急速上升。每增加一个输入对象，需要检查的子集就会增加一倍。如果航天部门要从 60 个候选实验中选择的话，要考虑的子集会增加到 2^{60} = 1 152 921 504 606 846 976 个。

假设我们的计算机每秒钟能检测 10 亿个选择方案，总共需要的计算时间超过 36 年。我们可不能等那么久才发射火箭。

39.1 局部最优解决方案

我们怎么才能更快地找到最优解呢？一个基本思想是：如果存在比装包方案 A 重量轻但收益更高的方案，A 不可能是最优解。寻找更有效的算法就可以基于这一思想。我们回去看前面的例子。

图 39-2 中所有的黑点都不可能是最优解，因为至少有一个点更好，即重量更小，收益更高。我们称这些更好的点支配了黑点。我们称这些白色点为局部最优，它们不受任何其他点支配。局部最优的装包方案是指没有任何其他方案能以更小重量产生更大收益。本章中的例子共有 256 个装包方案，其中只有 17 个是局部最优的。最优解一定在这些方案中。注意，局部最优与背包的限重没有关系，因此不管背包的限重是多少，最优解总是在这 17 种方案中。

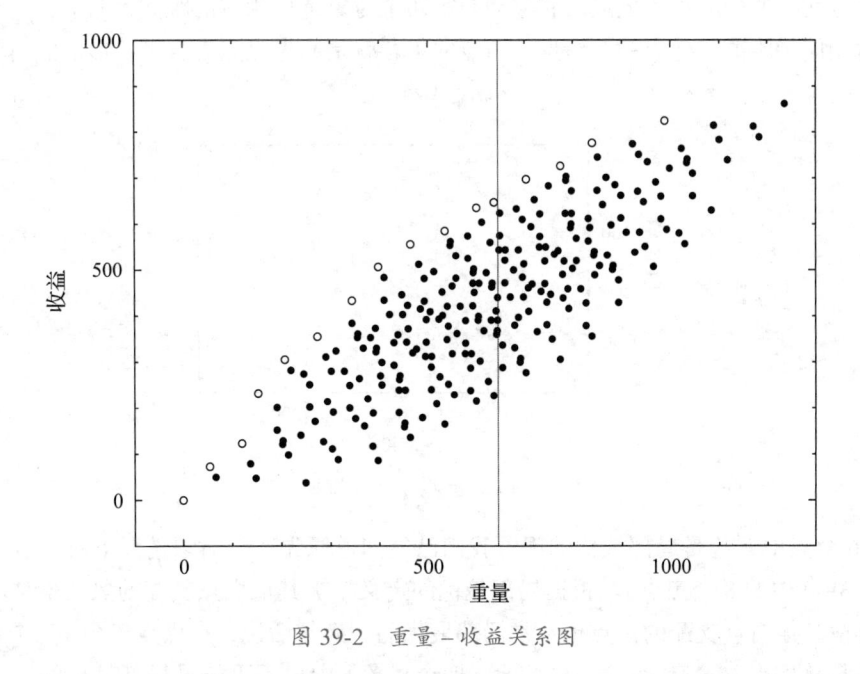

图 39-2 重量－收益关系图

我们一直没有提两种装包方案可能重量或者收益相等的情况。为了能处理这样的情况，我们定义装包方案 A 支配方案 B 是指满足下列条件：

- 从重量和收益两方面 A 至少与 B 一样好。
- 至少在重量与收益中的一个方面 A 严格好于 B。

可是究竟该如何有效地计算所有局部最优装包方案列表呢？有效就意味着不必检查全部 2^n 种可能。考虑一个开始时只有三个对象的小例子，所有 8 种不同方案都画在重量-收益关系图中，如图 39-3 所示。

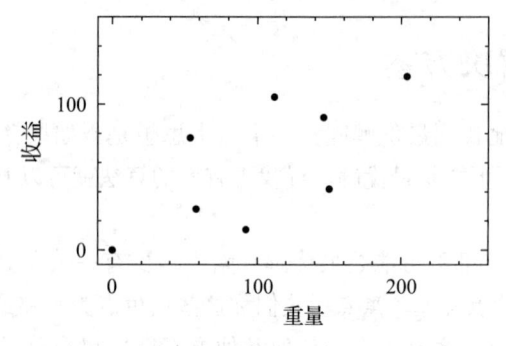

图 39-3　8 种不同方案的重量-收益关系图

假设对三个对象我们已经知道局部最优装包方案的集合，我们考虑增加第四个对象。对原先 8 种装包方案中的每一种，我们将第四个对象加进去，生成新的装包方案。这样产生了 8 个新方案。原先的每个黑点向右移动与第四个对象重量相应的距离，向上移动与第四个对象收益相应的距离，生成一个白点。白点的集合就是原先黑点集合平移形成的新版本，如图 39-4 所示。

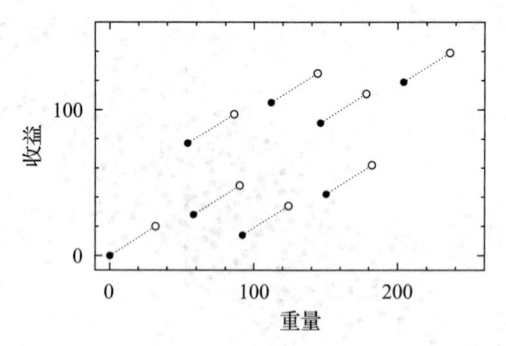

图 39-4　对 8 种三个对象方案中的每一种增加第四个对象的关系图

这 16 个点中哪些是局部最优的呢？我们已经知道原先三个对象情况下所有装包方案的集合（图 39-4 中的 8 个黑点）。根据局部最优的定义，被其他黑点支配的黑点不是局部最优的，同样被其他白点支配的白点也不是局部最优的。换句话说，在黑点集合（三个对象）中不是局部最优的点在全部 16 个点的集合（四个对象）中也不可能是局部最优的。因此只有以下两个集合中的点有可能是局部最优的。

A：在黑点集合中是局部最优的黑点。

B：在白点集合中是局部最优的白点。

注意集合 B 中的点就是 A 中点的平移版本。考虑 A 中的点 p，假如 p 受某个白点 q 支配。如果 q 不在 B 中，一定存在 B 中某个白点 q'，q' 支配 q，因此也支配 p。

因此，为了确认 A 中某个点是局部最优（在包含黑点和白点的集合中），只需要查验它确实不受 B 中任何点支配。同样，为了确认 B 中某个点是局部最优，也只需要查验它确实不受 A 中任何点支配。

这样就得到在添加新对象时计算局部最优装包方案的过程：首先根据黑色的局部最优点构造所有白点，然后删除所有被黑点支配的白点，最后删除所有被白点支配的黑点。

39.2 Nemhauser-Ullmann 算法

下面的算法是由 Nemhauser 和 Ullmann 在 1969 年发明的。它基于上节的思想并以循环的方式逐步添加对象。从空集开始，每次加入一个新对象直到最后生成所有 n 个对象的局部最优装包方案集合。

计算机实现时可以用数组存放局部最优点集，元素按照重量排序。表的初始值只含一个元素 $(0, 0)$，对应于空背包。算法循环地计算列表 $L_1, L_2, \cdots, L_n$，L_i 表示包括对象 1 到 i 的局部最优点列表。

从 L_{i-1} 和第 i 个对象计算 L 的过程如下。首先生成 L'_{i-1}（白点集合），这是 L_i（黑点集合）的平移版。L_{i-1} 中每个点根据第 i 个对象的重量和收益向右与向上复制，将受支配的点过滤掉。由于两个列表都是按照点的重量排序的（也可以按照收益排序——你知道为什么吗？），复制的任务可以通过一次扫描两个列表来完成。合并两个列表相对于两个列表长度之和只需要线性时间代价。

```
   MERGE 算法合并排好序的两个列表 L 和 L'
 1    procedure MERGE(L, L')
 2    begin
 3        PMAX=-1 ; E={}
 4        repeat
 5            扫描 L，搜寻满足收益 p>PMAT 的点 (w, p)
 6            扫描 L'，搜寻满足收益 p'>PMAX 的点 (w', p')
 7            如果第 5 行中没有找到任何点（扫描 L 结束）
 8                将 L' 中剩余点插入 E ; return(E)
 9            如果第 6 行中没有找到任何点（扫描 L' 结束）
10                将 L 中剩余点插入 E ; return(E)
11            if (w<w') OR (w=w' AND p>p')
12                then 将 (w, p) 插入 E, PMAX :=p
13                else 将 (w', p') 插入 E, PMAX :=p'
14    end
```

算法最后生成的列表 L_n 包含 n 个输入对象的所有局部最优子集对应的点。从这个列表中我们选择重量不超过 T 且收益值最大的点，这就是最优解。

这个算法是不是一定比检查所有可能子集的方法好呢？并非对所有输入都如此，因为有可能所有 2^n 个装包方案都是局部最优的。例如，所有的收益强度都等于 c，也就是说有常数 c，使得 $p_i = c \cdot w_i$ 对所有 i 都成立。当然一般不会出现这种情况。通常局部最优方案的数量远远小于 2^n。本章开始的例子中 256 个装包方案中有 17 个是局部最优的。数学分析和经验数据都显示局部最优点通常只会是很少的一部分。因此这里描述的算法能在合理时间内处理含数千个输入对象的背包问题实例。

第 40 章

旅行推销商问题

Stefan Näher，德国特里尔大学

40.1 问题描述

旅行推销商问题（TSP）是组合优化中最著名也是被研究得最多的问题。问题定义如下：一个旅行推销商必须走遍全部 n 个城市（可称之为遍历）。从某个城市开始，每个城市恰好经过一次，最后回到出发地。

实际的优化问题是找一个总长度最短的遍历。每两个城市之间的距离是已知的，用列表或矩阵表示。距离不一定是空间几何距离，也可以是交通旅行时间或者需要的费用。目标是

规划一条能使得总距离、总时间或者总花费最小的遍历路径。

TSP 属于最难的一类问题，即 NP 难问题（可参见第 39 章）。这类中的任意问题都没有已知有效的算法。事实上，大家相信精确解决这类问题的算法需要的执行步骤达到指数级数量。不过也没有人从数学上证明这种说法。对 TSP 问题的某些特例还是存在有效算法的，也有能够计算这个问题的近似解的算法，输出结果比最优解代价大些。

TSP 是许多实际优化问题的子问题，例如交通调度以及物流管理中的优化问题。另外，许多 NP 难问题也可以归约到 TSP 问题。

我们先谈谈精确解决 TSP 的一种非常简单的策略，称为"蛮力法"。这种方法特别能说明需要指数级运行时间的算法效率为什么绝对不可接受。

40.2 "蛮力"法

蛮力法是精确解 TSP 的最简单的方法。这种方法逐个检查所有可能的遍历路径，计算每条路径的长度，其中最小的就是最优解。方法很简单，遗憾的是当城市数量增加时，不同的遍历路径数量会迅速增大。很容易看出对 n 个城市不同的遍历路径的总数是 $(n-1)!=1\cdot2\cdot3\cdot4\cdots(n-1)$。每条路径从某个城市开始（比如从第一个城市开始），然后可以用任何顺序走过其他 $n-1$ 个城市，最后回到第一个城市。其他 $n-1$ 个城市不同排列的数量恰好就是 $(n-1)!$。

图 40-1 显示了四个城市 A、B、C 和 D，不同的遍历路径为 $6=(4-1)!$。注意下面一排中三个回路只是上面对应回路取相反方向而已。因此只需要考虑所有遍历路径中的一半。这样算法必须检查 $(1/2)\cdot(n-1)!$ 条路径。TSP 也有不再满足对称性的衍生问题，那算法就必须检查所有可能的路径。

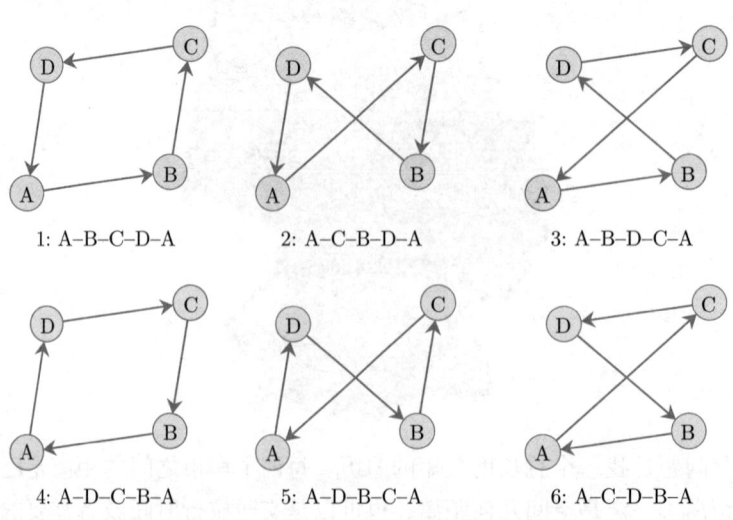

1: A–B–C–D–A   2: A–C–B–D–A   3: A–B–D–C–A

4: A–D–C–B–A   5: A–D–B–C–A   6: A–C–D–B–A

图 40-1　四个城市所有可能的遍历路径

从表 40-1 中可以看到当 n 增加时，遍历路径数以极高的速度增大。最右边一列是采用蛮力法的程序计算机运行时间的估计值。我们假设检查一条路径的时间是 1 毫秒。表中最下面一行表明，即使只有 16 个城市，这样的程序也得运行约 20 年。第 39 章讨论了另外一个类似问题，即可行解数量迅速增加。

表 40-1 用蛮力法搜索所有可能的遍历路径及其运行时间

城市数量	遍历路径数量	运行时间	城市数量	遍历路径数量	运行时间
3	1	1 毫秒	10	181 440	3 分钟
4	3	3 毫秒	11	1 814 400	0.5 小时
5	12	12 毫秒	12	19 958 400	5.5 小时
6	60	60 毫秒	13	239 500 800	2.8 天
7	360	360 毫秒	14	3 113 510 400	36 天
8	2520	2.5 秒	15	4 589 145 600	1.3 年
9	20 160	20 秒	16	653 837 184 000	20 年

40.3 动态规划

递归是计算机科学中使用非常多的策略，尤其是在算法设计中。递归的基本思想是把待解的问题归于规模较小的相同问题（见第 3 章）。动态规划是基于递归的一种特殊解题方法，它将递归得到的一系列子问题的结果存放在表中。

假设我们有 n 个城市，以编号命名，因此可以用 $S=\{1, 2, \cdots, n\}$ 表示所有城市的集合。我们还假设两个城市之间的距离保存在二维数组 $DIST$ 中，$DIST[i, j]$ 的值就是城市 i 到城市 j 的距离。遍历路径可以从任意城市开始，我们不妨假设每条路径起点均为城市 1，然后到达某个城市 $i \in \{2, \cdots, n\}$，从这里再开始访问其他所有城市 $\{2, \cdots, i-1, i+1, \cdots, n\}$，最终返回城市 1。

假设 i 是任意一个城市，A 是所有城市的一个子集，定义 $L(i, A)$ 为满足下列条件的最短路径长度：

- 从城市 i 开始。
- 访问 A 中每一个城市恰好一次。
- 到城市 1 停止。

下面的事实能帮我们考虑计算所有 $L(i, A)$ 值的算法：

1. 对任何城市 i，$L(i, \phi) = DIST[i, 1]$。这很显然，因为从城市 i 到城市 1 又不经过任何其他城市，最短路径长度当然是直接从 i 到城市 1 的距离。
2. 对每个城市 $i \in S$，以及任何子集 $A \subseteq S \setminus \{1, i\}$，$L(i, A) = \min\{DIST[i, j] + L(j, A \setminus \{j\}) | j \in A\}$。如果 A 非空，$L(i, A)$ 对应的最短路径可以按如下方式递归定义：对 A 中任意元素 j，考虑从 i 开始首先访问 j 且最终到达城市 1 的路径。只在 j 到城市 1 的路径最短的情况下，整个路径才可能是从 i 到城市 1 的最短路径。根据我们的定义，这

里从 j 开始的一段的长度就是 $L(j, A\setminus\{j\})$。
3. $L(1, \{2, \cdots, n\})$ 是一条最优 TSP 遍历的长度。因为根据定义，这条路径从城市 1 出发，经过其他所有城市恰好一次，最后在城市 1 停止。

下面的算法针对越来越大的子集 A 计算所有 $L(i, A)$ 的值。

采用动态规划方法的 TSP 算法

```
1   for i := 1 to n do L(i, ∅) := DIST[i, 1] endfor;
2   for k := 1 to n − 1 do
3       forall A ⊆ S \ {1} with |A| = k do
4           for i := 1 to n do
5               if i ∉ A then
6                   L(i, A) = min{DIST[i, j] + L(j, A \ {j}) | j ∈ A}.
7               endif
8           endfor
9       endfor
10  endfor
11  return L(1, {2, ..., n});
```

上述算法执行过程中在一个二维数组中填入计算值。数组包含 n 行（$i = 1, \cdots, n$），最多 2^n 列（每列对应一个大小不超过 $n-1$ 的子集）。因此整个数组元素最多为 $n \cdot 2^{n-1}$。对一列中每项进行线性搜索，找出 n 个数中的最小值（算法第 4～7 行）。算法第 6 行最多执行 $n \cdot n \cdot 2^n$ 次。

表 40-2 中第 2 列就是对于最多 16 个城市的 TSP 问题的大小 $n \cdot n \cdot 2^n$。最右边一列给出相应的运行时间。这里假设每计算数组中的一项时间为 1 毫秒。与前面的蛮力法相比有了很大改进。解 16 个城市的 TSP，运行时间从 20 年降到 5 个小时。

表 40-2 用动态规划搜索的数组大小及其运行时间

城市数量	数组大小 ($n^2 \cdot 2^n$)	运行时间	城市数量	数组大小 ($n^2 \cdot 2^n$)	运行时间
3	72	72 毫秒	10	102 400	102 秒
4	256	0.4 秒	11	247 808	4.1 分钟
5	800	0.8 秒	12	589 824	9.8 分钟
6	2300	2.3 秒	13	1 384 448	23 分钟
7	6 272	6.3 秒	14	3 211 264	54 分钟
8	16 384	16 秒	15	7 372 800	2 小时
9	41 472	41 秒	16	16 777 216	4.7 小时

40.4 近似解

动态规划算法与蛮力法相比有很大改进。但它仍然需要指数级的时间代价，因此对稍大些的 n 完全没有用处。另外动态规划算法保存中间结果，消耗的存储空间非常大。本节介绍的算法不一定能给出最优 TSP 遍历路径，但给出的结果还不差。更精确地说，本节中的算法计算结果不超过最优解长度的两倍。这样的算法称为"启发式"算法。

我们首先建立 TSP 的图模型 G，图中的顶点表示城市，两个顶点 i 和 j 之间的边表示两个城市之间的直接通路。每条边上标有该路段的距离（权值）。任何两个城市之间都有直接通路，这样的图 $G = (V, E)$ 称为完全图，任何顶点对也就是一条边，即 $E = V \times V$。这个模型中包含每个顶点恰好一次的回路即我们要找的遍历路径。这样的回路称为哈密尔顿回路。

第 33 章中讨论了图中的最小生成树，那是图的一种特殊子图。生成树连接图中所有的顶点，但没有回路。如果给每条边附一个值（权值），最小生成树就是图的所有生成树中总权值最小的那个。哈密尔顿回路与最小生成树之间有一个简单的关系。

如果从哈密尔顿回路中删除任意一条边就得到所谓的哈密尔顿通路。注意哈密尔顿通路其实就是一个图的生成树，它经过图中所有顶点但没有回路。因此这样的哈密尔顿通路的总权值不可能小于最小生成树的总权值。另一方面，最小生成树的总权值也不可能超过图中最优遍历路径的权值。

第 33 章中介绍了计算最小生成树的有效算法。这个算法计算代价最大的部分就是对所有的边按照权值排序。得到最小生成树后很容易将其扩展为一个 TSP 遍历路径。下面我们介绍完整的算法过程。

40.5 MST 算法

1. 构建完全图 $G=(V, E)$，其中 V 表示所有城市的集合，$E=V \times V$（见图 40-2）。

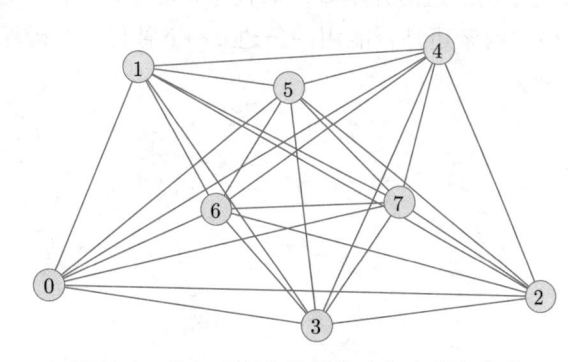

图 40-2　任何两点之间均有边相连的完全图

2. 计算 G 的最小生成树 T，每条边 (i, j) 的权重值等于城市 i 与城市 j 之间的距离（$DIST[i, j]$）。图 40-3 显示了这一步的结果。

3. 绕 T 中的边行进，将 T 转换为第一个遍历路径（见图 40-4）。显然这个遍历路径的长度是最小生成树总权重的两倍。根据前面的讨论，我们可以得出结论：这个遍历路径总长度不超过最优 TSP 遍历长度的两倍。

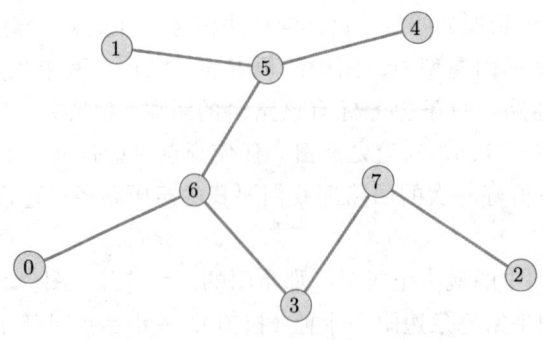

图 40-3　最小生成树

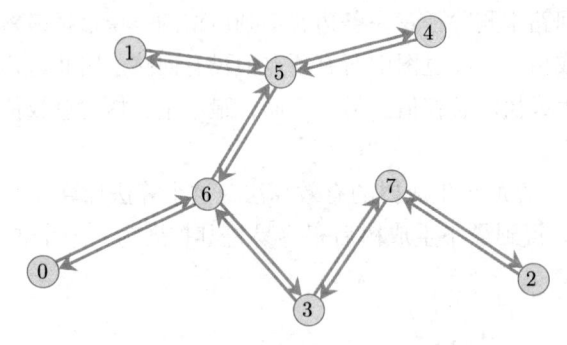

图 40-4　沿最小生成树的边绕行生成的遍历路径

4. 得到的第一个遍历路径当然不是最优解，它甚至不是正确的遍历，因为每个顶点经过两次。不过要将它修改为正确的遍历并不难，而且总长度一定下降。考虑三个连续顶点 a、b、c，检查 $a \rightarrow b \rightarrow c$ 中的两条边是否能用一条边 $a \rightarrow c$ 替代，并确保 b 不会成为孤立点。这一步的结果如图 40-5 所示。

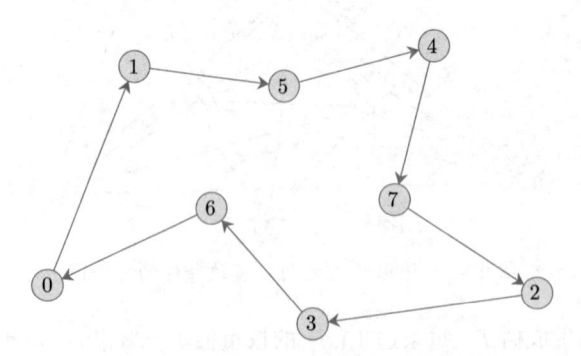

图 40-5　由最小生成树改造得到的遍历路径

表 40-3 列出随机选择城市的 MST 算法的运行时间。这里使用的程序大于用 1 毫秒时间对含 1000 条边的图算出最小生成树。如表 40-3 中所示，算法得到 1000 个城市的 TSP 问题近似解大约花费 1 分钟。这个结果还可以利用启发式方法进一步改进。我们拿 2-OPT 方法

做个例子（见图 40-6）。考虑计算结果中任意的两条边 $A \to B$ 和 $C \to D$。删除这两条边将导致整个遍历路径被分割为 B 到 C 与 D 到 A 两段。可以检查将这两段经由 $A \to C$ 与 $D \to B$ 连起来是否会使总长度下降。如果可以则原先的路径可以改进。

表 40-3　MST 启发式方法的运行时间

城市数量	运行时间	城市数量	运行时间
100	0.01 秒	600	8.27 秒
200	0.08 秒	700	16.07 秒
300	0.36 秒	800	29.35 秒
400	1.30 秒	900	50.22 秒
500	3.62 秒	1000	85.38 秒

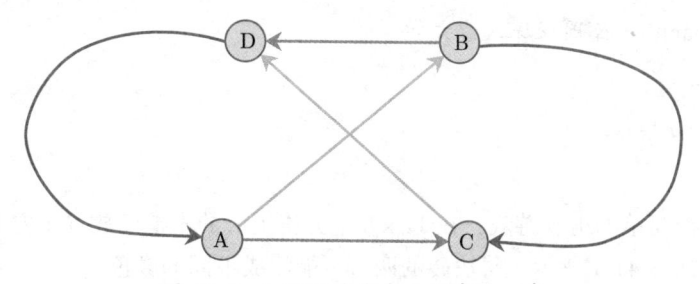

图 40-6　2-OPT 启发式方法中的一步

40.6　结束语

- 有许多启发式方法能改进近似解的质量，在有些实际应用场景下甚至可能找到最优解。
- TSP 的精确解过去若干年来也得到明显改进。有些算法能在几个小时内解决数千个城市的问题实例。
- 在最坏情况下，解决 TSP 仍然很困难，需要指数级的计算量。

第 41 章

模拟退火

Peter Rossmanith；德国亚琛工业大学

我们来看一个简单的组合游戏：在 12×8 个方格组成的木框内放置正方形花砖。开始时花砖的摆放可能如图 41-1 所示。每块砖的四边可能涂成不同的颜色。

图 41-1 多米诺游戏的背景，花砖是随意放置的，可以看出得分为 36（见彩插）

可以交换任何两块砖的位置，但不能旋转。游戏的目的是让尽可能多的相邻花砖以相同颜色衔接。每一个相同颜色边界得 1 分，最高可以达到 172 分：每行含 11 个邻接对，每列含 7 个邻接对；有 8 行，7 列，总计为 11·8+7·12=172。

在本章中我们始终考虑这个例子，其实它与许多组合优化问题有相似之处。本书中讨论的组合优化问题有些有高效的算法（第 32、33、34 和 35 章），但其他一些只能对规模很小的实例给出精确解（第 39 和 40 章）。本章中我们感兴趣的是后一类问题，特别是那些既不能通过穷举所有可能来解决，也无法借助回溯来解决的那些问题。有一种方法对这些问题往往有很好的效果，这就是本章中要介绍的模拟退火方法。

41.1 什么是模拟退火

模拟退火的含义是模拟处理某些材料时首先加热然后缓慢冷却的过程。基于这个原理的技术途径有好几种。例如金属加工中让烧红的铁器快速或者缓慢地冷却以获得不同的材料性能。为什么这么做呢？我们想一想这个过程中金属材料的粒子（原子）会发生什么情况。

金属材料中的原子受限于一个规则的晶体结构。加热过程中金属原子会摆脱结构约束键开始运动。如果我们让金属冷却，这过程中原子将找到新的约束键。很有趣的一点在于往往新约束键构成的分布比原先的结构更为规范。这样就能让金属材料更软、更有弹性，降低结构中的异常点。

为了更好地理解缓慢冷却产生的效果，我们可以把粒子想象成小球。如果你将一堆小球丢进容器，它们会随意叠放，甚至很快就放不下了。你会怎么办呢？你试图晃动容器，开始时小球更乱了，甚至有些从容器中飞出来；但过一会小球似乎自己找到合适的位置了。不过如果我们突然停止晃动，小球还是不能尽量贴近。

这也是制造硅半导体的重要原理，计算机的处理器芯片和存储器芯片都是用这种材料制造的。我们需要非常纯净不含瑕疵的硅晶体。通常硅是多晶体，就像沙粒，许许多多小的单晶体紧挨在一起。每个单晶体自身则由很小的基本立方体相互叠加构成，这些小立方体没有瑕疵，数量非常多。下边你看到的就是硅的一个基本立方体。外层有 8 个硅原子构成立方结构，内部还有 10 多个硅原子。制造半导体需要大量单晶硅。为此要从一个融化的硅池中缓慢地拉出一根单晶硅"柱子"。后面的工序中用锯子将单晶硅柱切成薄片，最终做成电子半导体。

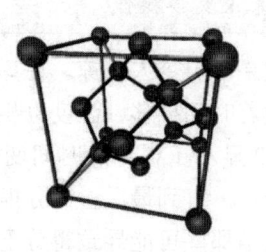

处于单晶状态下的硅具有最小的内部动能：因此单个原子之间的约束力最强。说到这里读者可能开始感到本章开始的花砖拼接问题与物理的晶体结构有点联系了。我们同样是考虑相互位置可以变化的基本单元。如果两个相邻的花砖由相同的颜色衔接，则连接它们的约束键就比较强。我们同样希望找到内部动能最小的镶嵌结构。如果我们把铺花砖的游戏想象成晶体加热，每块花砖就会毫无规则地跳动。随着温度下降，让一块花砖脱离原来位置会更困难。相邻两块花砖之间的约束键越稳定，花砖的位置就会越牢固。

这么说起来原理还真有点相似，但真要改造原来的游戏却难以下手。我们很难让整个底板置于一个能振动的平面上，也很难模拟约束键不同的强度。（在相同颜色的边之间想出个什么利用磁铁的诀窍？）可是用计算机来模拟却很容易。让底板晃动可以通过交换两块花砖的位置来模拟。计算花砖置换时游戏得分的变化，不管是增加还是减少，都非常简单。在温度高时我们认可更多的换位，包括使游戏得分下降的变化。而温度较低时则更倾向与"好"的换位，就是能加强约束键的那些换位。下面的算法很容易用通用的程序设计语言实现：

铺砖算法

多次反复执行：

1 温度降低少许

2 随机选择要交换的两块花砖

3 如果交换后游戏得分值下降：

4 　　随机决定是否保留这次交换

5 　　保留交换的概率值随着温度值下降逐步下降

6 　　如果决定不保留则撤销本次交换操作

这个算法对我们的铺砖游戏效果好得令人吃惊。在算法执行过程中游戏得分值确实有升有降。开始时得分波动较大，但随着时间推移，温度也相应降低，波动越来越小。最终几乎观察不到得分值的变化了。图41-2显示了得分随时间变化的曲线，图中只显示高于140的得分。算法很快能进入图示的区域，一直到最后，得分提高的情况越来越少了。

你可能会问，为什么不完全撤销那些可能导致得分下降的置换，那不就不等于自己放弃一些已经到手的得分吗？你说的策略在很多情况下都非常好，其实它还有个专门的名字，叫"速降法"。（我们这里是想达到最高峰——分数越高越好——所以叫"速升法"可能更合理，但优化问题有的要找最大值，有的要找最小值，这种方法的名字是按照求最小值的情况起的。）你说的策略只能上升，从不下降。如果你想爬到顶峰，选一条路径直往上，直到往哪个方向都不可能再升高了，这一定是到了某个峰顶。但你能确定这就是最高的那个峰顶吗？未必！

想到达最高峰顶的人有时也考虑走一段下坡路。

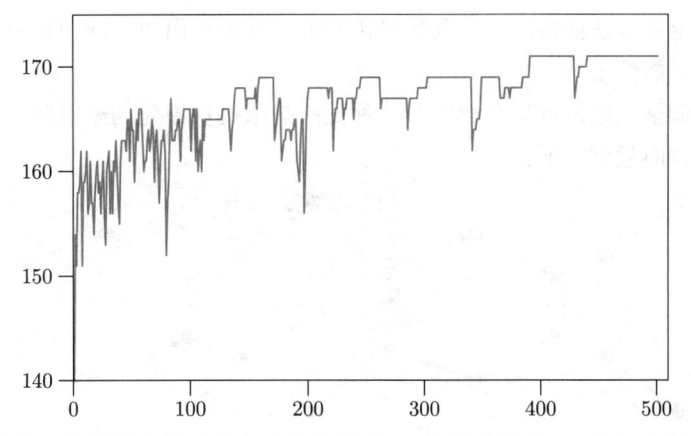

图 41-2　反复置换花砖位置导致游戏得分变化的情况：y 轴表示得分，x 轴表示算法执行步数，单位是 1000。算法共执行 500 000 步，最后得分 171

对本章中的例子采用速降法最后得分是 167，再做置换也无法提高了。这个分数也很好。不过模拟退火法得到 171 分，如图 41-3 所示。只漏掉 1 分，很难看出那 1 分应该在哪里。（提示：将图旋转 45 度，沿着对角线看过去。）

图 41-3　应用模拟退火算法的结果：得分 171，仔细观察能发现只漏掉 1 分（见彩插）

理论上的得分为 172 分，而模拟退火算法拿到 171 分，这是非常了不起的成就。感兴趣的读者可以去想想是否真有可能得到完美解，即 172 分。

41.2　旅行推销商问题

我们来看看计算机科学中另一个非常著名的问题，即第 40 章中讨论的旅行推销商问题（TSP）：一位推销商希望用尽可能少的代价访问许多城市。因此需要确定一个访问先后次序，使得整个过程总里程最少。表面上未必能看出这个问题其实非常难。

也许用模拟退火方法能得到一个几乎最优的解。开始很简单，随便确定一个顺序！当然这就是最优解的可能性极小。

如何通过小调整不断改进这个解呢？一种做法是随机从原先的遍历路径中选一段，并将这一段上的行进方向颠倒一下：

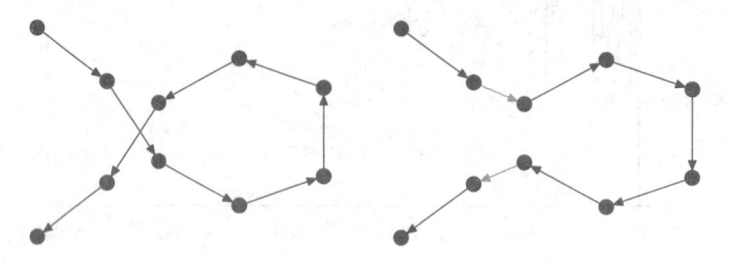

还有一种做法是对某个城市改变访问顺序，而其他城市访问次序不变。

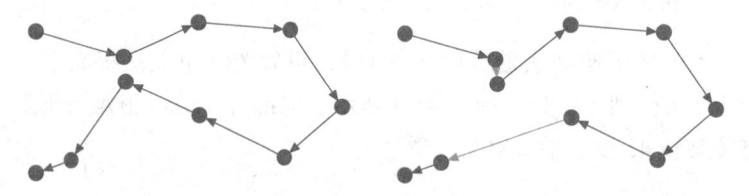

每次调整后评价新的路径是否比原先的更好，如果是就保留更改，否则就撤销。

图 41-4 描绘了对 200 个城市计算的结果，它就是用模拟退火方法并采用上述两种调整操作计算出来的。

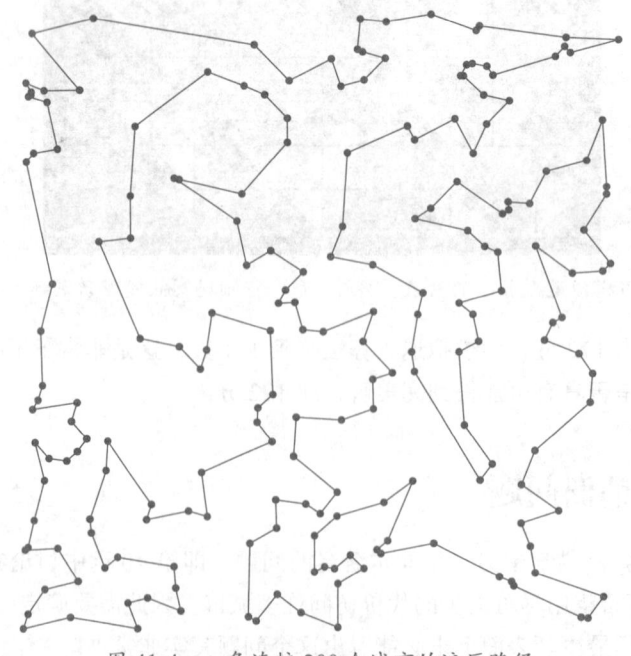

图 41-4 一条连接 200 个城市的遍历路径

41.3 其他应用

所有满足以下条件的情况都可以考虑使用模拟退火方法：
1. 解的质量好坏可以用数字评价。
2. 初始解很容易计算。
3. 对已有解做局部调整的规则简单。
4. 应用调整规则能将任意解转变为另一个解。

满足这些条件并不是很难，所以成功应用模拟退火方法解决的问题多得令人意外。

最后应该指出，最早将缓慢降温条件下的晶体生长用于解决技术问题的并不是计算机科学家。当你拿起这本书肯定会感觉到整本书的书页边缘对得很整齐，这受益于精确的切纸机。你再快速翻过每一页，还会发现每页正文位置也对得很准。这是因为印刷完成的书页装订前也经过精确的对齐。技术上这其实也挺复杂：设想一下面对一大堆松散的纸页（或者卡片），完全对齐这些纸并不容易。就算用"蛮力法"一张一张地整理也未必一定对得很准。

技术上采用一种称为"叠纸机"的机器完成这个任务。它利用强震能将纸张完全对齐。图 41-5 中显示的是一种可以人工操作的小型叠纸机，可以帮你把打印机上打出来的作业纸叠齐。控制旋钮用于控制震动强度逐步减弱：这就是模拟退火。

图 41-5 打印机打印出来的作业纸边缘没有对齐，叠纸机通过晃动纸张能将纸张最终完全对齐

推荐阅读

算法导论(原书第3版)

作者:Thomas H.Cormen, Charles E.Leiserson, Ronald L.Rivest, Clifford Stein
译者:殷建平 徐 云 王 刚 刘晓光 苏 明 邹恒明 王宏志
ISBN: 978-7-111-40701-0 定价:128.00元

全球超过50万人阅读的算法圣经!算法标准教材。

世界范围内包括MIT、CMU、Stanford、UCB等国际名校在内的1000余所大学采用。

"本书是算法领域的一部经典著作,书中系统、全面地介绍了现代算法:从最快算法和数据结构到用于看似难以解决问题的多项式时间算法;从图论中的经典算法到用于字符串匹配、计算几何学和数论的特殊算法。本书第3版尤其增加了两章专门讨论van Emde Boas树(最有用的数据结构之一)和多线程算法(日益重要的一个主题)。"

—— Daniel Spielman,耶鲁大学计算机科学系教授

"作为一个在算法领域有着近30年教育和研究经验的教育者和研究人员,我可以清楚明白地说这本书是我所见到的该领域最好的教材。它对算法给出了清晰透彻、百科全书式的阐述。我们将继续使用这本书的新版作为研究生和本科生的教材及参考书。"

—— Gabriel Robins,弗吉尼亚大学计算机科学系教授

推荐阅读

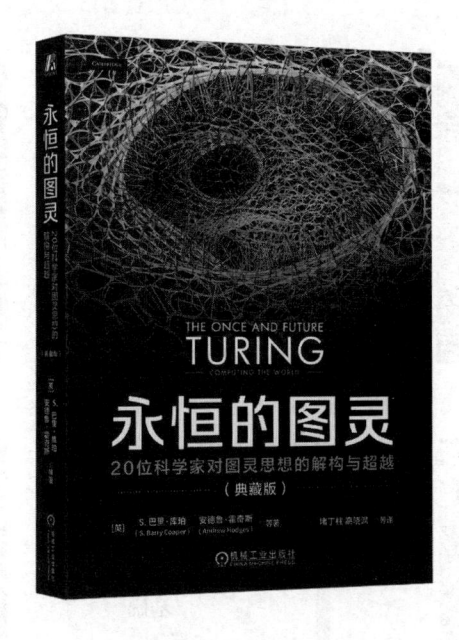

永恒的图灵：20位科学家对图灵思想的解构与超越（典藏版）

作者：[英] S. 巴里·库珀（S. Barry Cooper） 安德鲁·霍奇斯（Andrew Hodges） 等　译者：堵丁柱 高晓沨 等

书号：978-7-111-74880-9　定价：119.00元

内容简介：

图灵诞辰百年至今，伟大思想的光芒恒久闪耀。本书云集20位不同方向的顶尖科学家，共同探讨图灵计算思想的滥觞，特别是其对未来的重要影响。这些内容不仅涵盖我们熟知的计算机科学和人工智能领域，还涉及理论生物学等并非广为人知的图灵研究领域，最终形成各具学术锋芒的15章。如果你想追上甚至超越这位谜一般的天才，欢迎阅读本书，重温历史，开启未来。

精彩导读：

- ◎ 罗宾·甘地是图灵唯一的学生，他们是站在数学金字塔尖的一对师徒。然而在功成名就前，甘地受图灵的影响之深几乎被人遗忘，特别是关于逻辑学和类型论。翻开第2章，重新发现一段科学与传承的历史。
- ◎ 写就奇书《哥德尔、艾舍尔、巴赫——集异璧之大成》的侯世达，继续着高超的思维博弈。当迟钝呆板的人类遇见顶级机器翻译家，"模仿游戏"究竟是头脑的骗局还是真正的智能？翻开第8章，进入一场十四行诗的文字交锋。
- ◎ 万物皆计算，生命的算法尤其令人着迷。在计算技术起步之初，图灵就富有预见性地展开了关于生物理论的研究，他提出的"逆向工程"仍然挑战着当代的研究者。翻开第10章，一窥图灵是如何计算生命的。
- ◎ 量子力学、时间箭头、奇点主义、自由意志、不可克隆定理、奈特不确定性、玻尔兹曼大脑……这些统统融于最神秘的一章中，延续着图灵未竟的思考。翻开第12章，准备好捕捉量子图灵机中的幽灵。
- ◎ 罗杰·彭罗斯，他的《皇帝新脑》，他的宇宙法则，他的神奇阶梯，他与霍金的时空大辩论，他屡屡拷问现代科学的语出惊人……翻开第15章，看他如何回应图灵，尝试为人类的数学思维建模。

智能科学与技术丛书